今さら聞けない!?

動物医療の基礎知識

as編集部・編

疾患編

EDUWARD Press

発刊にあたって

「今さら聞けない!?　動物医療の基礎知識　疾患編」は、動物看護専門誌『as（アズ）』で 2002年から継続している好評隔月連載「今さら聞けないシリーズ」が元になっています。本連載の過去コンテンツから「疾患」に関するテーマだけを厳選して再編集し、最新情報を加筆して１冊に仕上げた卒後教育書籍です。

また 2017年発刊の「今さら聞けない!?　動物医療の基礎知識　予防・症状編」に続く、本シリーズ書籍の第２弾となります。

本書の最大の特長は、ヒトには「今さら聞けない」、誰かに聞かれても実は「こたえられない」と臨床現場で感じがちで、かつ、知っていなければ始まらない！ 絶対に知っておくべき！ というテーマを、基礎の基礎からやさしく解説していることです。

臨床現場では院長先生や先輩動物看護師が忙しくてなかなか一つ一つの疾患について聞きづらい…と、「わかっているふり」をして日々の業務にあたっていませんか？

「疾患について書かれた成書はたくさんあるけれど、難しすぎて何から勉強したらいいかわからない…」という方へも、疾患の概要、原因、症状、検査、治療、看護、動物病院で行いたい飼い主へのアドバイスなど、基本事項から拾い上げてていねいに解説しているので、一人でこっそりとギモンを解決できちゃいます！

本書では、動物看護師として臨床現場で働くなかで遭遇するであろう、各分野の代表的な「疾患」にテーマを絞りました。そのなかで、書籍化にあたり不足していると思われるコンテンツを各専門分野でご活躍の先生方へ加筆をお願いしました。

また、すでにあるコンテンツでも、内容をアップデートしているので、ベテランの方でも参考にしていただけるような最新情報が満載です。

さらに、2002年～ 2013年掲載の記事はモノクロ連載でしたが、書籍化にあたり、イラストもカラーで新たに描き起こし、写真もオールカラーにして点数を増やしました。

チーム動物医療のなかで頼れる一員をめざす新人さんも、動物や飼い主さんのために常に最新情報に敏感にアンテナを張り続けたいベテランさんにも、すぐに現場で役立てられるような内容に心がけました。本書が、皆さまの学習の一助となることを心より願っております。

本書制作にあたり限られた時間のなかで、多くの先生方に加筆やお写真提供のご協力を賜りました。心より御礼申し上げます。

2019年 9月吉日　　as 編集部

目次

目次

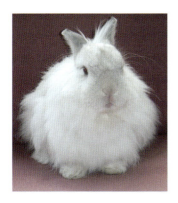

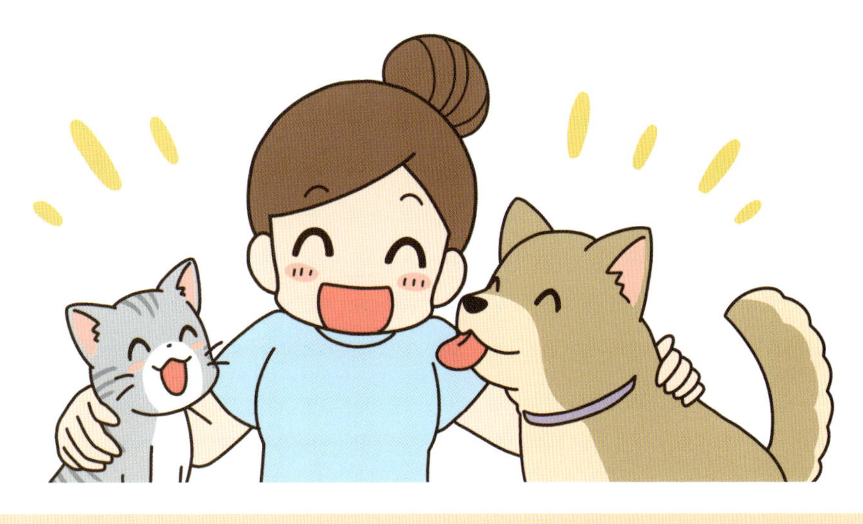

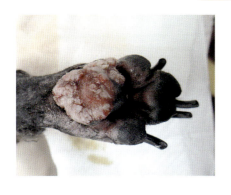

執筆者一覧（記事掲載順）

白石　健
パンダ動物病院　院長／獣医師

佐藤貴紀
VETICAL動物病院、The vet 南麻布動物病院／獣医師

深井有美子
JACCT 動物心臓血管ケアチーム　獣医師

岡野顕子
さくら動物病院　獣医師

金本英之
ER八王子動物高度医療救命救急センター　獣医師

東　真理子
しののめ動物病院　獣医師

岩井聡美
北里大学 獣医学部
獣医学科　准教授／獣医師

森　昭博
日本獣医生命科学大学 獣医学部
獣医保健看護学科　准教授／獣医師

戸野倉雅美
フジタ動物病院　獣医師

古川敏紀
九州保健福祉大学　客員教授／獣医師

笠井智子
むに動物病院　院長／獣医師

戸田　功
とだ動物病院　院長／獣医師

森　啓太
犬と猫の皮膚科　獣医師

野矢雅彦
ノヤ動物病院　院長／獣医師

佐々木亜加梨
東京大学大学院 農学生命科学研究科
獣医学専攻高度医療科学研究室／獣医師

長谷川大輔
日本獣医生命科学大学 獣医学部
獣医学科　教授／獣医師

堀　達也
日本獣医生命科学大学 獣医学部
獣医学科　教授／獣医師

小林正典
日本獣医生命科学大学 獣医学部
獣医学科　准教授／獣医師

佐野忠士
帯広畜産大学 獣医学研究部門　臨床獣医学分野
伴侶動物獣医療学系（兼）動物医療センター
准教授／獣医師

水越美奈
日本獣医生命科学大学 獣医学部
獣医保健看護学科　教授／獣医師

斉藤久美子
斉藤動物病院　会長
さいとうラビットクリニック　院長／獣医師

＊「犬の膝蓋骨脱臼」のみ監修

本阿彌宗紀
東京大学大学院 農学生命科学研究科附属動物医療センター　整形外科／獣医師

疾患編

疾患編 1 呼吸器

伝染性呼吸器疾患

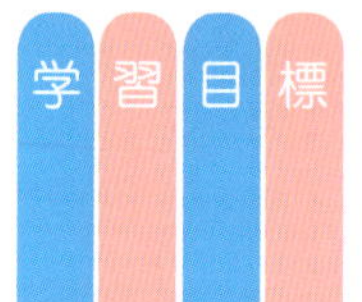

- 呼吸器の役割を知り、呼吸器疾患の特徴を理解する。
- 予防法とご家庭でのケアについて説明できる。
- 院内感染を防止するポイントを理解する。

執筆・白石　健（パンダ動物病院）

おうちに新しく迎えた子犬がコホコホと咳をしていたり、子猫が目ヤニや鼻水をグシュグシュと垂らしていたり、診察室でそのような場面に遭遇した経験があるのではないでしょうか。いわゆる「風邪をひいているかもしれませんね」といって診療を組み立てるケースだと思います。

ここでは、この「風邪」をもう少し掘り下げて勉強してみます。

呼吸器ってどんな働きをしているの？（図 1-1）

呼吸器とは鼻孔、鼻腔や口腔、咽頭、喉頭、気管、気管支、肺などの呼吸に関わる器官を指します。外界から肺まで空気を届けることで生命活動に必要な酸素を体内に取り込み、代謝産物である二酸化炭素を体外に排出する働きをしています。

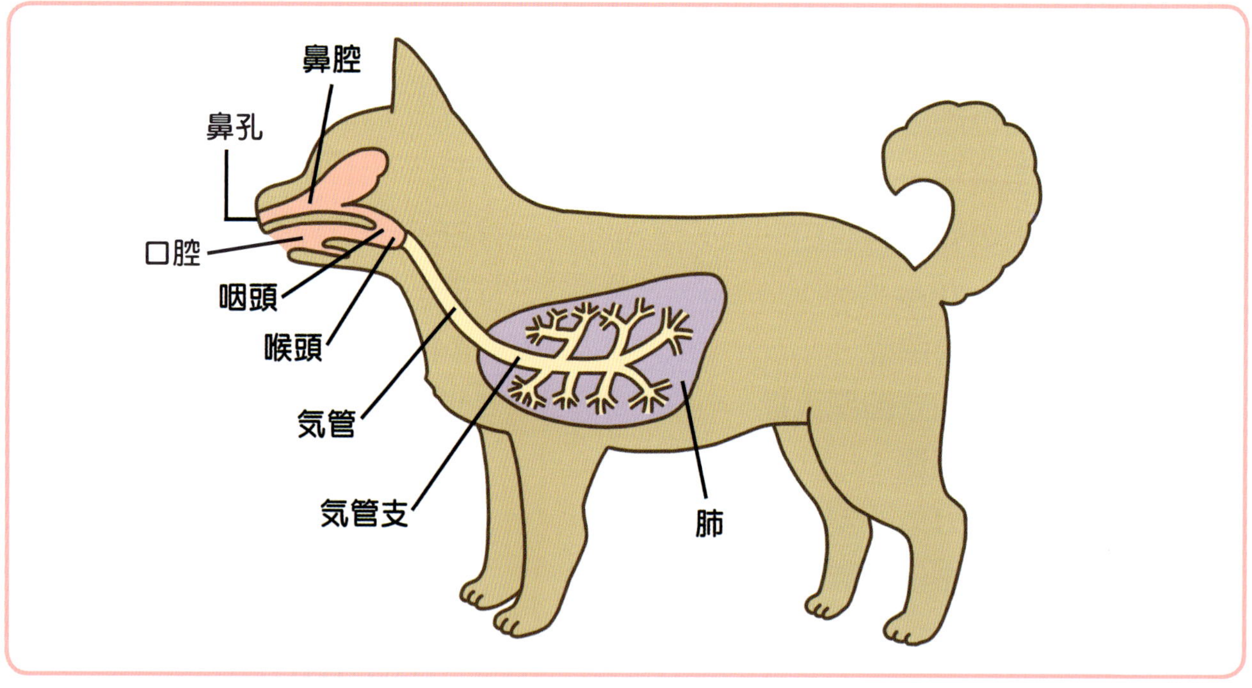

図 1-1　呼吸器の構造

犬や猫の伝染性呼吸器疾患って何？

呼吸器の一部分あるいは全域にわたって障害が生じた状態が呼吸器疾患といえます。呼吸器疾患はその障害範囲や重症度がさまざまです。軽い鼻炎や喉の荒れも呼吸器疾患と呼べますし、命に関わるような肺腫瘍や肺水腫も呼吸器疾患となります。これらの病気の中で犬から犬へ、猫から猫へ伝播するものを伝染性呼吸器疾患といいます。犬では犬伝染性気管気管支炎、猫では上部気道感染症に遭遇する機会が多いのではないでしょうか。

犬伝染性気管気管支炎ってどんな病気なの？

ケンネルコフといわれ、子犬において伝染性の強い呼吸器疾患として比較的よくみられます。ペットショップやブリーダーから家に迎えたばかりの子犬が咳を主訴に来院することが多いのではないでしょうか。

原因

犬アデノウイルス２型（CAV２）、パラインフルエンザウイルス（PIV）、Bordetella bronchiseptica（気管支敗血症菌）などの感染因子の一つあるいは複数によって起きます。その他の微生物が二次的な病原体として関わることもあります。

臨床徴候

突然の咳がみられ、乾性であることも湿性であることもあります。咳が続いた後にはえずきあるいは吐き気がみられ、えずいた後は少し症状が落ち着きますがすぐに再発します。また、気管の触診により簡単に咳が誘発でき、運動時や興奮時にも咳が出やすくなります。

ケンネルコフであれば、症状は咳やえずきなどに限定されます。そのため、発熱や食欲不振、呼吸困難、痙攣（けいれん）などの全身症状を伴う場合には、犬ジステンパー感染症などの深刻な疾患も考慮する必要があります。

診断

合併症がみられないケンネルコフの場合は、そのヒストリーや特徴的な症状から診断します。全身症状が現れたり、悪化がみられる場合には血液一般検査、胸部Ｘ線検査、気管支洗浄検査、深咽頭スワブ検査（PCR）などを検討します。

治療

咳の緩和治療として消炎薬、去痰薬、気管支拡張薬の投薬を行います。抗菌薬の使用については議論が分かれるところですが、筆者は二次的な感染や肺炎の予防を意義として使用しています。

予後

合併症がみられないケンネルコフの場合、予後は良好です。ただし、咳が完全になくなるまでに２～３週間かかる場合が多いので、時間がかかることを飼い主の方にも理解いただく必要があります。

猫の上部気道感染症ってどんな病気なの？

猫の上部気道感染症はいわゆる「猫風邪」と呼ばれ、猫では非常に多い疾患です。子猫のときや新しい猫を飼いはじめたときに、その猫や先住猫に症状が現れることがありますが、慢性的かつ間欠的に症状をみせる猫もいれば、慢性的かつ持続的に現れるケースも多々あります。

原因

猫ヘルペスウイルスや猫カリシウイルスが猫の上部気道感染症のほぼ90％を占めるといわれています。その他のウイルスやクラミドフィラ・フェリス、マイコプラズマ・フェリスの関与も考えられます。

臨床徴候

急性の症状として、くしゃみ、鼻水、結膜炎に加え、食欲の低下や脱水がみられます。発熱を伴う場合もあります。急性症状が消失した猫においても慢性的に鼻炎や結膜炎の症状が間欠的あるいは持続的にみられることがあります。

診断

その特徴的な臨床症状より診断します。鼻炎やくしゃみなどの呼吸器症状や結膜炎が認められれば猫ヘルペスウイルス感染症、舌潰瘍や口内炎などの口腔内病変が認められれば猫カリシウイルス感染症を考慮します。クラミドフィラ・フェリスの感染では、結膜スワブの細胞質内に封入体がみられることがありますが、特異的ではありません。

治療

発熱や鼻炎、口内炎により食欲が低下している場合があり、この場合は補助給餌や輸液などの支持療法が大切になります。解熱鎮痛もしくは炎症部位の消炎目的で非ステロイド性消炎鎮痛薬（NSAIDs）を投与します。すでに細菌感染が疑われる場合、あるいは細菌感染が明らかでない場合にも二次感染の防止として抗菌薬を用います。猫インターフェロンの皮下注射も行います。

猫ヘルペスウイルス感染症では、抗ウイルス薬であるファムシクロビルが有効であるとの報告もあります。また、L-リジンの投与に効果があるという報告もあります。

予後

適切な支持療法の実施により、多くのケースで２～３週間で症状は改善して予後は良好です。しかし、一部の猫では鼻炎や結膜炎などの症状が慢性化することがあり、その場合は再発がみられることや副鼻腔炎に進行してしまうようなこともあります。また、幼若猫や免疫不全の状態にあるケース、強毒株の場合などは死亡してしまう可能性もあります。

予防と飼い主への指導のポイントは？

これらの病気は適切なワクチンプログラムと感染源との非接触により予防することが期待されますが、ウイルス株の違いなどからワクチンで完全に予防できるというわけではありません。また、感染源への非接触も同じく 100 ％の防御は難しいといえます。しかしながら、リスクを減らすということではこの２つの方法が重要であることは間違いありません。特にペットショップやドッグラン、ドッグショーなど動物が多数集まるところで感染リスクが高くなりますので、そういった場所に連れていく際には特に注意が必要です。

看護のポイントと家庭でのケアのポイントは？

体内に入ってしまった病原体を駆逐するには、投薬と罹患動物の体力維持が大切になります。適切な投薬を行うとともに、常に食欲の有無や水和状態をチェックし、補助給餌や点滴を調整する必要があります。時にチューブフィーディングも用います。

特に子猫における猫ヘルペスウイルス感染症では、ストレスの有無が動物の状態に関わってきますので、同じスタッフが続けて看護をする方がよいでしょう。また、入院室内の温度や湿度を保ち、気道への刺激を避けます。

家庭ではタバコや香水だけでなく、エアコンから出る風なども呼吸器系への刺激になるので注意してもらいます。家庭でも加湿器や空気清浄機を使ってもらうとよいでしょう。

院内感染を防止するポイントは？

これらの病気は空気、飛沫、エアロゾルによって感染が広がりますので、対策には細心の注意が必要です。多くのスタッフが入院室を出入りしてしまうと感染を広げる機会が増えてしまいますので、担当の愛玩動物看護師を決めてその愛玩動物看護師以外は入院室に出入りしないようにします。世話をする際の白衣やマスクなども専用のものを用意するか、その都度新しく着替えるようにしましょう。

汚染の可能性のある服や敷物、食器などは塩素系の消毒薬を用いて十分に消毒してください。

また、通院していただく際にも注意が必要になります。待合室で罹患動物がほかの動物と接触しないように来院時間の調整などが必要になります。待合室でもキャリーから出さないようにしていただき、毛布などでキャリーをくるんでもらうようにします。

診療終了後も入院室と同様に塩素系の消毒薬で十分に消毒しましょう。

疾患編 2 循環器

犬の僧帽弁閉鎖不全症

- 犬の僧帽弁閉鎖不全症の病態を理解する。
- 犬の僧帽弁閉鎖不全症の検査方法とその原理を理解する。
- 飼い主に僧帽弁閉鎖不全症について知ってもらう。

執筆・佐藤貴紀（VETICAL 動物病院、The vet 南麻布動物病院）

僧帽弁閉鎖不全症とは心臓病の一つであり、弁膜疾患ともいわれます。僧帽弁閉鎖不全症は犬の心臓病で最も多く、死亡原因の上位を占める疾患です。

背景には犬の高齢化や小型犬の飼育率が増えたことがいえます。また、動物医療レベルの向上により僧帽弁閉鎖不全症の診断率も格段に上がったことも要因といえるでしょう。

ここでは臨床現場においては、必ず遭遇する僧帽弁閉鎖不全症の病態や治療などについて解説していきます。

僧帽弁閉鎖不全症とはどんな病気？

この病気を理解するためには、まずは必ず心臓の正常な構造と血液循環を知る必要があります。ただし、細かい部分まで覚える必要はありません。正常機能として、この２点のみ覚えてください。

正常機能の２つのポイント

1. 心臓内には４つの弁があり、血液が逆流しないようになっている
2. 血液の流れは必ず一方通行である

「心臓」は血液循環を行うポンプ

以下の内容は、頭の片隅に入れておいてください。心臓の構造の模式図が図２-１です。

「心臓」は酸素や栄養などが含まれる血液を全身に運びます。そして、不要な二酸化炭素などが含まれた血液を肺に送るなど、血液循環を担ういわばポンプの役目をしています。

血液の流れとして、［肺で酸素を受け取り→左心房→左心室→大動脈→全身の組織で酸素を二酸化炭素と交換→大静脈→右心房→右心室→肺］が一連の流れです（図２-２）。

僧帽弁は左室内の乳頭筋といわれる筋肉の部分と腱

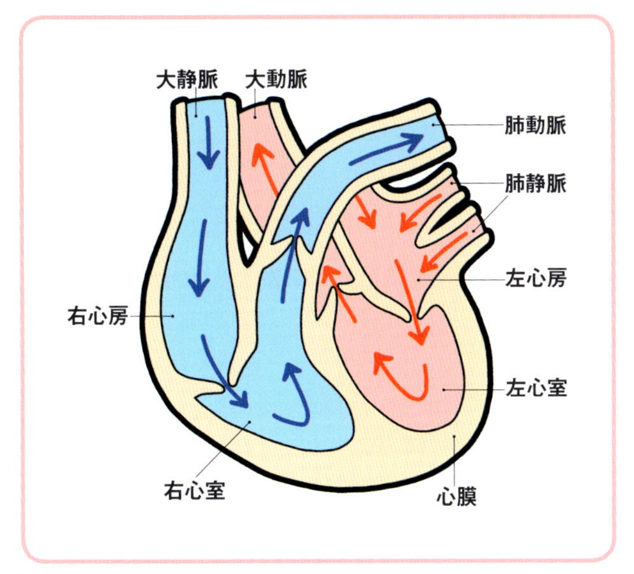

図 2-1　心臓の構造

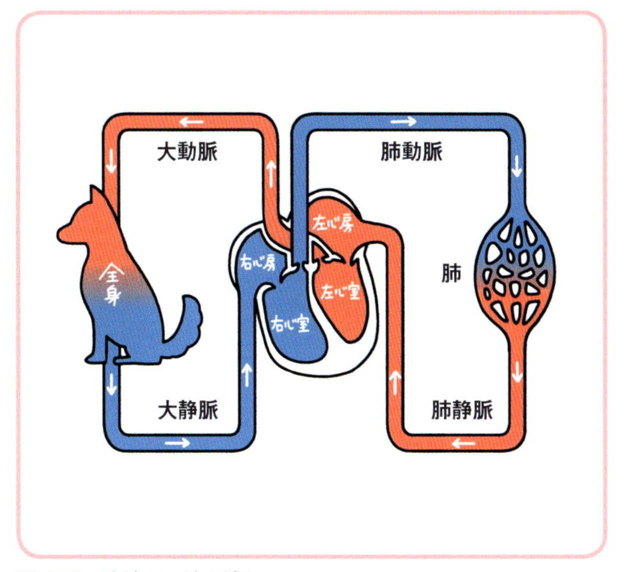

図 2-2　血液の一連の流れ

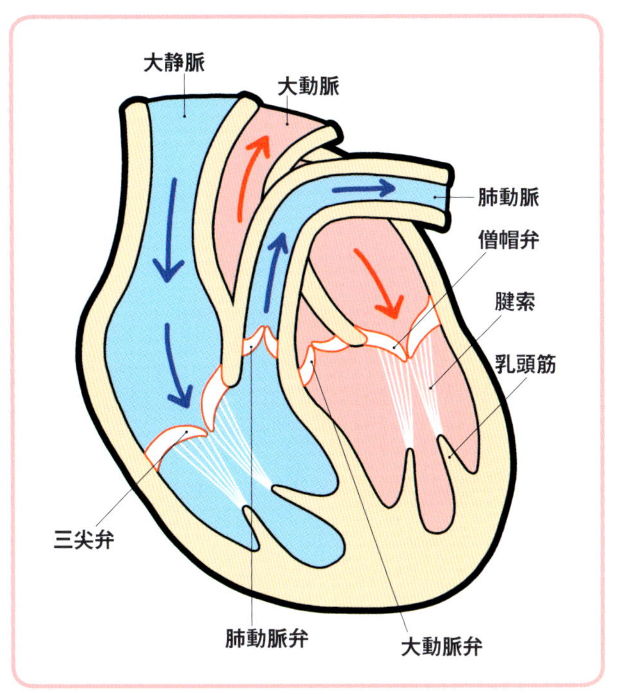

図 2-3　心臓の弁の構造

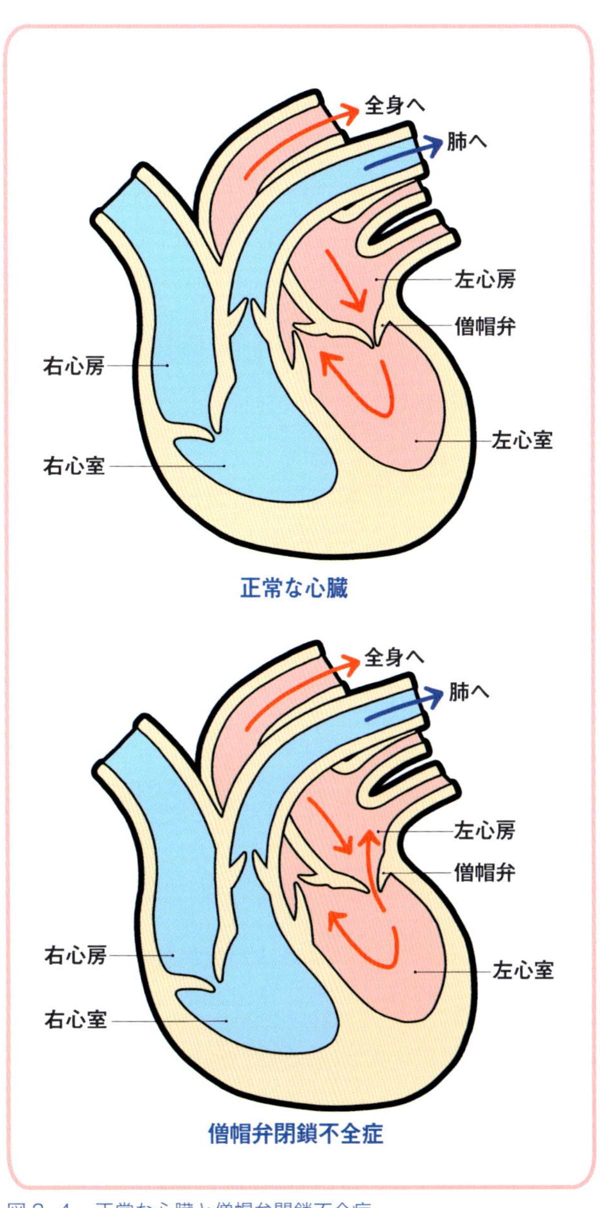

図 2-4　正常な心臓と僧帽弁閉鎖不全症

索といわれる糸のようなものでつながっており、正常に弁同士が閉まるようにできています（図 2-3）。

そこで、左心房と左心室の間にある僧帽弁の閉鎖がうまくできず、血液が左心室から左心房に逆流を起こしてしまう病態を、僧帽弁閉鎖不全症といいます（図 2-4）。

僧帽弁閉鎖不全症の原因

1．最も多い原因は粘液腫様変性

粘液腫様変性とは、加齢性もしくは長期間かけて弁の形が変形してしまうことであり、薄い弁が厚くなる肥厚といわれる現象が起きます。弁が肥厚することで、弁同士の接着面がかみ合わなくなり、血液が逆流するのです。さらには、弁そのものを支えている腱索が伸びたり切れてしまうことで、支えられていた弁が正常な働きを行えなくなり、さらなる悪化を招きます。

2．感染性心内膜炎

比較的まれではある疾患です。心内膜、僧帽弁に細菌が増殖することで炎症を起こし、さまざまな産物によりイボのような塊を形成します。その塊が弁にできてしまうと、弁のかみ合わせが悪くなり血液の逆流を起こします。

3．拡張型心筋症や動脈管開存症などの心臓病

弁、腱索、乳頭筋に異常はないのですが、心臓病により血液循環が悪く心臓の内側が広がってしまうことで、かみ合っていた弁が離れてしまい、弁同士の接着部分が少なくなることで血液の逆流を起こします。

4．僧帽弁そのものが生まれつき異常な場合

大型犬に多い先天性の奇形であり、僧帽弁の形態異常により血液の逆流を起こします。

5．その他

先天性の心臓病により、僧帽弁が裂けてしまい、その隙間から血液が逆流しているケースや、不整脈などによっても生じることが分かっています。

さまざまな要因で心臓内の僧帽弁が正常に閉鎖できず、血液が一部逆流を起こします。血液逆流の経過が長いと心臓に負担がかかり、さらには心臓が大きくなってしまいます。そうなることでさまざまな悪影響が起こることが分かっています。

大事なことは、僧帽弁閉鎖不全症がどの原因で起きているのかを探ることです。

僧帽弁閉鎖不全症の主訴と症状は？

心臓病にしか出ない症状はない

僧帽弁閉鎖不全症は初期の段階では症状を示すことはありません。ある程度の期間、病気を患うことで、咳をする、呼吸が速いという主訴で来院することが多く感じられます。

しかし、実体としては症状が出るよりも前に、動物病院での獣医師による聴診により心雑音が聴取されることで、早期診断がされているケースが多いのです。

また、「咳をする」と来院されても、心臓病ではなく、呼吸器疾患であることも少なくありません。

心臓病にしか出ない症状はないのですが、比較的起こりやすい症状をお話します。

主訴としては、咳をする、呼吸が速い、運動をしたがらない、倒れるといった症状が主なものです。僧帽弁閉鎖不全症が進行していくことで、肺高血圧症という病態に陥ることが少なくありません。この原因は血液が心臓へ戻りづらい状況が続くことで肺に負担がかかり、肺高血圧にいたることが分かっています。そうなることで腹水による腹部膨満、手足などの浮腫（むくみ）、チアノーゼ（粘膜蒼白）などの症状が起こりやすくなります。

① 咳をする（発咳）

痰が絡んだ「カーッ」というような咳から、「コン、コン」「コホン、コホン」「ゲヘッ、ゲヘッ」というような咳があります。最初は走ったり興奮した後に症状が出はじめ、進行することで安静時にも咳がみられます。そして、重症になればなるほど回数は増えます。

また、個体差はありますが、一般的に僧帽弁閉鎖不全症を患っている子の症状の中で、一番起きやすいのが咳といえます。咳の起こる機序としては、２通りあります。

僧帽弁閉鎖不全症が悪化することで
咳が出る2つの要因

1. 心肥大や心拡大を起こし、近くにある気管を物理的に圧迫することで、気管の通り道を細めてしまう
2. 心臓に戻ってくる血液を受け入れにくくなることで、肺に水が溜まり（肺水腫）、呼吸がうまくできなくなってしまう

② 呼吸が速い（呼吸促迫）

安静時の呼吸数は10〜30回/分とされています。安静時とは寝ているときや横になりくつろいでいるときのことです。興奮時や運動時は呼吸数が必ず上がります。

呼吸が速い場合は、走った後でもないのに口を開け呼吸しながらなんとなく落ち着かない様子のときや、寝ているのに胸ではなくお腹全体で呼吸をしている状態が続きます。安静時呼吸数の見方は、くつろいでいるときに胸の膨らみを見て、1分間数えて計測します。

30回を超えた場合は心臓病が悪化している可能性があります。

40回を超えていると肺水腫になっている恐れがあると報告されています。

これらの症状も、呼吸器の異常により起こることがあります。

③ 運動をしたがらない（運動不耐性）

主訴としては、明確に運動をしたがらないというよりは、なんとなく最近元気がない、散歩に行きたがらない、散歩に行ってもすぐに座り込んでしまい疲れやすい、寝ている時間が多くなった、などが一般的です。

運動時には全身に十分な血液や酸素が必要となります。たくさんの酸素を使用するからです。しかし、心臓病の場合、血液循環がうまくいかず血液や酸素をうまく運ぶことができないために、運動不耐性などの症状が出ます。

④ 倒れる（失神、虚脱）

興奮したときや過度なストレスを感じたときに、力が抜けるようにパタッと倒れてしまい、呼吸はしているものの意識は朦朧としている状態です。ただし、数秒から数分後には普通に戻ることが多い症状です。

主に、酸素の運搬がうまく行かず脳が低酸素状態になったことが原因とされていますが、不整脈などの関与も否定はできません。

⑤ お腹が膨れている、張っている（腹部膨満）

最近なんだかお腹が膨らんでいる気がする、体重が増えた気がする、などという理由から来院することが多いのですが、そもそも僧帽弁閉鎖不全症の患者の中でも、病気が進行していないと起きない症状でもあります。そのため、ほとんどが治療中で検査などにより事前に分かることが多いかと思われます。

この症状を先に訴えてきたのであれば、もしかしたら心臓病とは別の病気によるもの、と考えるのが妥当かと思います。

⑥ むくみ

非常に分かりにくい症状の一つです。なんだか皮膚が柔らかい、タプタプしている部分が増えた、体重が重くなった、そして、なんだかだるそうにしている、などからむくみが発見されるケースが多いです。

⑦ チアノーゼ

呼吸が速く、なんだか舌の色が真っ青になり苦しそうにしているという主訴で来院することが多く感じます。チアノーゼの定義は、可視粘膜が青紫色から赤紫色になっている状態を指し、酸素と結合していないヘモグロビンの増加やヘモグロビン自体の減少によって生じるとされています。簡単にいうと、何かしらの理由で酸素を組織まで運べていないということです。

⑧ 喀血

肺水腫にまで進行すると、泡や水が鼻や口から出てくることや、さらには肺が損傷したことで喀血（血を吐くこと）まで進行します。ここまでくるとかなり重症です。

検査はどんな流れで行う？

僧帽弁閉鎖不全症の重症度や症状によっても変わってきますが、基本的には身体検査で聴診を行い、X線検査、心臓超音波検査、心電図検査、血圧検査、必要であれば血液検査といった検査により、総合的判断が必要となる疾患です。呼吸状態が悪い場合は、治療を優先することもありますし、酸素を嗅がせながら検査を行うケースも少なくありません。

1. 身体検査

心臓の雑音を聴取し、心雑音の音の大きさをグレード分類します（1～6段階）。この音が心臓そのもののステージ評価につながるわけではありませんが、音が大きければ比較的重症度は高いです。

また、気管や肺の音を聞いて、他に併発している疾患がないかも評価します。

2. X線検査

X線検査では、治療判断には欠かせない情報が手に入るため、必ずといって良いほど行われます。通常は横向きと仰向けなど、2枚の撮影を行いますが、状態によっては横向き1枚で終わることもあれば、すべての方向（前後左右の4枚）を組み合わせることもあります。

検査内容としては、まず心臓の大きさ、肺に水が溜まっていないか（肺水腫の有無）、また症状として咳などがある場合は他に原因はないかどうかを探ります（図2-5、2-6）。

3. 心臓超音波検査

X線検査と同様に必ず行いたい検査の一つです。

心臓の収縮力、心臓（左房）の大きさ、弁の動き、僧帽弁閉鎖不全症以外に病気がないかどうか、血液逆流の度合い、左房への負荷などを総合的に評価し、ステージ分類を行ったのち、治療を選択していきます。

今のステージ分類に必須な項目は、上記3つとなるため、必ず必要な検査項目といえるでしょう（図2-7）。

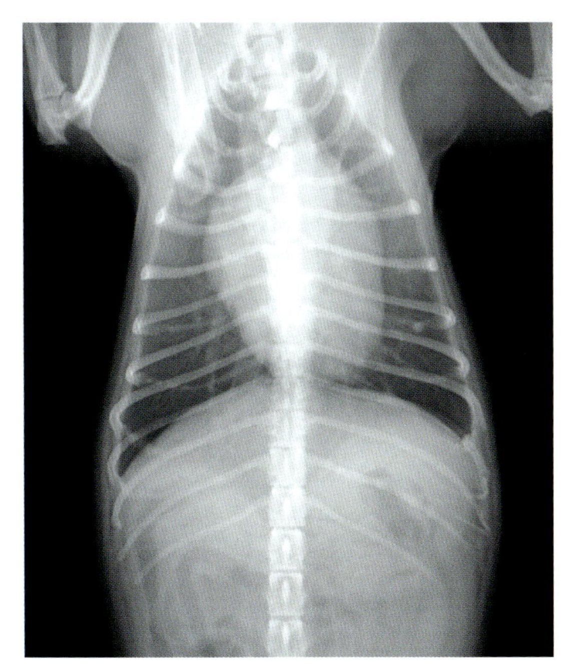

図 2-5　正常な心臓

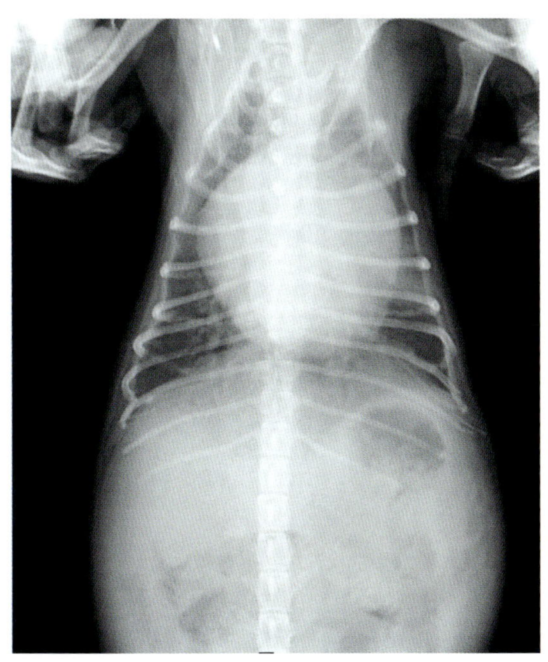

図 2-6　拡大した心臓

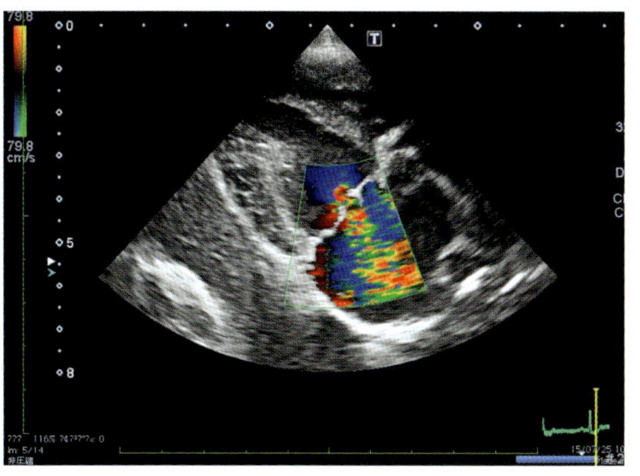

図 2-7　僧帽弁閉鎖不全症の超音波写真

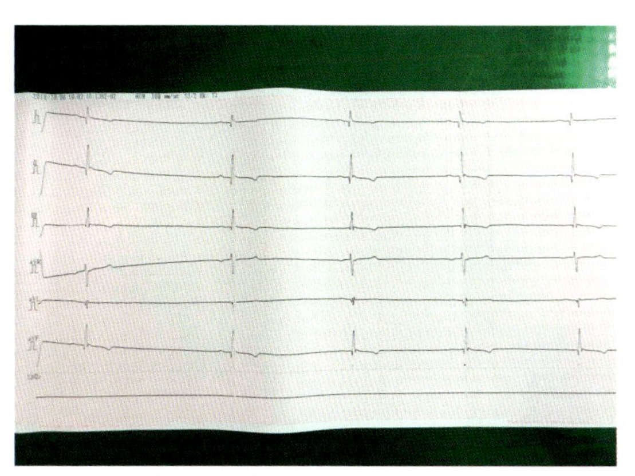

図 2-8　正常波形と脈拍

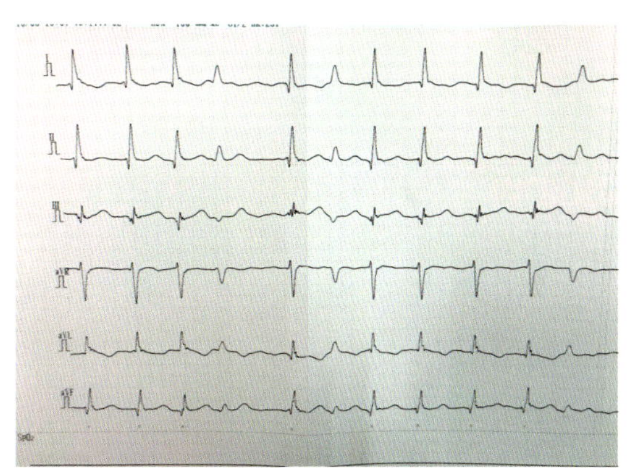

図 2-9　頻脈と不整脈あり

4. 心電図検査

僧帽弁閉鎖不全症が悪化することで、出やすい不整脈が存在します。その不整脈が出ることで突然死へとつながるため、早期に発見したいという意図があります。また、症状に失神などがある場合は、僧帽弁閉鎖不全症とは別の不整脈が見つかることもあります。

さらには、進行することで脈拍数が増えることも分かっているため、進行していないかどうかの補助として検査を行うことがあります（図 2-8、2-9）。

5. 血圧測定

心臓病以外でも高血圧、もしくは低血圧に陥ることがあります。実際には、高血圧であれば心臓への負担も大きく治療を施す必要があるケースや、低血圧だと治療が合っていないケースなどもあるため、治療の開始時や継続的な治療では定期的に行いたい検査の一つです。

6. 血液検査

血液検査では、心臓バイオマーカーといって心臓の負担があるときに、心臓のホルモン検査を行うことがあります。これは、前述した検査をうまく行えない理由があるときや、治療の進行を数値化したいときに行います。

また、心臓病の治療において腎臓や肝臓などが悪いと薬の選択にも影響するため、できるだけ検査したいことは事実です。

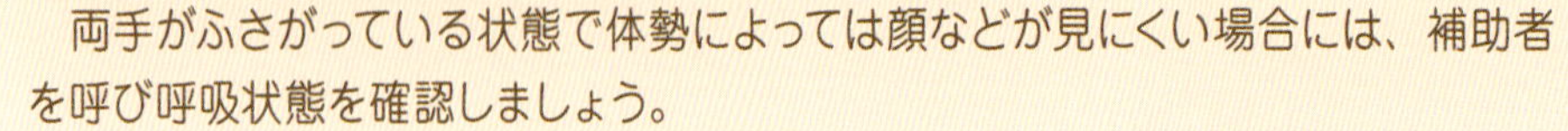

検査時に愛玩動物看護師が気を付けること

心臓病の重症度によっては、横向きにするだけでも命取りになる可能性があります。そこで、横向きにできるかどうかの判断はしっかりと獣医師に確認しましょう。

また、検査をしている最中には舌の色が悪くないか、呼吸は苦しそうじゃないかをしっかり把握し、酸素化が必要な場合も少なくないため、動物を見ながら保定をするようにしてください。

両手がふさがっている状態で体勢によっては顔などが見にくい場合には、補助者を呼び呼吸状態を確認しましょう。

よく行われる治療は？

まずは、心臓の悪化度合いがどのステージかによって治療が異なります。僧帽弁閉鎖不全症があるからすぐ治療というわけではありません。ここで、2019年に報告されたステージ分類（表2-1）について簡単に説明します。

僧帽弁閉鎖不全症のステージ分類

ステージA

心疾患を発症するリスクが高い犬で、現時点では心臓の大きさや弁の動きなど構造的な異常は生じていない状態です。すべてのキャバリア・キング・チャールズ・スパニエル、その他の心雑音がなくても、素因のある犬種はここに含まれます。

ステージB

心臓の構造的異常が生じていますが、まだ心不全による症状は現れていない状態です。ステージBはさらに2つに分けられます。

ステージB1

心臓の大きさは正常で、症状も現れていない状態です。あるいは心臓が大きくなっていても、治療介入の基準に達していない状態です。

ステージB2

心臓が大きくなっており、長期にわたる僧帽弁逆流が認められますが、まだ症状が現れていない状態です。治療介入により心不全による症状の発現を遅らせることができるとされています。

ステージC

現在あるいは過去に心不全による症状が認められた状態です。はじめて心不全を発症した場合、積極的治療が必要な重篤な状態にならないよう、注意する必要があります。

ステージD

治療を行っても、心不全による症状が改善しなくなった状態です。臨床的に安定した状態を維持するた

表 2-1　僧帽弁閉鎖不全症のステージ分類

<table>
<tr><th>ステージ</th><th>A</th><th>B1</th><th>B2</th><th>C</th><th>D</th></tr>
<tr><td>心臓のイメージ</td><td></td><td></td><td></td><td></td><td></td></tr>
<tr><td>心雑音</td><td>なし</td><td colspan="2">小さい</td><td colspan="2">大きくなる</td></tr>
<tr><td>心臓の大きさ</td><td colspan="2">変化なし</td><td>少し大きい</td><td colspan="2">さらに大きくなる</td></tr>
<tr><td>症状</td><td colspan="3">なし</td><td>心不全の症状</td><td>持続的な
心不全の症状</td></tr>
<tr><td>治療</td><td colspan="2">なし</td><td colspan="3">推奨</td></tr>
</table>

めには、高度な治療が必要で、外科手術が推奨されるステージです。

上記のステージ分類の中で、治療を開始して良いのはステージ B2からとなっています。そのためには、前述した検査を的確に行う必要があります。

まず初期段階では、必ず内科治療から治療を施します。そして、内科治療は基本的に、原因である弁そのものを修復するような作用はないため、血液をいかにうまく循環させるかという治療が施されます。

内科治療は基本的には３つに分かれ、この中で作用機序が変わる薬を組み合わせることになります。

1．血管拡張薬

血管を広げる作用や、心臓の負荷を長期的に軽減するための薬です。血管を広げるということは、血圧を下げることにつながるため、血液の循環がスムーズに促せることが分かっています。

2．強心系の薬

心臓はポンプの役目を果たしています。そのポンプ機能が弱まることで血液循環が悪くなります。そこを補うために強心系の薬が使用されます。最近の強心系の薬は副作用もなく、安全に使用できます。カルシウム増強薬（ピモベンダン）は、初期の段階で適応となるステージにおいて最初に使用されることが唯一決まっている薬です。

3．利尿薬

単純に心臓に血液がうっ滞（溜まってしまうこと）しないように、全身の血液量を減らすことを目的として利用されます。特に肺水腫の場合は、利尿薬の利用が推奨されており、また悪化したステージでは欠かせない薬です。ただし、効果も優れているだけに、腎臓などへの副作用もある薬ですので、しっかりと定期検査を行いながら使用しましょう。

外科手術

変性してしまった弁を修復したり、広がってしまった心臓内部を縮める手術を行うことがあります。適応がいつなのかはまだ定まっておりませんが、早い段階での手術の方が成功率が高いことが分かっています。手術で修復することが最も理想的であり、ヒトでの治療法では一般的です。しかし、犬では限られた施設での手術ということ、コスト面、成績、高齢症例での手術が多いことなどからも一般的とはいえません。

ステージ B2の段階での成功率は一部の報告では95％と高いため、肺水腫を繰り返さないためにも選択肢の一つになりつつあることは間違いありません。

薬の副作用

血管拡張薬には低血圧、強心薬には不整脈の報告、利尿薬は腎臓への負担を増やすなど、薬それぞれには副作用があります。また、消化器症状などを起こすことも分かっています。

飼い主へのインフォームド・コンセントとしては、心臓薬は血液循環動態などを変える作用のものが多いため、副作用が出る可能性があることは伝えるべきでしょう。

飼い主への指導のポイントは？

自宅で心拍数を数えてもらうことを推奨しています。

通常の安静時心拍数は、100回/分より少ないことが多く（個体差はあるため、愛犬の平均心拍数よりも）、上回れば心臓病の悪化も示唆することが考えられます。

他には、聴診器を購入してもらい、雑音の大きさを評価してもらうことも早期発見につながります。

僧帽弁閉鎖不全症が見つかった後の指導

1．ストレス、興奮、運動には気を付ける

過度に心拍数を上げる行為を続けると、心臓への負担が多くなり進行が早まる恐れがあるため、負担のない生活を送るように心掛けてもらいます。

2．肥満

太ることで、血管増殖による心臓への負担、脂肪の蓄積により気管や心臓への負担、または他の疾患を助長させてしまい、さらなる悪化を招く恐れがあるので、気を付けてもらいます。

3．塩分の取りすぎ

ヒトの食べ物などで塩分の過激摂取により、腎臓などへの負担が増え高血圧などを招く恐れがあるため、注意が必要です。

4．温度

暑いところから急に寒いところへの移動やその逆などの血圧の変動は、心臓への負担を増やすことになるため、時間をかけて体を温度に慣らすようにお願いをします。

5．食事

ステージによっては心臓病の食事のほうが負担が少ないので、その子にあった適切な食事を与えるようにお願いをします。ただ、嗜好性の問題で食べないほうが問題ではあるので、第一優先はしっかり食べることを心掛けてもらいます。

6．水分

適宜水は飲める状態にしてあげてください。脱水になると他の病気が悪化する恐れなどもあります。

獣医師が愛玩動物看護師に知っておいてほしいこと

心臓病の子はさまざまな状況の中で、一瞬の間に状態が悪化することを、筆者は多々経験しています。

例えば、受付で待っているときに、環境の変化や興奮、緊張により状態がぐったりしたケース、またX線検査中に横向きにした瞬間、呼吸状態が悪化したケース、さらには肺水腫などに陥っている場合は、どんなときでも死と隣り合わせの状態です。飼い主の稟告のみを信じず、その犬の状態を把握し、そして時間の許す限り状態を見届けてください。

そして、状態が悪い場合にはすぐに気管チューブを挿管できるように、すべての道具を用意しておくことも重要だと思っています。

疾患編 ③ 循環器

猫の肥大型心筋症

- 猫の肥大型心筋症の特徴を理解する。
- 猫の肥大型心筋症では、どんな主訴で来院するか理解する。
- 心筋症の猫が来院したときに、やるべきことを身に付ける。

執筆・深井有美子（JACCT 動物心臓血管ケアチーム）

心筋症は、心筋の収縮や拡張が障害される病気です。猫の心筋症は、心室が広がりにくくなって拡張障害を起こす肥大型心筋症や拘束型心筋症が大部分を占めます。多くはありませんが、心室が収縮しづらくなって収縮障害を起こす拡張型心筋症や、その他にはまれですが、不整脈がみられ右心系に障害を与えるタイプの心筋症、また分類できない心筋症も発生がみられます。

前述のように猫の心筋症といっても種類は多くありますが、代表的なのは肥大型心筋症です。今回は肥大型心筋症について勉強していきましょう。

猫の肥大型心筋症ってどんな病気？

肥大型心筋症は、明らかな原因（腎性高血圧や甲状腺機能亢進症など）がないのに、心室壁が中心に向かって分厚くなってしまう心筋症です。肥大すると心室壁が伸びにくく、かつ広がりにくくなるので、拡張障害を起こします。主に左心室の心筋に病変が現れます。

心臓と血液の流れ

心臓内の血液の流れをもう一度復習しましょう（**図 3-1**）。心臓は、全身からの血液を右側の部屋で受け取ります。そして血液は肺に行き、それから左側の部屋、そして全身へと流れていきます。もう少し細かくみていくと、**全身→右心房→右心室→肺動脈→肺**という順番で肺に行きます。そして肺でガス交換をして酸素をたっぷり含んだ血液は、左側の心臓を通って全身に行きます。つまり、**肺→肺静脈→左心房→左心室→大動脈→全身**という順番で通っていきます。

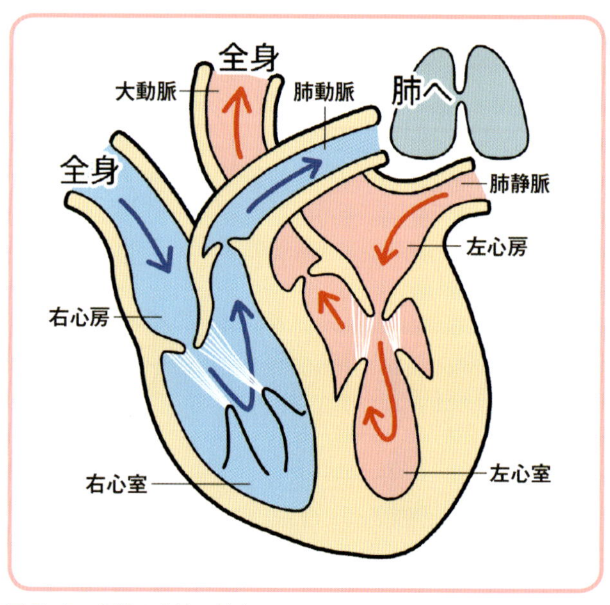

図 3-1　心臓の血液の流れ

肥大型心筋症の心臓

前述のように肥大型心筋症は明らかな原因がないのに、心室壁が中心に向かって分厚くなってしまう心筋症です（図 3 -2）。肥大型心筋症により左心室が広がりにくくなると、血液は左心室に入りにくくなり左心房にたまるため、左心房に圧がかかってしまいます。さらに進行すると、左心房に入ってくる血管の肺静脈にも圧がかかります。その結果、肺水腫や胸水が発症し、呼吸困難になってしまいます。

また左心房では血液のうっ滞が起こり、血栓（血のかたまり）ができやすい状態になり、血栓が血管に流れてつまってしまうと血栓塞栓症を引き起こします（図 3 -3）。血栓塞栓症を起こしやすいのは、腹大動脈の分岐部になります。その他、心拍出量（心臓から全身にまわる血液量）の低下や不整脈から失神することもあり、突然死に至ってしまうこともあります。肥大型心筋症のなかには、心室中隔壁（右心室と左心室を区切る壁）が分厚くなったり、僧帽弁の動きの異常から、左室流出路閉塞が起こる閉塞性肥大型心筋症というものもあります。

猫の肥大型心筋症の原因は？

ヒトでは、肥大型心筋症患者の約半数に家族性の発症が認められていて、遺伝子の変異が主な原因とされています。猫でも、猫種によって遺伝子の変異が報告されており、遺伝性の心筋障害とされていますが、遺伝子変異が証明できていない猫種も多く存在し、未解明な部分が多い病気です。遺伝子の変異が報告されている猫種は、メイン・クーンやラグドールです。家族

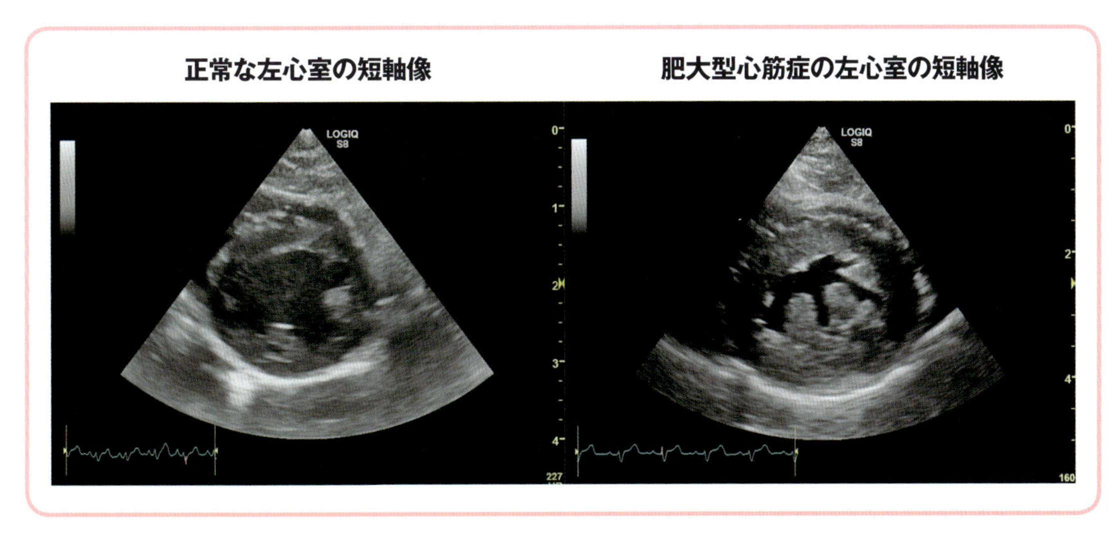

図 3 -2　超音波検査による左心室の短軸像の比較（拡張末期）

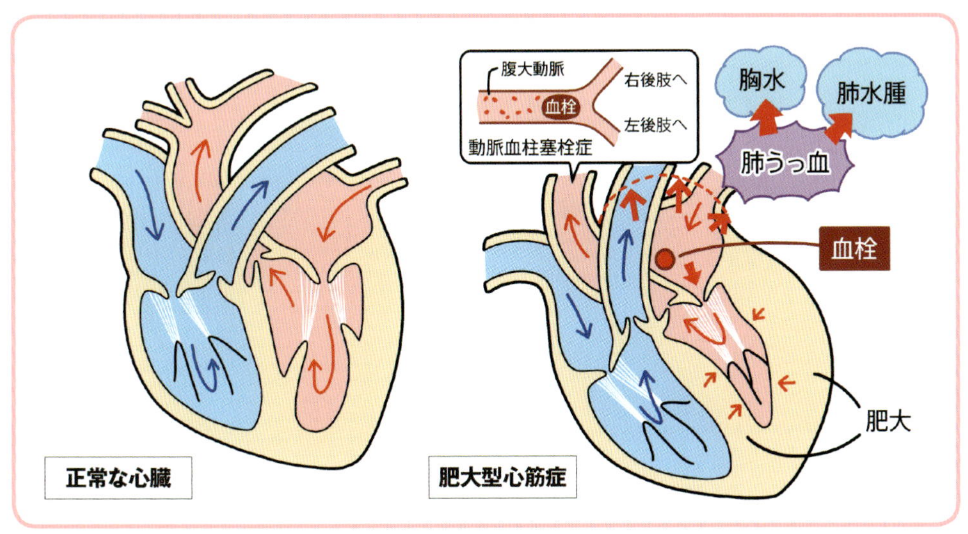

図 3 -3　正常な心臓と肥大型心筋症の心臓

性の発症が報告されている猫種は、ブリティッシュ・ショートヘア、ノルウェージャン・フォレスト・キャット、アメリカン・ショートヘア、スコティッシュ・フォールド、ペルシャなどが挙げられます。その他、雑種猫での発生も多く報告されています。

どんな主訴と症状で来院するの？

多くは呼吸困難、症状のない場合も多い

❶呼吸器症状

多くが、呼吸器症状を主訴に来院します。

呼吸促迫、つまり「呼吸が荒い」「開口呼吸をしている」などがキーワードになります。

❷肢が動かない

肢が動かない、という主訴でも来院します。

そのときは呼吸器症状を伴っていることが多いですが、肢の主訴だけの場合もあります。痛みを伴うことが多いです。飼い主が訴える症状のなかでのキーワードは「突然叫び声をあげた後に後ろ肢が動かなくなった」です。

❸失神する

その他の主訴としては「失神する」もあります。突然倒れるので飼い主はとても慌てます。

❹なんとなく

特徴的でない主訴の場合もあります。

猫がなんとなく「元気がない」、「動きたくない」、「疲れやすい」などが症状の場合もあります。

❺無症状

実は、肥大型心筋症の猫の３～５割は、無症状です。

大抵は❶や❷のような緊急の状態で来院しますが、肥大型心筋症に罹患していても症状が出ない猫もいます。

❶「呼吸が荒い」「開口呼吸をしている」

❷「突然叫び声をあげた後に後ろ肢が動かなくなった」

❸「失神する」

検査はどんな流れで行うの？

心筋症で必要な検査

心筋症で必要な検査は、画像検査が中心になりますが、その他下記に挙げる検査を行い、猫の今の状態を把握していきます。

●胸部のX線検査
●心臓の超音波検査
●心電図検査
●血圧検査
●血液検査
●バイオマーカー

ただし、呼吸停止ぎりぎりの緊急な状態で来院しているケースもあり、検査を十分にできないことも多いです。

続いて、症状ごとに行う検査について説明します。

症状別検査の例

●呼吸器症状を主訴に来院した場合

状態にもよりますが、ICUケージ（酸素テント）、X線検査、超音波検査の準備をしておくと良いでしょう。可能であれば空いている診察室で猫の状態を確認し、呼吸状態が荒い場合は診察に入る前にICUケージ（酸素テント）で預かるか、もしくは酸素吸入処置を行ってください。

●肢が動かない場合

心筋症を背景にもった動脈血栓塞栓症の疑いがあります。もちろん、整形外科的な疾患や神経的な疾患も鑑別に入ります。呼吸状態が安定している場合は、X線検査が必要か獣医師に確認し、準備しておくと良いでしょう。

●失神した、という主訴で来院した場合

落ち着いていれば、診察してからの準備で大丈夫ですが、不整脈なども考えられるので心電図検査の用意もしておきましょう。

心筋症の検査の目的

ここでもう一回、検査の目的を復習しておきましょう。

●胸部のX線検査

心臓と肺、そして胸腔の状態をみるために実施します。つまり、心臓が大きいかどうか、肺水腫がないかどうか、胸水がたまっていないかどうかをみます。

●心臓の超音波検査

心臓の中をもっと詳しくみるために実施します。心室壁の厚さや、左心房の大きさ、血栓の有無、拡張障害などの状態をみます。

●心電図検査

不整脈がないかどうかをみます。

●血圧検査

低血圧や高血圧がないかをみます。

●血液検査

甲状腺機能亢進症がないか、腎不全がないか、電解質異常がないか、など全身の状態の確認をするために実施します。

●バイオマーカー

無症状のときに、心筋症の疑いがあるかどうかの指標に用います。

よく行われる治療はどんなもの？

症状により以下のような治療法があります。

呼吸器症状の場合

呼吸促迫で来院した場合は、肺水腫や胸水が疑われます。肺水腫・胸水の場合は、酸素吸入と利尿薬、胸水が貯留していたら、胸水抜去を行います。

●胸水抜去

今さらかもしれませんが、具体的な胸水抜去について説明します。

胸水貯留が起こると、胸膜腔内（胸壁に囲まれていて、心臓や肺などの臓器が入っている空間）に異常な量の液体がたまってしまうので、肺が膨らまなくなります（図3-4、3-5）。よって胸水を抜き、肺の圧迫を解除させることが第一の治療法となります。

胸水は胸腔穿刺によって抜去します（図3-6）。胸腔穿刺では翼状針・留置針・通常の注射針などが使用されます。その他に準備するものは、延長チューブ、三方活栓、シリンジ（10～50 mL）があります（図3-7、3-8）。

体位は腹臥位や犬座位、もしくは横臥位で行います。猫の呼吸状態と保定のしやすい方法（猫が楽な方法）で選択していきます。酸素吸入をしながら、穿刺部の剃毛と消毒を行い、必要に応じて局所麻酔もしくは鎮静処置を行って、穿刺をします（図3-9）。保定をする際は呼吸状態をよくみておくことと、また後半になり胸水が抜けてきて呼吸が楽になってくると猫の動きが活発になってくる可能性があるので、注意しましょう。

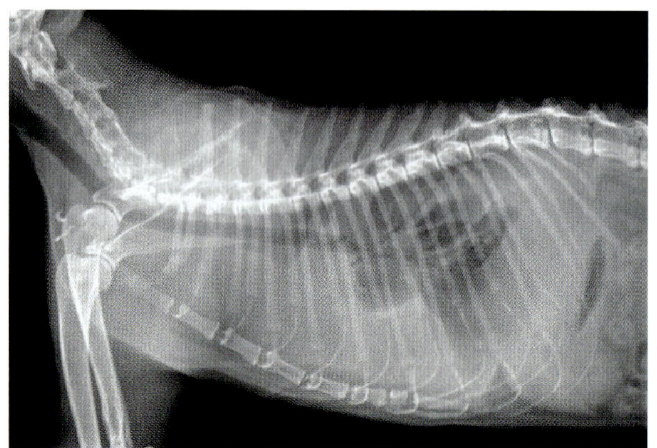

図3-4　胸水が貯留した猫のラテラル像
肺の辺縁は胸骨から離れており、葉間裂は明瞭に認められ、胸水の貯留が示唆されます。

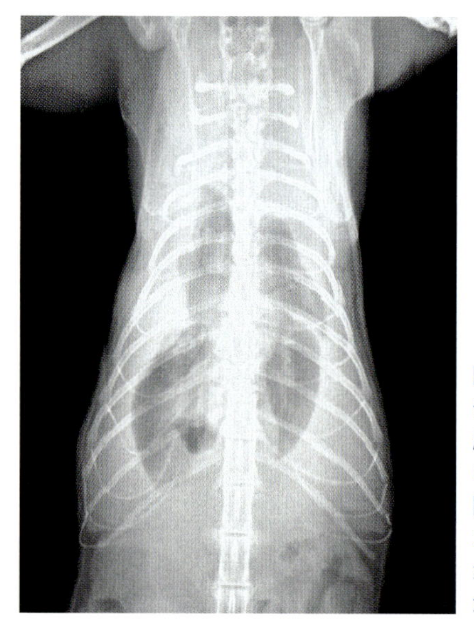

図3-5　胸水が貯留した猫のDV像
肺の辺縁は胸壁から離れており、心陰影や横隔膜ラインも不明瞭なことから、胸水の貯留が示唆されます。

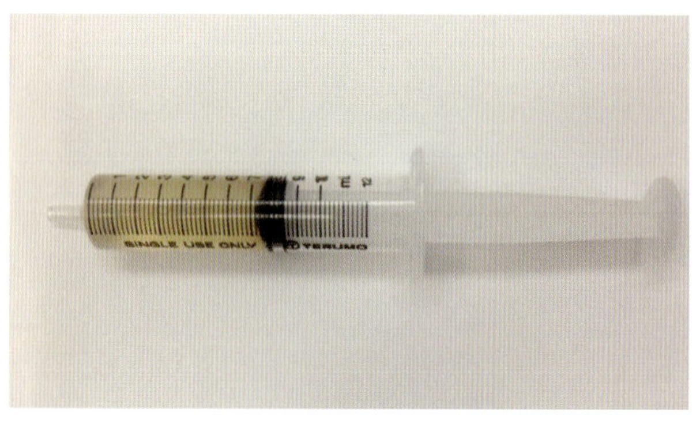

図3-6　抜去した胸水

肢が動かない場合

肢が動かないという主訴で来院した場合は、動脈血栓塞栓症が疑われます。動脈血栓塞栓症であった場合は抗血栓治療を行います。また、激しい痛みを伴うので鎮痛薬を併用します。

全身の循環が落ちている場合

全身の循環が極度に落ちている場合は、病態が禁忌でなければ強心薬を使用します。不整脈がある場合は、猫の状態とその不整脈の種類をみて、抗不整脈薬の使用を考えます。

特に症状のない場合

無症状だった場合、薬を飲まずに経過観察になることも多いです。肥大型心筋症のなかでも閉塞性の場合は、閉塞を緩和させるためにβ遮断薬を使用することもあります。ただ残念なことに、現時点では無症状の猫に対しての投薬が、肥大の進行や心筋障害を抑えられるというエビデンス（科学的な根拠）は確立されていません。

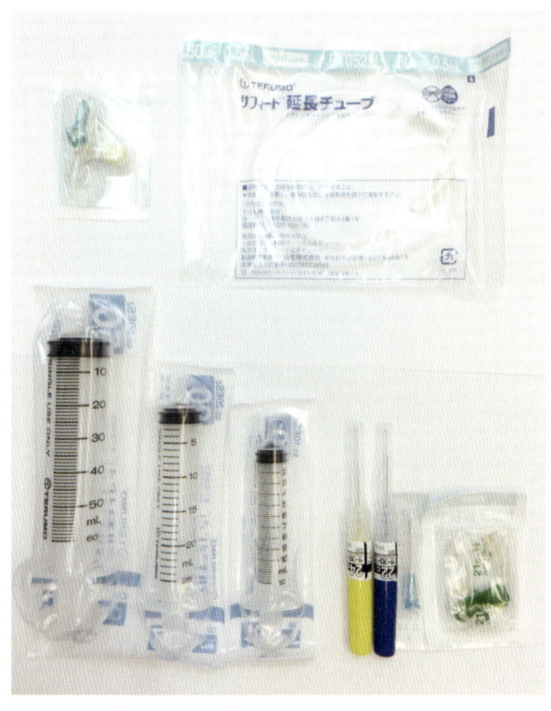

図3-7　胸水抜去時に準備するもの

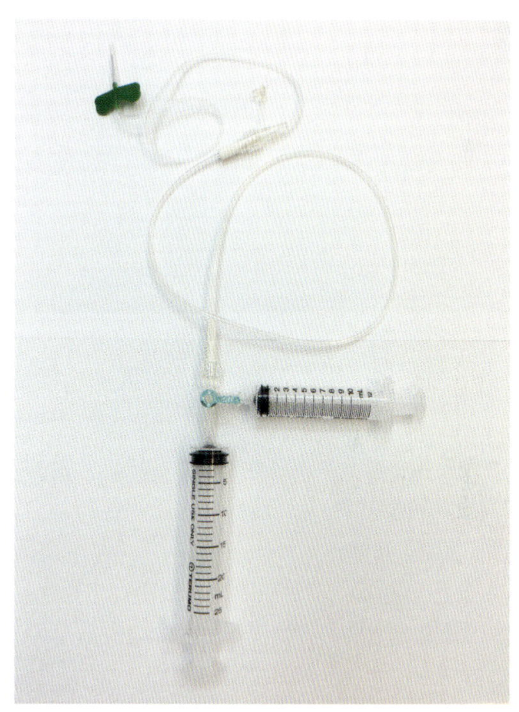

図3-8　胸水抜去に使用する器具の一例

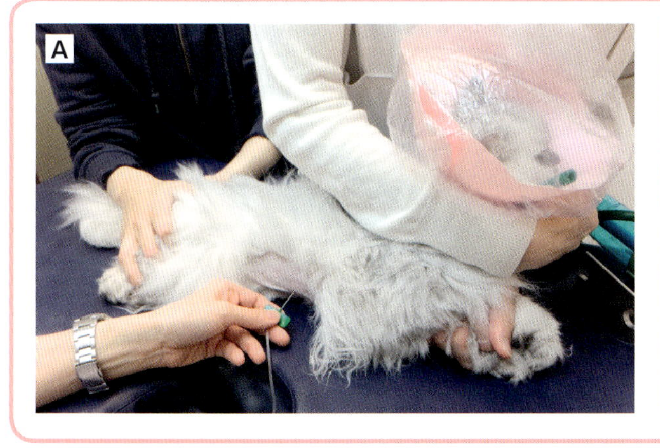

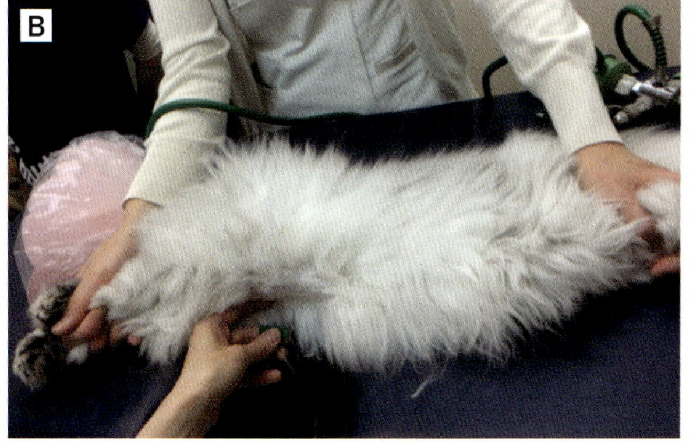

図3-9　胸水抜去時の保定（A：腹臥位、B：横臥位）
フード法で酸素吸入をしながら、エコーガイド下で胸腔穿刺を行います。

飼い主には何を指導したら良いの？

一番の対策は健康診断

猫は犬と違い来院回数も少なく、ワクチン接種のためだけに来院するケースも多くみられます。肥大型心筋症は無症状のことが多く、突然、呼吸器症状や動脈血栓塞栓症の症状が出ます。肥大すること自体は予防できませんが、重大な症状が出る前に心臓の変化に気付くことができれば、対策をとることはできます。

肥大型心筋症に限らずですが、飼い主には健康診断をお勧めしましょう。

肥大型心筋症の診断のゴールドスタンダードは超音波検査です。ただ、無症状の猫にそこまではやらなくても、という飼い主も多いのが現状でしょう。確定診断することはできませんが、健康診断の項目として心臓病の早期発見のために心臓バイオマーカー（血液による検査）を取り入れるのも方法です。もしそれで心筋症の疑いがあるのなら、次に超音波検査を受けるという方法がとれますので、お勧めしていきましょう。

超音波検査によりこの病気であると診断され、無症状なのに左心房の重度拡大があり、肺水腫や胸水貯留などの心不全を起こす手前まできている状態であれば、内服を開始し心不全発症の遅延が狙えます。また、血栓予防の薬も開始できます。特に、最近元気がない、動いた後に疲れやすいなどの相談があった場合は、お勧めしてみると良いでしょう。

心臓バイオマーカーって？

心臓で産生される生理活性物質や心筋に特異的なタンパクの総称で、心筋細胞に負荷や傷害が出たときに上昇します。

肥大型心筋症のスクリーニング検査としては、NT-proBNP などのバイオマーカーの血中濃度の上昇がないかどうかをみていきます。

猫の健康診断の検査項目のなかに、この血液検査を入れることを飼い主に勧めてみてください。

獣医師が愛玩動物看護師に知っておいてほしいこと

肥大型心筋症は、心筋が分厚くなって心室が拡張しにくくなることによって、左心房の拡大を起こし、心不全や動脈血栓塞栓症を起こす病気です。発症は突然で重度な場合が多く、緊急対応が必要になります。呼吸器症状、動脈血栓塞栓症の疑いのある猫が来院した場合には、猫の状態をすぐに確認し、酸素処置が必要ならすぐにICUケージ（酸素テント）へ預かり、獣医師への伝達とともに引き続き猫の状態に気を配りましょう。必要な検査、処置の準備をスムーズに行えるよう、次に何が必要かを常に考えていきましょう。

肥大型心筋症は、緊急対応が必要なケースが多いですが、動物を無理に押さえ付けて検査や処置をすると、かえって呼吸停止を招いてしまうことがあります。猫がケージ内にいるときも検査や処置をしているときも、獣医師より保定をしている愛玩動物看護師の方がいち早く変化に気付ける場合が少なくありません。猫の呼吸、脈拍、表情の変化、チアノーゼの有無をはじめとした状態の変化を常に注意してみていきましょう。少しでも変化がみられた場合はすぐに獣医師に報告しましょう。

memo

疾患編 4 消化器

消化器疾患

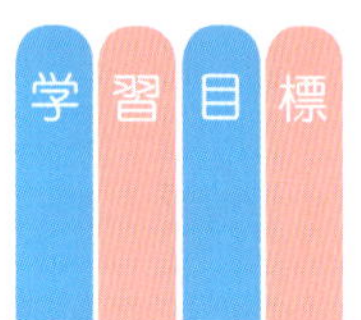

- 消化器疾患の症状を理解する。
- 問診のポイントを理解する。
- ケアのポイントを押さえる。

執筆・岡野顕子（さくら動物病院）

日々の診療において食欲不振、嘔吐や下痢といった消化器症状を示す動物の来院は多く、その原因となるものは誤食、ストレス、腫瘍や内分泌疾患に至るまでさまざまです。消化器疾患の診断をするために大切なことは、飼い主より正確に症状の聴き取りを行い（問診）、その消化器症状を正確に把握することです。ここでは、動物病院でも来院の多い消化器疾患（胆肝膵を除く）に対しての基本的な知識や症状、問診、検査項目、ケアなど、愛玩動物看護師に求められることについて解説したいと思います。

消化器の構造と解剖はどうなっているんだろう？

消化器は口腔、咽頭、食道、胃、小腸、大腸に分かれた一続きの管です（図 4 -1）。消化器の発達の程度は、動物の食べ物の違いによって異なります。一般的に食物繊維を多く摂取する草食動物と比較すると、肉食動物は食べ物（肉）の消化が簡単なため、消化器の発達が悪いとされています。犬・猫の腸は小腸から大腸まで腸間膜で背壁からぶら下げられており、腸間膜が長いことによって、腸が動いて食べ物の消化を助けます。この口腔から肛門までの管は、食べた物を消化、吸収、排泄する役割も担い、さまざまな消化液を分泌します。

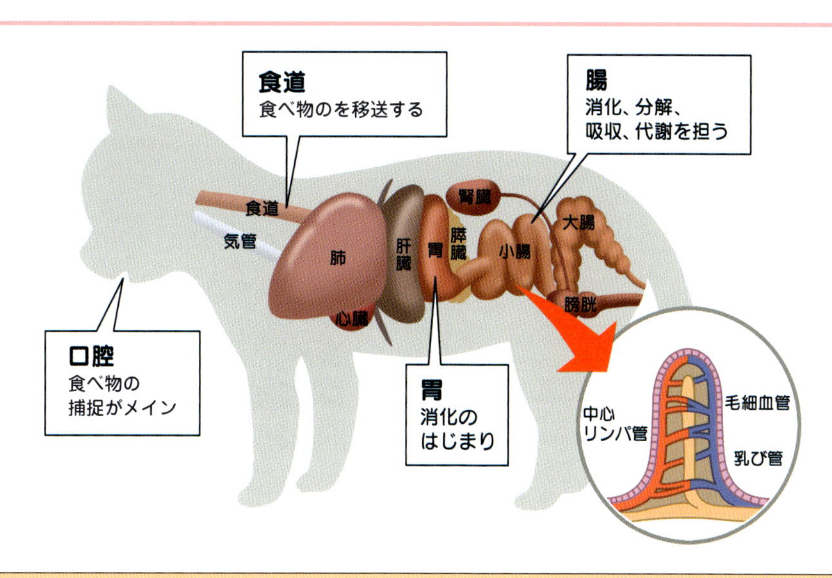

部位		それぞれの機能
口腔		食べ物を小さく切り裂き、飲み込む。口腔は開放系の管状構造で食べ物の捕捉、咀嚼、液体の吸引、味覚そして嚥下の機能をもつ
食道		筋性の管状構造で、一連の周期的な収縮運動（蠕動運動）により食べ物を咽頭から胃へ移送する 犬の食道筋は全体が横紋筋だが、猫の食道筋はヒトと同様に上部 2/3 が横紋筋、下部 1/3 が平滑筋でできている
胃		胃には、３つの重要な機能がある ①摂取した食塊の大きさに素早く適応し、胃内圧を上昇させることなく、貯蔵部（噴門、胃体部、胃底部）としての役割を果たす ②胃内容物と分泌液を混ぜ合わせる ③消化・吸収機能をもつ小腸へ食塊を送り出す
腸	小腸	消化、吸収、分泌の３つの機能が理想的に発揮できるようループ状の形態をとる。その管状構造の中には多くの腸絨毛を形成し、非常に大きな表面積をもつ仕組みになっている
	大腸	腸内細菌による食物繊維の発酵と小腸で吸収されなかった水分の吸収を受動的に行う

図4-1　消化管の構造と機能

犬と猫の消化器の違い

犬

- 食道筋は全体が横紋筋
- 唾液中のアミラーゼは非常に少ない（炭水化物の前消化はほとんど行われない）
- 唾液 pHはヒトよりアルカリ性が強い
- 胃は大きくふくらむことができ、一度に多く食べるのに適している
- 胃内 pHはヒトより酸性が強く、骨を消化し有害な細菌を死滅させる
- 腸内通過時間は 12～30時間（ヒトでは30時間～５日）

猫

- 食道筋はヒトと同様に、上部２/３が横紋筋、下部１/３が平滑筋
- 唾液中にアミラーゼを含まない（炭水化物の前消化はまったく行われない）
- 胃は１日に何度も少しずつ食事をするのに適している
- 胃内 pHはヒトより酸性が強く、骨を消化し有害な細菌を死滅させる
- 腸内通過時間は 12～24時間
- 小腸はタンパク質と脂質の消化によく適している
- タンパク質の代謝を低下させることができないため、高タンパク質の食事を必要とする

消化器疾患の症状と疾患ってどんなもの？

多種多様な症状を呈する消化器疾患では、消化器症状を表す言葉の意味をしっかりと把握することが大切です（表 4 -1）。消化器症状の言葉の意味をしっかりと理解し、他の疾患と同様に動物のシグナルメント（品種、年齢、性別）、現病歴、既往歴、食事内容、症状、経過、投薬の有無など、詳細に問診を行います。飼い主は、ごく一般的な言葉だけしか知らないことも多いため、問診を行う場合にはその点にも留意することが求められます。

消化器症状が消化器以外の原因による場合もあります。そのため、消化器以外の症状、行動の変化や意識状態も同時によく観察をしましょう。

表 4 -1　消化器疾患の主な症状とその定義

症状	言葉の意味
口臭	口腔内および呼気に異常な不快臭が感じられること
流涎（りゅうぜん）	唾液が過剰に分泌され、動物の口から垂れている状態
嚥下困難（えんげ）	嚥下が困難な様子
吐出（としゅつ）	食道から摂取物が逆流して出ること
嘔吐	口から胃の内容物を強制的に出すこと
吐血	血液およびその変性物を嘔吐すること
下痢	過量の水分を含む液状、泥状の糞便を排泄すること
メレナ	消化された血液に起因する、黒いタール状の糞便が排泄されること
血便	糞便と一緒に血液を排泄すること
しぶり	頻繁に排便しようとするが、なかなか排便できない様子
排便困難	直腸に溜まった糞便を排出できないこと
便失禁	便意を催していない状態で、糞便が肛門から出てくること
便秘	排便回数が異常に減少し、糞便が長時間腸内に停滞すること
腹鳴（ふくめい）	消化管内ガスの動きに伴って、腹部から聞こえる雑音
鼓腸（こちょう）	胃腸内に過量のガスが潮流して胃腸が膨満すること
多食	食欲および食事量が異常に増加すること
食糞	糞便を摂取すること
異食	食物として不自然なものを食べる、食べたがること

引用元：大野耕一．検査に入る前に．SA Medicine 20(3)．2014年．

できるだけ数値で表してもらう

問診のポイントとしては、例えば飼い主が「食欲がない」と言う主訴で来院された場合、その動物にとってどれくらい食欲が低下しているのか、客観的に評価できるように聞き取ることが大切です。「いつもの食欲が 100 %とすると、今は何 %くらいでしょうか」と聞くのも良いでしょう。元気がない場合も、同様です。

本当に「嘔吐」か確認する

嘔吐が主訴で来院した場合には、本当に嘔吐かどうか確認することから始めます。飼い主が言う症状が、嘔吐なのか、吐出なのか、嚥下困難なのか、咳なのかを確認しましょう。咳の症状を「嘔吐」と言って来院することもよくあります。吐物の性状（表 4 -2）を聞き、咳の場合にみられる白い泡との鑑別を行うと同時に、呼吸様式なども観察します。

嘔吐と吐出、嚥下障害の問診と検査、その主な要因は図 4 -2のとおりです。

また、それらの鑑別方法について表 4-3に示します。

表 4 -2　吐物の性状

吐物の性状	状態
コーヒーかす様	上部消化管出血を伴う消化された血液
鮮血まじりの嘔吐	毛細血管の損傷
胆汁液	小腸からの嘔吐
糞臭のする嘔吐	下部消化管由来の嘔吐

引用元：大野耕一．検査に入る前に．SA Medicine 20(3)．2014年．

嘔　吐

問診のポイント

- 嘔吐、吐出、嚥下困難との鑑別
- 吐血、口腔内出血、喀血（かっけつ）との鑑別
- 嘔吐、吐血以外の症状の評価
- 急性か、慢性か
- 食事内容（おやつ、サプリメントも含む）
- 食事の時間と嘔吐の関連性
- ワクチン接種歴
- 薬剤投与歴
- 異物、毒物の摂取の可能性
- 吐物の性状
- 嘔吐以外の症状、中枢神経症状の有無
- 飼育環境（同居動物、屋外への出入りなど）

身体検査

- **基本的な一般身体検査**
  体重、体温、心拍、血圧など
  発熱、徐脈がないかなどに特に注意を払う
- **動物の重症度の評価**
  意識レベル、脱水の程度、循環状態を評価する
- **口腔咽頭部の観察**
  嚥下困難の鑑別、ひも状異物の有無
- **貧血、黄疸、皮膚の症状**
- **腹部触診**
- **リンパ節の触診**
- **甲状腺の触診（特に高齢の猫で必須）**

診断のための検査

初期検査

・血液検査：CBC、血液生化学検査、電解質など
・腹部画像検査：X 線検査、超音波検査

追加検査

・消化管造影検査
・消化管内視鏡検査
・血液検査：膵特異的リパーゼ、甲状腺ホルモン、コルチゾール、感染症、血液凝固、線溶系検査
・細胞診および組織生検
・CT 検査（主に腹腔内）、MRI 検査（頭蓋内）
・試験的開腹

嘔吐の分類と主な要因

青字：手術の適応を考慮すべき疾患

消化管疾患

- 胃疾患：胃炎、胃潰瘍、胃拡張 - 胃捻転症候群、幽門狭窄など
- 小腸疾患：異物、寄生虫、感染症、イレウスなど
- 大腸性疾患：重度便秘、寄生虫など

消化管以外の腹腔内疾患

- 腫瘍、子宮蓄膿症、横隔膜ヘルニア、腹膜炎、膀胱炎、腎盂腎炎など

食事性

- 過食、アレルギーなど

薬剤・毒物

- NSAIDs、エリスロマイシンなど

代償性・内分泌疾患

- 尿毒症、副腎皮質機能低下症、甲状腺機能亢進症（猫）、肝性脳症など

中枢神経疾患

- 前庭疾患、脳内腫瘍など

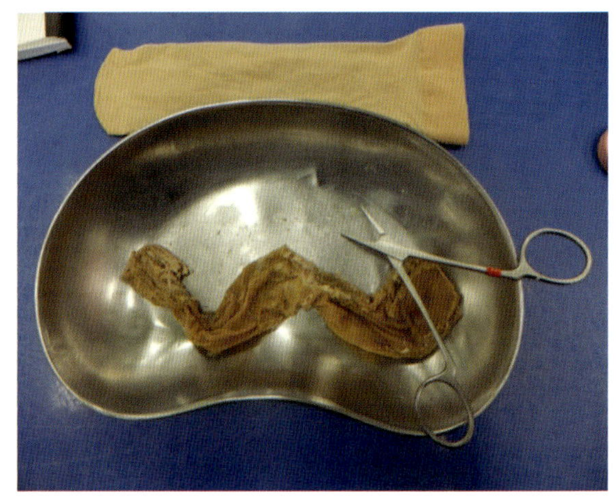

胃内から吐き出した異物

図 4-2　嘔吐の問診のポイントと主な原因

吐出

問診のポイント

- 発症時の年齢
- 血管輪形成の多い犬種：ジャーマン・シェパード・ドック、アイリッシュ・セター、ブルドッグ、ボストン・テリアなど）
- 急性の発症：食道内異物を示唆
- 過去1カ月以内の全身麻酔の有無：逆流性食道炎、食道狭窄など
- 薬物投与歴：特に猫においてはテトラサイクリン、ドキシサイクリンの錠剤やカプセルの投与
- 化学物質や毒物の可能性
- 嘔吐病歴の有無
- 筋肉の衰弱や虚脱の有無

身体検査

- 開口障害や閉口障害の有無
- 疼痛など、喉頭咽頭部の観察、触知
- 鼻汁の有無
- 中枢神経検査（特に第Ⅶ、Ⅸ、Ⅻ脳神経）

診断のための検査

初期検査

- 血液検査：CBC、血液生化学検査、電解質など
- 咽頭・頸部・胸部・腹部Ｘ線検査
- 腹部超音波検査
- 上部消化管造影Ｘ線検査

追加検査

- 咽頭から食道部のＸ線透視検査：嚥下障害の鑑別
- 麻酔下での口腔・咽頭部観察
- 消化管内視鏡検査：主に食道拡張、狭窄の鑑別のため
- CT 検査（咽頭から胸腔内の腫瘤性病変の鑑別）
- MRI 検査（頭蓋内疾患の鑑別）
- 細胞診、組織生検：腫瘤性病変
- 血液検査：抗アセチルコリン受容体抗体（重症筋無力症の鑑別）、甲状腺ホルモン、コルチゾールなど

吐出の分類と主な要因

赤字：手術の適応を考慮すべき疾患

食道疾患

- 食道炎、食道狭窄、食道憩室、巨大食道症、異物、腫瘍、血管輪異常など

腹腔内疾患

- 幽門通過障害、食道裂孔ヘルニア、胃拡張‐胃捻転症候群など

神経疾患

- ジステンパー、鉛中毒、脳幹病変など

神経接合部疾患

- 重症筋無力症など

免疫介在性疾患

- 多発性筋炎、全身性エリテマトーデスなど

内分泌疾患

- 甲状腺機能低下症、副腎皮質機能低下症

嚥下障害の分類と主な要因

口腔部の異常

- 口内炎、歯肉炎、口腔・舌の腫瘍、口蓋裂、咀嚼筋筋炎、唾液腺の異常、顎関節の異常、口腔内異物、外傷など

咽頭、輪状咽頭付近の異常

- 咽頭炎・扁桃炎、咽頭機能異常、神経疾患、重症筋無力症（食道拡張を伴う）、腫瘍など

図4-2のつづき　吐出の問診のポイントと主な原因

表 4-3　嚥下困難、吐出、嘔吐の鑑別

	嚥下困難	吐出	嘔吐
食後から吐くまでの時間	直後	数分後	数分から数時間後
吐した食物の性状	未消化	未消化	部分的に消化
頸部食道の食物塊（pH）	なし	あり（長時間）	なし
	中性	中性	酸性
飲水	飲水しにくい	さまざま	正常
嚥下困難	あり	なし	なし
関連症状	咳、呼吸困難±	咳・嚥下の反復	流涎
	腹圧なし	腹圧なし	腹圧あり
		呼吸困難±	

その下痢は小腸性？大腸性？

下痢の症状においても、小腸性下痢と大腸性下痢では認められる症状と原因疾患も異なります（図 4-3）。客観的に評価できることを基準に問診をすすめていきましょう。

小腸性下痢と大腸性下痢は、便の様子・徴候によって分別することができます（表 4-4）。小腸性下痢は量が多く、しぶりがあまり認められないのに対し、大腸性下痢（および血便）は少量で頻回という特徴があります。

また、下痢の検査方法には便中の菌を染色する検査方法があり、菌の有無などにより診断することができます（図 4-4～6）。

犬や猫において、各疾患の一つ一つを理解することは、問診時や治療における栄養管理でも特に大切です。犬と猫においては解剖学的、機能的にも異なるため、消化器疾患でみられる疾患も異なります。特に、よく遭遇する疾患においては、理解を深めておきましょう。

下　痢

問診のポイント

- 急性か、慢性か
- 食事内容の詳細な聴き取り
- 排便の様子と糞便の性状（大腸性か、小腸性か）

▽急性の場合

- 盗食、過食、異食の有無
- 異物、薬物、毒物摂取の有無
- ワクチン接種歴
- ウイルス、寄生虫感染の可能性

▽慢性の場合

- 下痢の期間
- 食欲の変化
- 体重減少の有無

身体検査

- **基本的な一般身体検査**
  体重、体温、心拍、血圧など
  発熱、徐脈がないかなど特に注意を払う
- **動物の重症度の評価**
  意識レベル、脱水の程度、循環状態を評価する
- **腹部触診：腹痛の有無、腹水、消化管の肥厚・重積など**
- **リンパ節の触診**
- **直腸検査**

診断のための検査

初期検査

・糞便検査：寄生虫、細菌の検出
・血液検査：CBC、血液生化学検査、電解質など
・腹部X線検査
・腹部超音波検査

追加検査

・糞便の PCR 検査
・消化管内視鏡検査
・CT 検査
・腹水検査
・試験的開腹

下痢の分類と主な原因

青字：比較的頻度の多い疾患

- **食事性**
  過激な食事変更、過食、食物不耐性／食物アレルギー
- **炎症**
  慢性腸症（食事反応性腸症、抗菌薬反応性腸症、炎症性腸疾患）、リンパ管拡張症（犬）、好酸球性硬化性線維増殖症（猫）、炎症性結腸ポリープ（犬）、組織球性潰瘍性大腸炎（犬）
- **感染症**
  寄生虫、細菌、ウイルスなど
- **消化管以外の疾患**
  膵炎、膵外分泌不全、肝胆道系疾患、腎疾患、副腎皮質機能亢進症（犬）、甲状腺機能亢進症（猫）
- **機能性イレウス、機械的閉塞**
  薬剤・毒物：NSAIDs、抗菌薬、抗がん剤など
  腫瘍：リンパ腫、腺癌、肥満細胞腫、平滑筋腫、消化管間質腫瘍
  その他：線維反応性大腸性下痢、敗血症、神経内分泌細胞腫瘍（ガストリノーマ、カルチノイド症候群）

図4-3　下痢の問診のポイントと主な原因

表 4-4　便の様子と下痢の分類

便の様子・徴候	小腸性下痢	大腸性下痢
ゼリー状膜便	まれ	よくみられる
鮮血便	ほどんどみられない	よくみられる
便の質	さまざま	未消化物を含まない
脂肪便	消化・吸収不良でみられる	みられない
タール便	みられることがある	みられない
排便頻度	1日2〜4回、正常なことも	3〜5回くらい、増加する

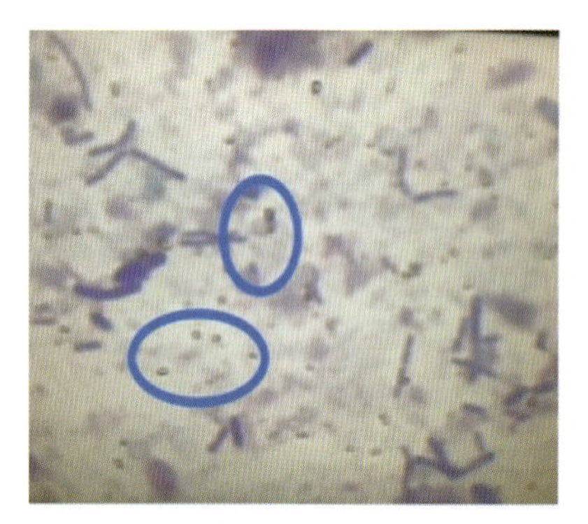

図 4-4　脂肪滴と長桿菌

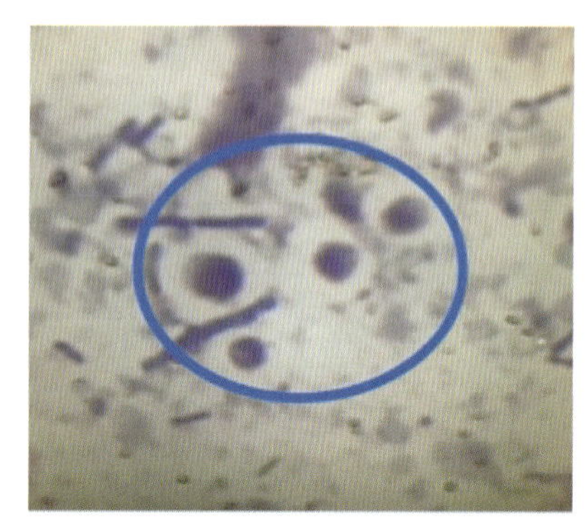

図 4-5　酵母

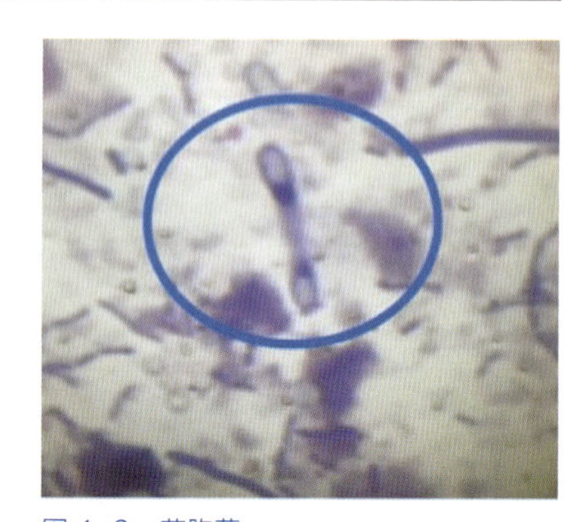

図 4-6　芽胞菌

簡易迅速染色液 ディフ・クイック®による便検査

よくある症状を緩和するための動物看護って？

消化器症状の治療は、その原因疾患を追求し、それに合わせた治療が行われます。基本的には、輸液療法、栄養管理、薬剤による内科管理が柱となり、消化器の閉塞などが疑われる場合には外科手術なども適応になります。

原因疾患により、処方投薬される薬剤（内科管理）、栄養管理も異なるため、愛玩動物看護師においてはこれらの知識はもちろんのこと、原因疾患が悪化した際の二次的問題も踏まえて看護にあたる必要があります。

慢性の消化器症状は、動物だけでなくケアする家族にも精神的ストレスを与えるものです。特に、慢性下痢の場合には看護動物の清潔な管理方法の指導をはじめ、その臭いや 排泄物の処理などに精神的苦痛を伴う家族へのサポートも重要です。

消化器疾患に使われる薬剤

消化器症状がある動物に対して、薬剤を飼い主が適切に与えることはとても重要です。

各薬剤が何を目的に処方されているかを理解し、最大の効果を得られるように、また飼い主がしっかり投薬できるようにサポートしましょう。処方箋などに注意事項を記載することも効果があります（図 4-7）。

消化器疾患において一般的に使用される薬剤をあげます（図 4-8）。

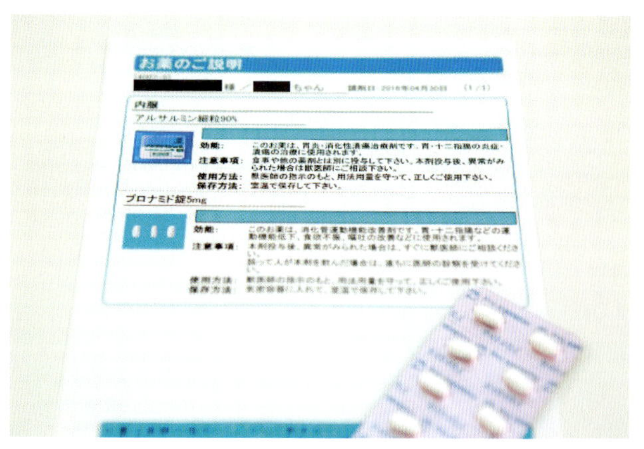

お薬のご説明

様／　ちゃん

内服

アルサルミン細粒90%

効能：　このお薬は、胃炎・消化性潰瘍治療剤です。胃・十二指腸の炎症・潰瘍の治療に使用されます。

注意事項：　食事や他の薬剤とは別に投与して下さい。本剤投与後、異常がみられた場合は獣医師にご相談下さい。

使用方法：　獣医師の指示のもと、用法用量を守って、正しくご使用下さい。

保存方法：　室温で保存して下さい。

プロナミド錠5mg

図 4-7　飼い主向けの薬の説明の例

嘔吐に使用される薬剤

制吐薬	胃酸分泌抑制薬	消化管運動改善薬	胃粘膜保護剤
●メトクロプラミド	●ファモチジン	●モサプリド	●スクラルファート
●マロピタント	●シメチジン	●メトクロプラミド	●ミソプロストール
●オンダンセトロン	●ラニチジン	●エリスロマイシン	
	●ランソプラゾール	●ベタネコール	
	●オメプラゾール		

下痢に使用される薬剤

収斂薬(しゅうれんやく)	吸着薬・吸着剤	その他
●タンニン酸	●天然ケイ酸アルミニウム	●乳酸菌
●ベルベリン酸	●薬用炭	
●タンニン酸ベルベリン酸		
●ビスマス製剤		

図4-8　消化器疾患でよく使用される薬剤

消化機能が低下した看護動物の食事管理

吐き気がある場合は、原因の追求とともに嘔吐を止める処置を行います。嘔吐は電解質や水分を喪失するだけではなく、嘔吐物を誤嚥(ごえん)する危険性があります。一般的に、食事を開始するタイミングは吐き気が落ち着いたら、早期に開始することが良いといわれています。これは、体力の維持、腸絨毛の萎縮を防ぐためです。特に猫は肉食動物であり、多くのタンパク質を必要とします。猫の長期にわたる絶食はタンパク質異化を進め肝リピドーシスをまねくので、食事制限には注意しましょう。

消化機能が低下している看護動物には、まずは消化性の高いタンパク質、炭水化物の入った低脂肪食から与えましょう。ただし、症状の原因がアレルギー性である場合は、アレルギー対応食になります。

下痢に対する動物看護

下痢がみられる場合は、汚物による汚れを最小限にするため、肛門やその周囲を清潔に保つことが大切です。清潔に保つことで、二次的に起こる皮膚病や感染症の予防（図4-9）につながります。

まず予防的なケア（図4-10）を行い、それでも汚染を認めた場合には看護動物の状態を見ながら最小限の清拭(せいしき)や部分的なシャンプーを行います（図4-11）。

●毛刈り

毛刈りの際には飼い主の同意をいただき、肛門周囲の毛や汚染が予想される部分の毛を刈ります。毛を刈ることで洗浄が容易にでき、また便などの汚物が毛に付くことも回避できます。

●清拭・オムツなど

動物病院と同様のケアが自宅では困難な場合は、市販されている商品などを使用し清拭を行うこと、汚染予防のためにオムツなどのケア用品（図4-12）を使用するなどの提案を行い、どの方法が看護動物と飼い主にとって良い方法か考えましょう。

嘔吐させない食事方法の一例

看護動物は「気持ち悪い」「胸焼けがする」など、状態を自身で伝えることができません。そのため食事の開始や変更する際には、私たちが十分に観察することが重要です。食事量は、看護動物の食事に対する反応、食事のとり方、食後の様子、おなかの張りを観察しながら変更していきます。食欲がない場合は、なぜ食べないのか、その理由を考えましょう。

段階的な食事の切り替えの例

少量の水、電解質が調整された飲料水などを与える
→ 飲水後1～2時間で嘔吐がなければ、少量（5g程度）の食事を与える（消化性の高いタンパク質、炭水化物の入った低脂肪食など）
→ 食欲や状態を観察しながら3～4時間ごとに食事を与える（1日4～5回）
→ 食事量は3～4日かけて1日の必要量まで増やしていく
→ 症状が落ち着き、普通食へ切り替える場合は7～10日かけて少しずつ行っていく

そして、食欲不振の原因が病気以外の食事内容や環境が要因となっている場合は、食欲UPのコツ♪で食欲を誘発してあげましょう。

食欲UPのコツ♪

- 器の選択：ひげのあたらない平皿、陶器の器
- 食事を体温と室温の間くらいの温度にする
- 食感を変える（ペーストで舌触りを良くする）
- 口や鼻に一口つけて食べるきっかけをつくる
- 蒸したじゃがいもやパスタなど、消化しやすい炭水化物をきっかけとして使用する
- 落ち着ける環境を準備する
- いつでも新鮮な食事が食べられるようにする

特に猫は口にしたことがない食事を警戒するため、有効です

- 毛刈り
- 毛、患部のカバー
- ワセリン、オリーブオイル、皮膚保護スプレーの塗布

図4-9　感染の予防（患部の保護）のためにできること

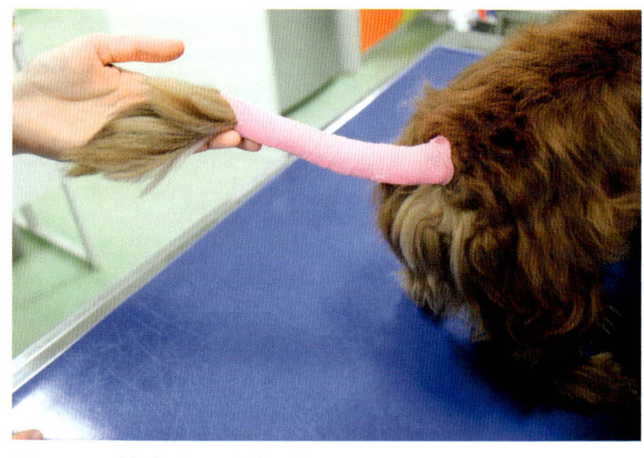

図4-10　被毛の汚れを防ぐ例
この際に、圧迫しすぎないようにすること。蒸れるため、1日最低1回は巻き替えを行います。

- 最小限の清拭
（低刺激性の消毒剤による皮膚の清拭など）
- 部分的なシャンプー
（ドライシャンプーなど）

図 4-11　汚染がある場合の対処方法

図 4-12　介護ケア用品（おむつやマナーウェアなど）
動物のために開発され、安全性、機能性に優れています。
色がカラフルなものは、看護動物が身に着ける際にかわいらしさが増します。
そのことで、ケアを行う家族の精神面のケアに繋がります。

洗浄のポイント

- こすらないこと、必ず押さえ拭き
- シャンプーによる洗浄は1日2回まで（ヒトでのデータ）
- 洗浄後は、ワセリンなど保護剤を使用
- 寝たきりの場合や状態が悪くシャンプーが難しい場合は、ドライシャンプーや、すすぎ不要のシャンプー（**図 4-13**）などを使用し患部を清潔に保つ。

図 4-13　ペットシーツの上で洗浄している様子
犬・猫専用ですすぎがいらない、排泄物などの洗浄液を使用（おしりまわり洗浄液、ユニ・チャーム）。

ネコの毛球症

毛球症では、毛づくろいの際に飲み込んだ毛が上手く排出されずに胃の中で大きなかたまりになり、嘔吐などの症状を引き起こします。長毛種で飲み込む毛の量が多い場合や、食事中の繊維質が非常に乏しい場合に発症します。まれにしか遭遇しない疾患ですが、予防としてブラッシングや毛玉ケアのフードなどを勧めることも大切です（**図 4-14**）。

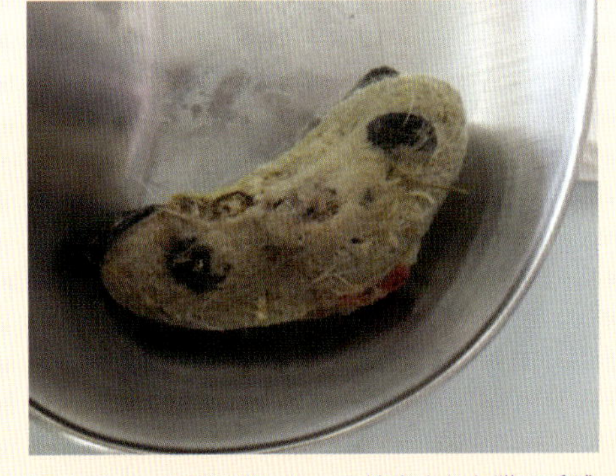

図 4-14　外科手術によって摘出された猫の毛球

参考文献
1. SA Medicine. 20(3) 消化器疾患〈前編〉. 2014年
2. SA Medicine. 20(4) 消化器疾患〈後編〉. 2014年
3. 高木永子 監修 . 市村 久美子 , 大西純一 , 高木永子ら . 看護過程に沿った対症看護 第 4 版 . 学研メディカル秀潤社 . 2010年.
4. 高橋迪雄 監訳 . 獣医生理学 第 2 版 . 文永堂出版 . 2000年.
5. 松原哲舟 監訳 . 奥田綾子 訳 . 小動物内科学全書 3. セクション 9 消化器系の疾患 . LLL セミナー . 1994.
6. 石田卓夫ほか . 動物看護の教科書 第 1 ～ 4 巻 . 緑書房 . 2013年 .

肝胆道

肝胆道系疾患

学習目標

- 肝胆道系疾患がどんな病気かを理解する。
- 注意するべき肝胆道系疾患の症状を理解する。
- 肝胆道系疾患の注意点を飼い主に説明できるようになる。

執筆・金本英之（ER 八王子動物高度医療救命救急センター）

肝胆道系疾患は、肝臓や胆嚢、肝臓や胆嚢と腸をつないでいる胆管という管のどこか（胆道系といいます）にある異常により起こります（図 5-1）。大きく分けると、肝臓自体の疾患と、胆嚢や胆管の疾患に分類され、それぞれ異なる症状を呈します。しかし、これらの臓器は密接な関係をもってつながっている臓器ですので、例えば胆嚢に異常があれば肝臓にも異常が起こるなど、同時に複数の臓器に異常が起こることもあります。肝臓にはさまざまな機能があり、体に必要な種々の物質を合成したり、体内でつくられた不要な物質・体の外から入ってきた毒物などを分解したりします。また、胆汁（図 5-2）を合成し、胆管を通じて十二指腸に分泌し、消化を助けたり、老廃物を排泄したりしています。さらに、消化管をはじめとした腹腔内の臓器から、門脈系という血管により血液を受け取ります。この血管からは腸内の栄養素が肝臓に運ばれ、そこで代謝を受け、全身に運ばれるようになります。肝臓や胆道系に異常をきたすと、これらの機能が損なわれることによる症状が出ることになります。一方で、肝臓自体はとても丈夫な臓器です。実際に肝臓が強い傷害を受けていても、ほとんど症状が出ていないこともあります。これが、肝臓が「沈黙の臓器」と呼ばれる所以です。しかし、長い間肝臓に対する傷害が続いていると、次第に肝臓の機能は損なわれていき、ついには肝不全となって重度の症状を出すこととなります。

ここでは、肝胆道系疾患の原因、症状、検査、治療について解説します。

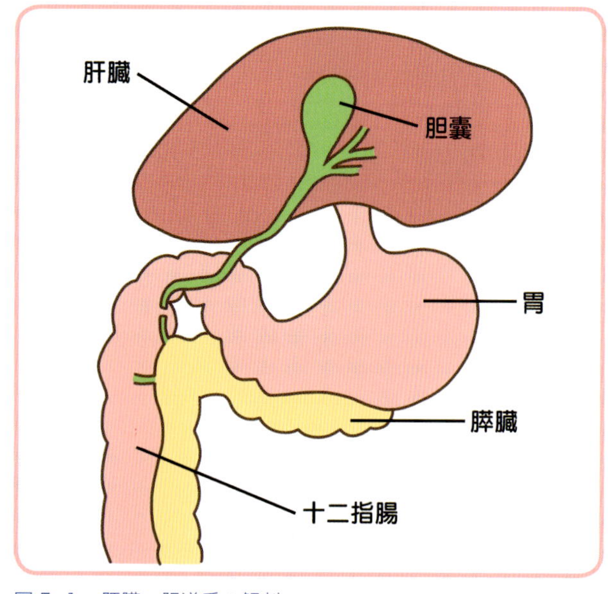

図 5-1　肝臓・胆道系の解剖
肝臓および胆嚢、これらをつなぐ胆管系の構造。

図 5-2　胆汁の肉眼写真
胆嚢にはこのような緑色の胆汁が貯留している。

肝胆道系疾患ってどんな病気？

犬や猫において、肝臓や胆管・胆嚢の疾患のはっきりとした原因がわかっていることはまれですが、いくつかの疾患についてはそのメカニズムはよく理解されています。例えば、猫の肝リピドーシスという疾患があります。この疾患は、猫が急に栄養を摂取できなくなった、摂取しなくなってしまったことが原因で発症します。さらに、この疾患はもともと肥満である猫において発症のリスクが高いということもわかっています。また、何らかの毒物・薬物などを摂取することで急性肝傷害・中毒性肝傷害という病態が起こることがあります。キシリトール、ソテツの実、その他に動物用・ヒト用のさまざまな薬が肝傷害の原因になることがわかっています。また猫では揮発性の物質が体に付着し、それを毛づくろいの際に舐めて摂取することで、肝傷害が発症することもあるようです。しかし、何らかの中毒であろうということはわかっても、原因となった物質が何なのか、わからないことも多いです。さらに、胆管炎や胆嚢炎という疾患では、消化管内にもともといる細菌が胆道系に侵入して感染を起こすことで発症する場合があります。

肝胆道系疾患はどんな症状になるの？

肝胆道系の疾患による症状はさまざまです。また、疾患が存在する状況でも症状がはっきりしない場合も多くあります。前述のように、肝臓はタフな臓器なので、ちょっとやそっとでは音をあげません。つまり、肝臓や胆道系の疾患で症状がはっきりと出ている状態というのは、それなりに危険な状況であるということがいえると思います。代表的な症状としては、活動性·食欲低下、嘔吐、下痢、黄疸（図 5 -3）、腹囲膨満、神経症状（肝性脳症）などがあります。注意しなければならないのは、このような症状は他の疾患でも起こり得る、ということです。そのため、このような症状を呈している動物に対しては、検査を進め、原因が肝臓や胆道系にあるのか、それとも他の疾患によるものであるのか、明らかにしなければならないことがあります。

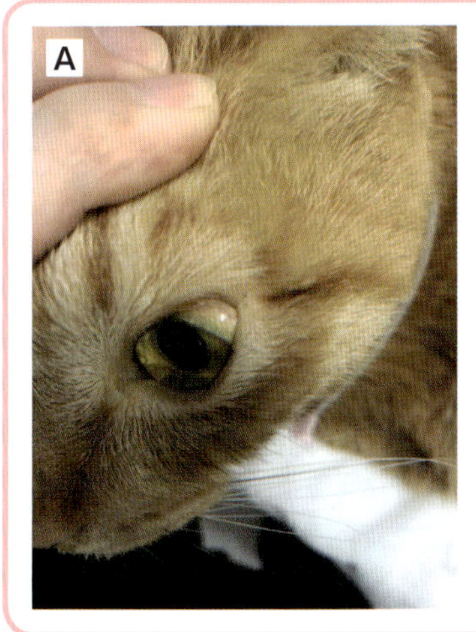

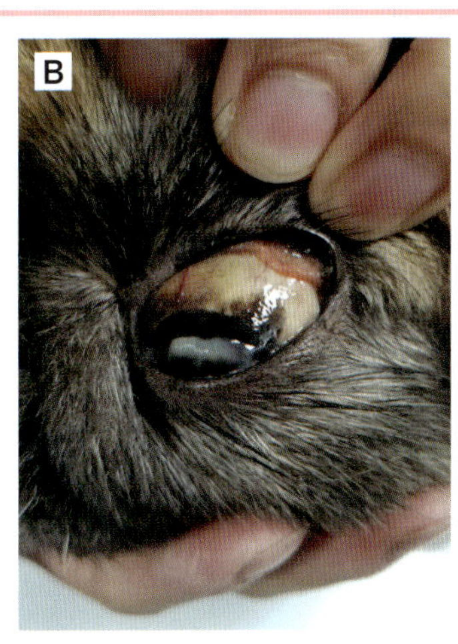

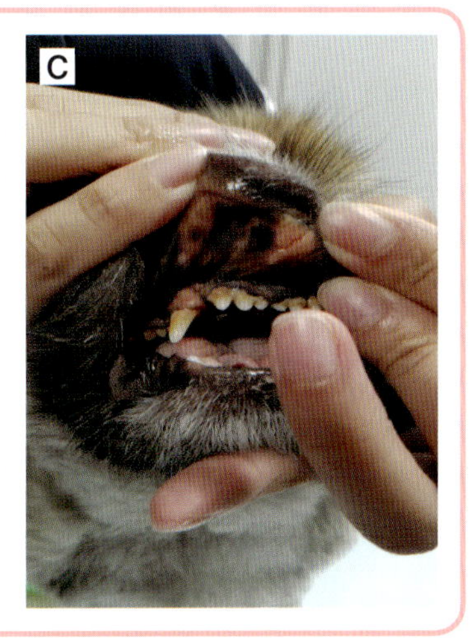

図5-3　さまざまな黄疸の肉眼所見
猫（A）および犬（B）の結膜黄染。結膜はもともと白色のため、黄疸がわかりやすい部位である。
犬の口腔粘膜黄染（C）。

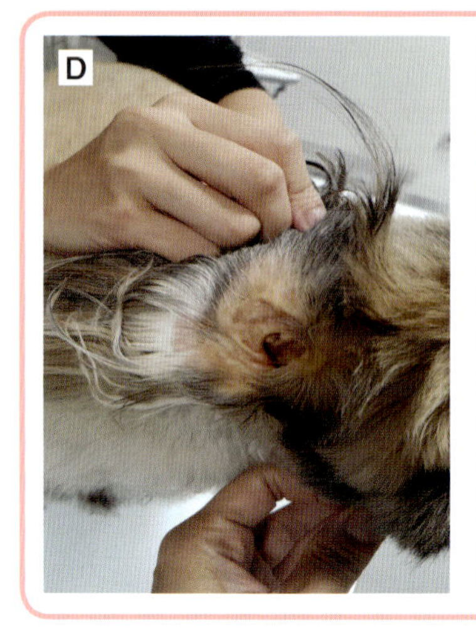

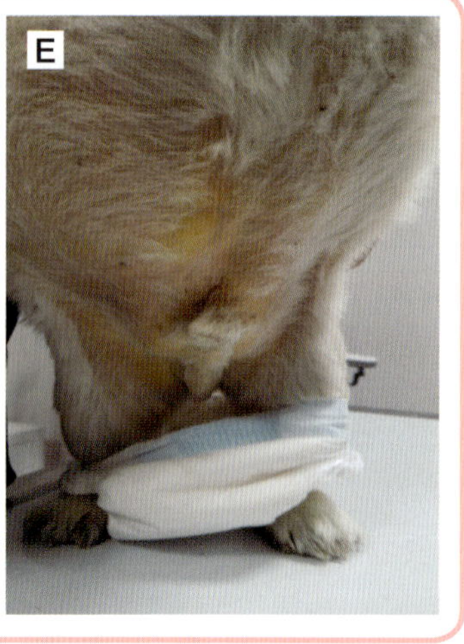

図5-3（つづき）　さまざまな黄疸の肉眼所見
耳介（D）および腹部皮膚（E）の黄染。皮膚の黄疸所見は、病態が落ち着いたあともしばらく残ることがある。

肝胆道系疾患にはどんな検査をするの？

さて、このように何らかの症状を呈して肝胆道系疾患が疑われた動物に対しては、どのような検査を行えばよいでしょうか。身体検査は、さまざまな検査の入口となる重要なステップです。動物の具合が悪いのか、どの程度危険であるのか、疾患のヒントとなるような徴候を呈していないか…。特に肝疾患が疑われる動物で気を付けなければいけない身体検査の項目としては、意識状態、歩き方、可視粘膜色、腹痛の有無、お腹の張り、などがあります。飼い主はこのような部分の異常に気付いていないことも多く、このような点は、病院内ですぐに把握しなければならない情報です。

血液検査

血液検査は肝胆道系に疾患があるのかどうか、またどの程度重症の疾患があるのか、という点を把握するために非常に役に立ちます。さらに、他の疾患の可能性があるのか、肝胆道系疾患のうち、どのような疾患であるのかを判断する基礎的な情報が手に入ります。

●肝酵素

肝臓に対する一般的な血液検査項目として、「肝酵素」と呼ばれている項目があります。ALTやALPはよく用いられる肝酵素値項目ですが、この他にもASTやGGTという項目もあります。また検査機器によっては、ALTのことをGPTと表記したり、ASTをGOTと表記したりされていますが、これらはそれぞれ同じものです。複数の項目があるのは、一口に肝酵素といっても、微妙に性格の異なる検査項目であるからです。

これらの項目について注意しなければならない点としては、検査機器ごとに「正常」として解釈される数値の範囲が異なることも多い、という点です。また、数値が高いことが、そのまま疾患の重症度や予後（どの程度危険な状態であるか？）と直接つながらない、という点です。肝臓はさまざまな機能を果たしていることから、肝臓や胆道系の疾患に関連して、肝酵素以外の多くの項目に異常値が出ることがあります。また、検査をする段階では肝臓や胆道系の異常なのか、それとも他の疾患なのか分からないことも多いため、それを確認するために、多くの項目を測定する場合もあります。

●ビリルビン

いくつかある項目の中で、肝酵素以外で、特に肝胆道系の異常と関連する項目として、ビリルビン（T-bilなどと表記されることもあります。Tはトータル、bilはビリルビンという意味です）があります。ビリルビンは黄色い色素で、肝臓で代謝・合成され、胆道系を通って腸管に排出される、胆汁の主要な成分です。肝胆道系疾患においては、この色素を十分に体から胆汁によって排泄することができずに体の中に溜まってきてしまい、血液中にビリルビンが増えてくることがあります。血液検査では、このような黄色い色素の濃度を測定してビリルビン値として値が出るのですが、濃度が高い場合には、血液や分離した血漿・血清を直接みてみても、黄色いことがわかる場合があります。黄疸という症状も、このビリルビンが体の中に溜まってしまっていることが原因で出る症状（図５-３）ですが、程度が軽い（ビリルビンがそこまで高くない）場合には、動物をみても黄疸があるのかどうかはっきりしなくても血漿が黄色かったり、ビリルビンを測定すると基準値より高かったりすることがあります。

●アンモニア

また、ビリルビン以外にも、肝胆道系疾患の動物では肝臓で処理しなければならない物質が体の中に溜まってきてしまう場合があります。アンモニアとはそのような物質の一つです。アンモニアは、タンパク質を摂取して体内で生成され、肝臓内で尿素に変換されて最終的には尿として腎臓から排泄されます。肝臓が極端に悪くなってしまったり、肝臓に関係する血管に異常がある場合には、このような変換がうまくいかずに、体内にアンモニアが溜まってきてしまいます。アンモニアは体にとっては毒素であり、特に脳神経系に悪影響を及ぼします。肝臓が悪い動物では、このようにしてアンモニアが体に溜まってくることで神経症状を呈することになります。これは肝性脳症といって、危険な状態です。

血液検査でアンモニアを測定する際の注意点としては、血液を放置していると、サンプル中のアンモニアがどんどん増えてきてしまうということがあります。ほかの検査項目を測定する際にも原則的には採取した血液はただちに検査に回すべきですが、アンモニアを測定する場合には特にこのような注意が重要となります。

●アルブミン・血糖値

その他、肝胆道系疾患が疑われる動物に対して測定する血液検査の項目としては、アルブミンや血糖値などがあります。これらの項目は、肝臓で産生される物質です。肝臓が原因でこれらの項目に異常が出ている場合（低アルブミン血症や低血糖）は、重篤な肝疾患が存在することとなります。

●総胆汁酸

また、肝臓に関係する血液検査のうち、特殊な検査の項目として「総胆汁酸」という項目があります。これは、食事前・食事後（食後２時間が一般的）にそれぞれ測定することがあります。サンプルが食前なのか、食後なのかわからなくならないように、注意しなければいけません。

健康診断や手術前の検査で肝臓の数値が高いということは、ときどき遭遇することです。ただし、肝臓の数値が高いことがすぐに肝臓病である、ということにはならないですし、数値が高いから緊急性が高い、というわけでもありません。重要なことは、異常値がある場合にそれを見逃さないことや、適切な検査を進めて数値が高い原因をあきらかにするということになります。

その他の検査

その他に肝胆道系疾患の動物に行う検査としては、腹部超音波検査やＸ線検査、腹水がある場合の腹水検査などがあります。これらの検査では、肝臓に問題があるのか、胆道系に問題があるのか、またその他の臓器に問題があるのかをあきらかにします。

特に超音波検査は、肝胆道系疾患の診断を進めるうえで大きな武器になります。検査での注意点としては、毛をしっかり剃ることで検査の性能をより良く発揮できるということです。また、お腹の深い部分を検査するために、プローブを強く押し当てることが必要な場合があります。その際に違和感や不安を感じて動物が動いてしまうと、検査自体がうまくできないということがあります。お腹に痛みがある場合には無理をして検査すべきでないため、痛みを感じているかどうかをしっかり把握する必要がありますが、そうではない場合に、動物を落ち着かせる、不安をなくすように保定する、ということが大事になってきます。

詳しい検査

さらに詳しい検査としては、細針生検や組織検査などの生検、CT検査などがあります。これらの特殊な検査は、危険を伴うものであったり、検査に特殊な機械や器具・技術が必要なことがあります。検査の必要性や危険性を飼い主によく理解していただいたうえで検査を行わなければなりません。そのためには、検査前の説明が大事な時間となります。

●細針生検・細胞診検査

これらの検査のうちでも比較的特殊な機器を必要としない検査に、細針生検・細胞診検査というものがあります。この検査は注射針などの細い針を使って肝臓の細胞を採取し、固定・染色した後に顕微鏡で観察する検査です。体の表面にできたしこりなどに対して行うことも多い検査ですが、肝臓に対しては、超音波検査で肝臓や針を確認しながら検査することとなります。針は細いですし、検査は少量の細胞でできるため、全身麻酔などが不要で原則としては安全にできますが、体内に針を刺すことや、肝臓は血液が豊富な臓器であることから、十分に安全に配慮する必要がある検査です。また採取したサンプルは貴重なものですから、ただちに必要な処理をして検査に供しなければいけません。検査の詳細は割愛しますが、病院によって検査の方法も大きく異なると思われます。サンプルを決して無駄にしないために、愛玩動物看護師はあらかじめ院内での検査方法についてよく理解して、補助ができる必要があります（図5-4）。

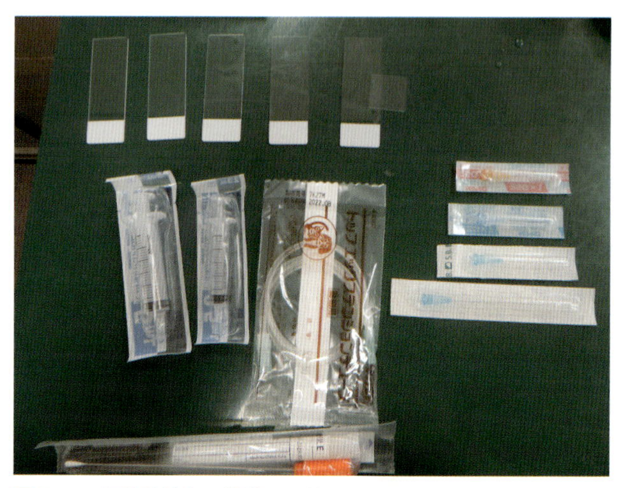

図5-4　細胞診検査の準備の一例
注射針およびシリンジ、スライドグラス、延長チューブ、培養用スワブなど。

肝胆道系疾患にはどんな治療をするの？

肝胆道系疾患の治療方法はさまざまですが、大きく分けると、肝臓をサポートしたり症状を抑える治療と、疾患そのものを抑えたりなくしたりする治療があります。また、別の分け方としては、内科的な治療（経口薬や注射薬・点滴などの投与や栄養管理）と外科的な治療（手術）があります。肝臓をサポートする治療としては、各種の肝保護薬やサプリメントの投与、症状を抑える治療としては、例えば嘔吐があれば吐き気止め、脱水していれば点滴などがあります。これらの治療は疾患の種類にかかわらず効果が期待できる治療であるため、診断が定かでないような場合にも行うことができます。一方で、疾患そのものを抑えたり治したりするためには、しっかりとした診断を行ったうえで実行する必要があります。そのような治療には、投薬・栄養管理や手術などがあります。例えば、細菌が関与する胆道系の疾患（細菌性胆嚢炎・胆管炎）であれば抗菌薬の投与が必要になるし、栄養失調が本態である猫の肝リピドーシスに対しては積極的な栄養補助が必要になります。また、肝臓に腫瘍があったり胆嚢がダメになってしまっている場合、胆管が詰まってしまっている場合には、手術が必要になることもあります。重症な場合にはこれらの治療を組み合わせて行うことになるため、より複雑な治療・看護が必要になってきます（図5-5、5-6）。

図 5-5　切除した胆嚢の肉眼写真
胆嚢内に固形化した胆汁が貯留する胆嚢粘液嚢腫。胆嚢の破裂や胆管の閉塞を起こし、手術が必要であることが多い。

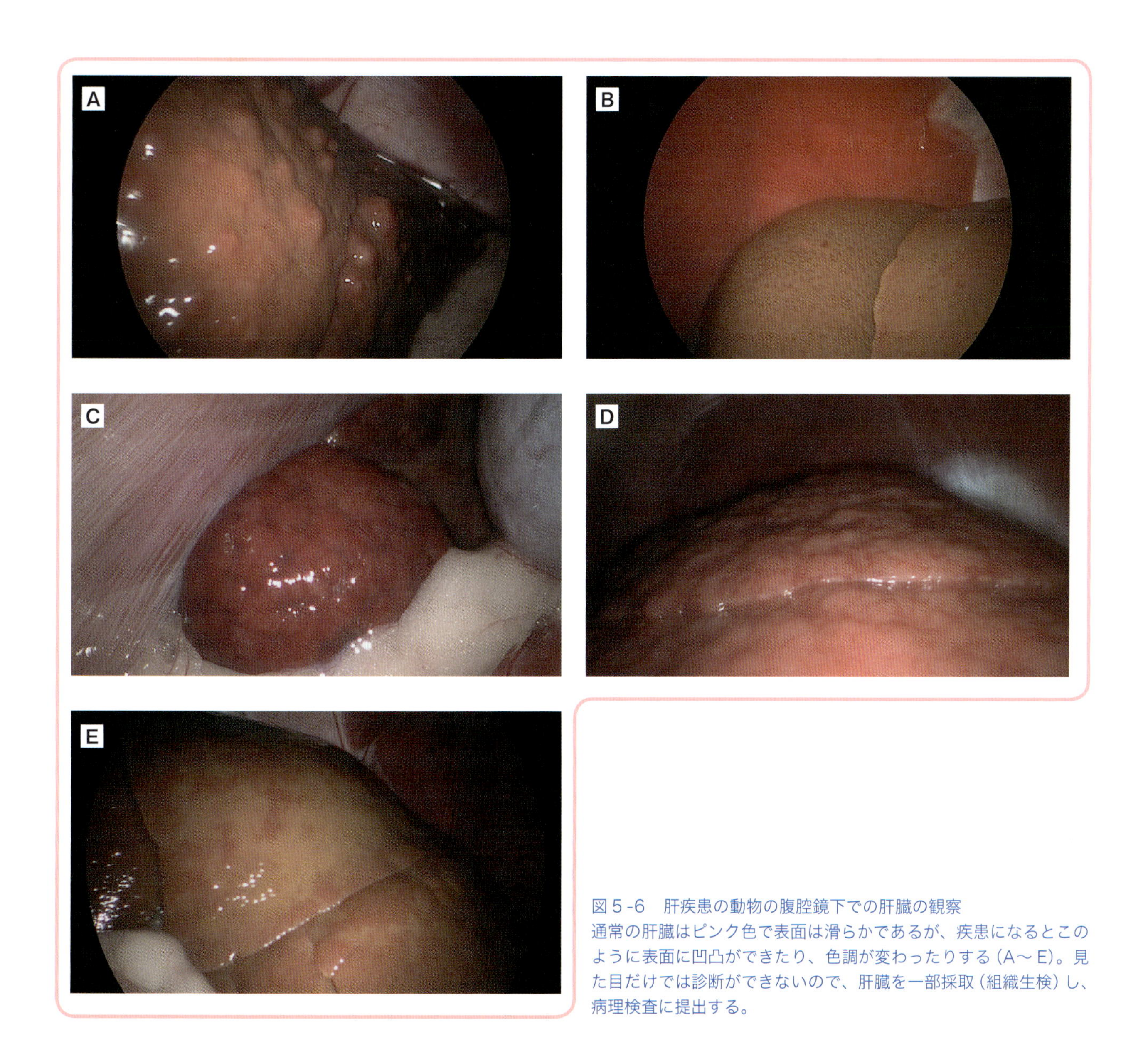

図 5-6　肝疾患の動物の腹腔鏡下での肝臓の観察
通常の肝臓はピンク色で表面は滑らかであるが、疾患になるとこのように表面に凹凸ができたり、色調が変わったりする（A～E）。見た目だけでは診断ができないので、肝臓を一部採取（組織生検）し、病理検査に提出する。

動物病院で行いたい飼い主へのアドバイス

肝胆道系疾患には色々な種類のものがあり、原因を調べたり治療の計画をたてるためにさまざまな検査が必要になる場合があります。また、検査でたまたま異常が見つかった場合にも、それがどの程度重要なものであるのか確かめるために、追加の検査や時間をかけて経過をみていく必要がある場合があります。また症状がはっきりしない状況も多く、例えば「元気なのに数値が下がらない…」など、飼い主にとって病状が実感できないことによる不安もあります。いずれにしても根気強い取り組みが必要になることも多く、精神的な負担が大きい疾患であると思います。飼い主に対しては、そうした負担・不安を和らげるために病院スタッフとコミュニケーションをとる時間をつくることが重要であると思います。

例えば元気なのに検査でたまたま異常があった場合などには、必ずしもそれが動物にとって心配な状況とは限らないことや、また症状が出る前に異常がみつかったので早めに対処ができるということを理解していただくことが大事です。元気であるからといって、放置してしまうのは心配であるということを伝えなければいけません。一方で、症状がはっきりと出ている場合には緊急的な対処や特殊な検査・手術などが必要であることが多いです。このような場合には動物は危険な状況であることも多く、病状を正確に把握してすみやかに治療につなげるべきであるという点を伝えなければなりません。

memo

腎

腎疾患

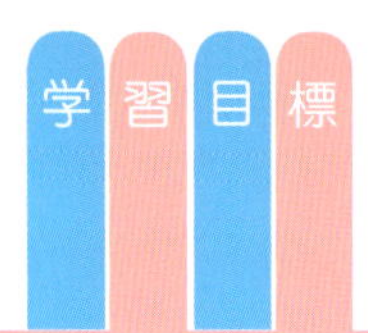

- ●腎臓の役割や働きについて理解する。
- ●腎疾患がどのようなものであるか理解する。
- ●腎疾患では何に注意して看護をすべきか知る。

執筆・東　真理子（しののめ動物病院）

多くの優れた機能をもつ臓器、腎臓。この腎臓が機能低下する原因には、さまざまなことが考えられます。飼い主に日ごろから動物の状態に注意を払ってもらうために、早期発見と予防につながる具体的なアドバイスをしたいものですね。腎疾患がどのようなものであるのか、基本的な概要をまずつかんでおきましょう。

腎臓はどんな働きをしているの？

腎疾患を理解するには、まず改めて腎臓の役割を確認しておきましょう（図6-1、6-2）。

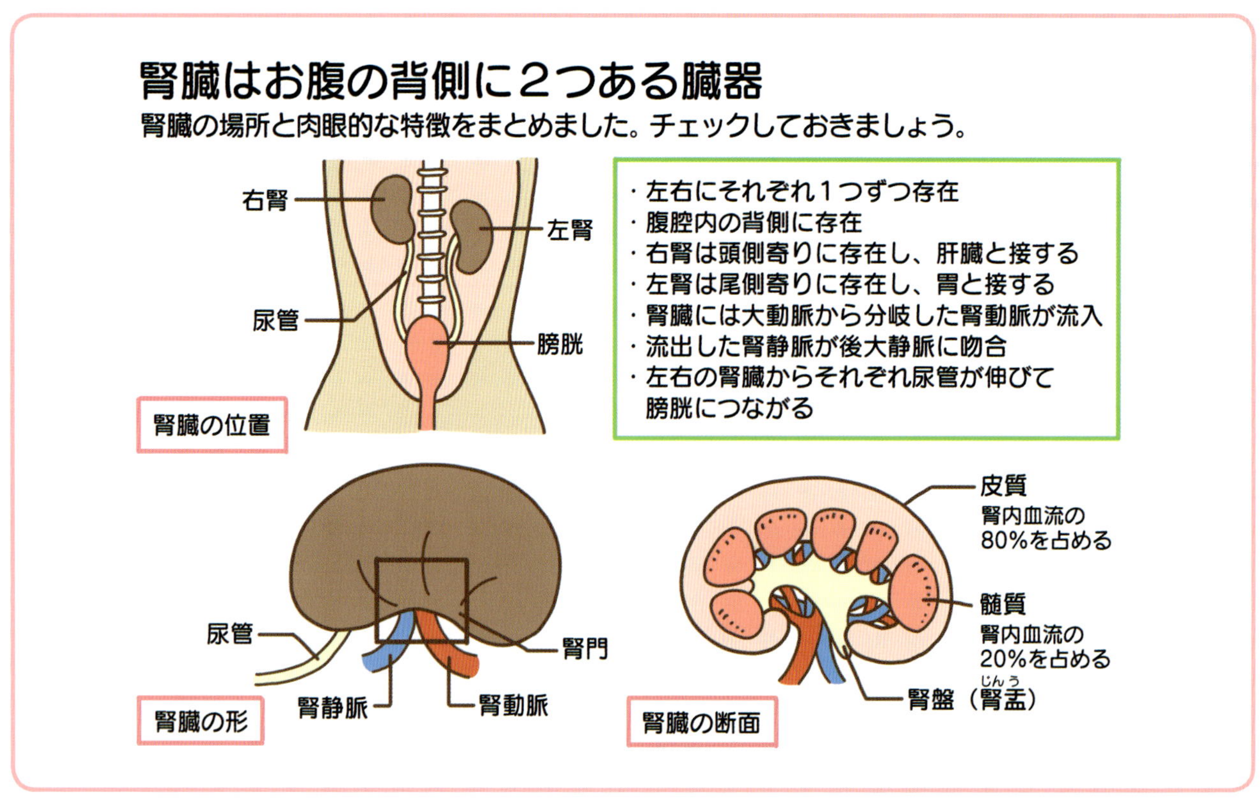

図6-1　腎臓の構造

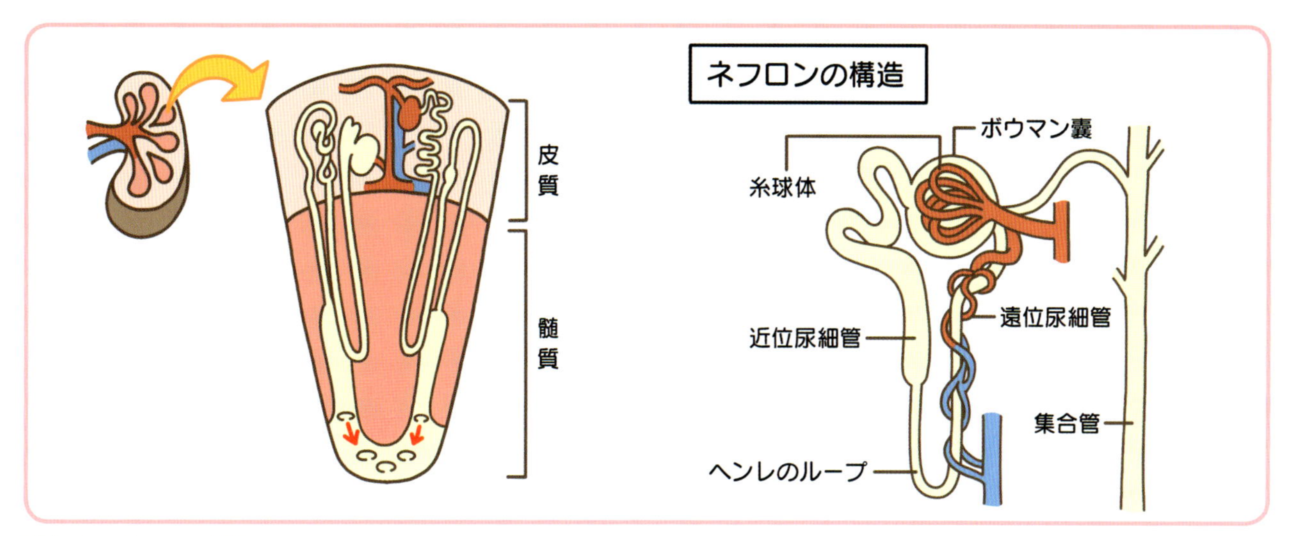

図 6-2　ネフロンの構造

●尿をつくる

腎臓は､血液中から老廃物だけをうまく取り出して､尿として排泄しています。尿をつくる過程で、体液の恒常性を保つために水分や電解質などの調整をしています。

●その他

腎臓でつくられるエリスロポエチンは、赤血球をつくる司令塔の役割をしています。レニンという酵素は血圧の調整をしています。また、ビタミンDを活性化することでカルシウム濃度を調節しています。

腎臓1つあたりヒトで約100万個、犬で約40万個、猫で約20万個のネフロン（腎臓の基本的な機能単位）が、日々休むことなくこれだけの複雑な仕事をしているので、万が一、片方の腎臓が機能しなくなったときでも、他方で代償して生命を維持するために、腎臓は2つ存在するのでしょうね。

また、1日あたりの尿量に対して、どのくらいの血液をろ過しているのかという点にも注目してみましょう（表6-1）。これはあくまでも目安ですが、腎臓の高性能なろ過機能には驚きますね。もちろん、飲水量などにより個体差はありますが、ヒトも犬も猫も、糸球体ろ過量は平均3～5mL/分/kgといわれています。

ネフロンの構造

ネフロンの構造は、腎小体（糸球体とボウマン嚢）と近位·遠位尿細管に分かれ、集合管につながります。同じ働きをしていますが、ネフロンには尿細管の長いもの（皮質ネフロン）と短いもの（傍髄質ネフロン）の2種類があり、その比率が動物種によって異なることがわかっています（表6-2）。

表 6-1　1日の平均尿量と糸球体ろ過量

	ヒト	体重 10kg の犬	体重 3kg の猫
1日の平均尿量	約1L	約250mL	約100mL
糸球体ろ過量	約200L	約53L	約21L

表 6-2　動物種ごとの皮質ネフロンと傍髄質ネフロンの比率

	ヒト	犬	猫
皮質ネフロン（長い）:傍髄質ネフロン（短い）	80：20	60：40	0：100

腎疾患とはどんな病態のことなの？

腎臓が障害を受けた病態は、急性と慢性に分類されます。主に使用される表現も、ヒトの医療用語を反映して、急性腎不全は急性腎障害（Acute Kidney Injury：AKI）に、慢性腎不全は慢性腎臓病（Chronic Kidney Disease：CKD）と変わっています。これは、“～不全”は死に至る直前の病態であり、そうなる前の段階でより早い発見と治療を行うことを目的とする意味が込められているのです。

また、“慢性”とは、その病態が3カ月以上持続していることを指しますが、腎疾患においては、すでに何らかの症状があって検査をし、腎臓の萎縮などの病態を発見することが多いので、3カ月経過を待たなくても慢性腎疾患と診断されることが珍しくありません。

また、AKIとCKDは完全に分かれるわけではなく、AKIの状態から回復する場合、AKIからCKDに移行する場合、CKDからAKIに移行する場合など、腎臓の障害される部位や程度によって病態は変化します（図6-3）。

急性腎障害(AKI) VS 慢性腎臓病(CKD)

CKDの進行過程とAKIの関係と、AKIとCKDの特徴をまとめました。AKIからCKDへ、CKDからAKIへの進行があることに注目してください。AKIを経験した動物は、数カ月にわたる腎障害が残るとCKDとなります。また、CKDの動物はさらなる急激な腎機能の低下でAKIに入ることがあります。特に進行したCKDでは、急激な症状の悪化の際にAKIとESKD（End Stage Kidney Disease：末期腎不全）を見分ける必要が出てきます。

●尿毒症症状を伴うCKD

CKDが進行すると、尿毒症の症状が明らかになってきます。この状態をESKDといいます。尿毒症の症状としては、全身症状（元気消失、意識低下、低体温、削痩、被毛の粗剛、口臭など）と消化器症状（食欲不振、口内炎、嘔吐、下痢、メレナ、血便など）が代表的です。

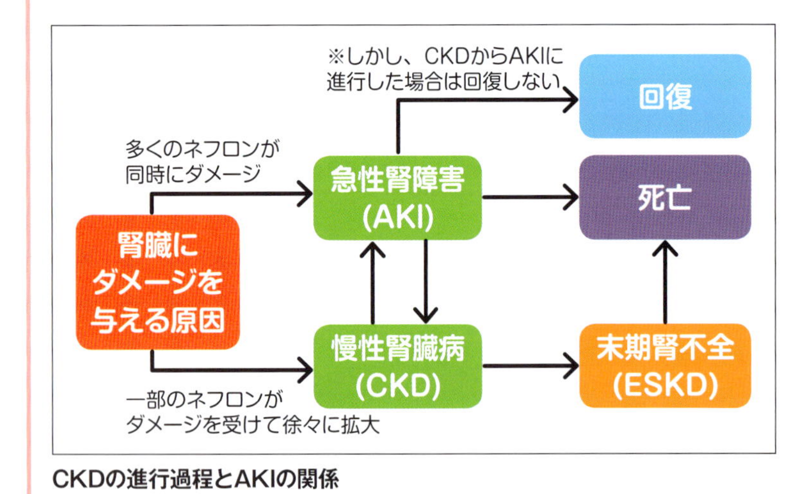

CKDの進行過程とAKIの関係

AKIとCKDの特徴

	急性腎障害	慢性腎臓病
進行	数時間～数日	数カ月～数年
尿量	乏尿～無尿	多尿
腎臓の大きさ	正常～やや大きい	小さい（萎縮）
腎機能の回復	あり	なし

図6-3　AKIとCKDの関係（as 2015年7月号 特集 看護に生かす慢性腎臓病総復習！より引用改変）

腎臓が障害を受ける原因は何？

腎臓が障害を受ける原因は、腎前性と腎性、腎後性に分けられます（図 6 -4）。

腎前性とは、腎臓に血液が入る前の段階、つまり心臓に何かしらの問題が生じて心拍出量が減り、腎臓に十分な血液量が入らない場合や重度の脱水状態などにみられます。

腎性とは、中毒や感染症、腫瘍などによって腎臓そのものが障害を受けた場合にみられます。

腎後性とは、腎臓よりも後ろ、つまり膀胱や尿道が結石などで閉塞を起こし、尿路が障害を受けた場合にみられます。

また近年の研究によって、犬と猫の腎臓の構造の違いから、病態の進行にも違いがあることがわかってきました（表 6 -3）。

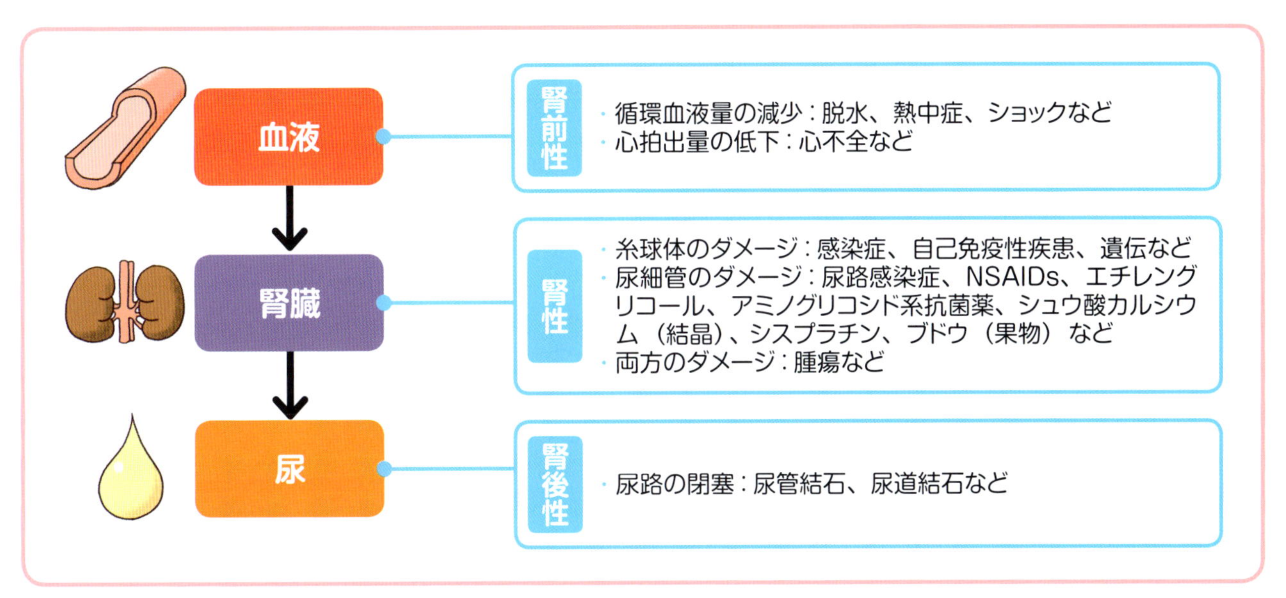

図 6 -4　腎臓にダメージを与える原因（as 2015年 7月号 特集 看護に生かす慢性腎臓病総復習！より引用改変）

表 6 -3　犬と猫における腎性の病態の進行の違い

腎性	犬	猫
尿細管の長さが違う	尿細管の周りの血管が損傷を受けやすい ↓ 糸球体が壊れる ↓ タンパク尿が出る 全身性高血圧 ↓ 高窒素血症 高リン血症 貧血	尿細管の間質が障害を受けやすい 血管は機能しているが、 尿の濃縮ができなくなる ↓ 尿比重低下 タンパク尿が出る ↓ 高窒素血症 低カリウム血症 高リン血症 貧血

進行すると全身に影響が出てきて、犬も猫も同じような経過をたどりますが、初期の障害が出てくる場所が違います。猫は、尿中に脂肪が出てきやすい性質や、尿の濃縮能が高いけれど組織の耐久性は低く、尿細管が壊れやすい性質があるようです。猫の祖先といわれるリビアヤマネコが砂漠地帯で生活していた際に、貴重な水を効率よく利用するために尿をより濃縮して排出した性質が受け継がれている、ともいわれています。

また犬では、CKDの悪化要因※といわれる全身性高血圧や高リン血症などが初期段階から現れるため、猫よりも短命だといわれています。

猫では高齢になると、カルシウム排泄が進み、尿中にカルシウムが多く排泄されるようになります。元々尿管の蠕動が弱いので、カルシウムがたまることで蠕動が止まり、硬くなった尿管が線維化を起こしてしまうのです（**表 6 -4**）。

※ CKD悪化要因：糸球体性タンパク尿、全身性高血圧、高リン血症、貧血、尿路感染症など。

表 6 -4　犬と猫における腎後性の病態

腎後性	犬	猫
尿管の太さが違う	体重約10kg の犬で約 1 mm	体重約3kg の猫で約 0.4mm
尿管の動き	蠕動しやすい	蠕動しにくい
結石の成分	上部尿路にはシュウ酸カルシウムで、下部尿路にはストルバイトのように、上部と下部で同じとは限らない	尿管結石の 98％がシュウ酸カルシウムで、犬同様、上部と下部で異なる成分が検出されることがある

AIM

近年、腎臓に存在する AIM（Apoptosis Inhibitor of Macrophage）という分泌タンパクが注目されています。これは通常、血液中の免疫グロブリン（IgM）と結合していますが、急性腎障害が起きると何らかの作用により IgM から分離して、尿細管腔にたまった、死んだ細胞にくっついて尿中に排泄されます。そうすると、尿細管の生き残った上皮細胞が情報をキャッチして、死んだ細胞を貪食して掃除をするようなのです。ヒトや犬では、こうして尿細管のつまりを改善していますが、どうやら猫の AIM と IgM の結合はとても強くなかなか分離しないので、AIM は尿中に現れず、死んだ細胞が貪食される機会がなく、腎障害が進行してしまうといわれています。この性質を利用して、猫にも有効な AIM 製剤が開発されれば、腎疾患の進行を防ぐことができるのでは、と今後の研究が期待されています。

腎疾患はどんな症状になるの？

AKIにおいては、腎臓の機能が急速に低下するため、症状も急激に現れます。排尿しない、排尿したそうなのに出ない、ぐったりしている、嘔吐、痙攣など、明らかな急変がみられます。

CKDにおいては、数カ月にわたり徐々に腎臓の機能が低下することと、腎臓の約 75 ％の機能が失われるまで症状が現れにくく、早期発見が難しいのが現状です。初期段階では、何となく元気がない、多飲多尿、食べているが痩せてきた、などの症状がみられ、進行すると嘔吐や下痢などの消化器症状、貧血、尿毒症による痙攣などがみられます。

腎疾患はどんな検査が必要なの？

AKIとCKDどちらにおいても、尿検査と血液検査は重要な情報を得るのにとても有効な検査です。腎臓の機能が低下すると、本来は尿として体外に出されるはずの老廃物が体内に取り込まれ、水分が体外に出されていきます。その進行度の指標になるのが、血液検査でわかるクレアチニン（Cre）や尿素窒素（Blood Urea Nitrogen：BUN）、尿検査でわかる尿比重や細胞成分などです。

血液検査

重症度は国際獣医腎臓病研究グループ（International Renal Interest Society：IRIS）の分類を用いて評価されています（表 6 -5）。

その他にも、血液検査でBUNの上昇や電解質の異常、貧血の程度も併せてチェックします。

表 6 -5　CKDの重症度分類

ステージ	1	2	3	4
	非高窒素血症	軽度の高窒素血症	中程度の高窒素血症	重度の高窒素血症
クレアチニン（mg/kg）犬	< 1.4	1.4 〜 2.0	2.1 〜 5.0	> 5.0
クレアチニン（mg/kg）猫	< 1.6	1.6 〜 2.8	2.9 〜 5.0	> 5.0

SDMA

近年、犬・猫では対称性ジメチルアルギニン（Symmetric Dimethylarginine：SDMA）、犬ではシスタチン C も腎臓の障害を調べる指標になっています。

アルギニンの代謝産物の一つであるSDMAも、低分子タンパクであるシスタチン C も、ほとんどが糸球体でろ過されて排泄されるので、糸球体ろ過量が低下すると、血清中のSDMAとシスタチン C の濃度が上がります。また、クレアチニンよりも早く上昇がみられる点と、クレアチニンと違い、筋肉量の影響を受けないというのも早期診断に役立つ理由です。

尿検査（表6-6、表6-7）

尿比重は、犬で1.030以下、猫で1.035以下であれば腎臓の濃縮能に問題があると疑います。より詳しく調べるには、尿中のクレアチニンとタンパクの量の比（Urinary Protein Creatin ratio：UPC）を測ることも有効です。UPCは、尿中タンパク÷クレアチニンで表され、犬で0.5以上、猫で0.4以上をCKDの判断基準としています。

表6-6　ペーパー試験

検査項目	疑われる腎疾患
尿タンパク	糸球体や尿細管の障害、腎盂腎炎、感染症など
潜血	糸球体や尿細管の障害
グルコース	尿細管の損傷、中毒

表6-7　尿沈査

顕微鏡でみられる成分、細胞	疑われる腎疾患
赤血球	糸球体の損傷
白血球	腎盂腎炎、尿細管の障害
細菌	腎盂腎炎
顆粒円柱	糸球体や尿細管の障害、腎盂腎炎
赤血球円柱	糸球体の障害、腎出血
白血球円柱	尿細管の炎症
顆粒円柱、ろう様円柱	尿細管の障害、尿細管のうっ滞

画像診断

X線検査と超音波検査では、腎臓の大きさや形、尿路結石の有無、結石の存在する部位などを調べることができます（図6-5、6-6）。もちろん腎臓だけでなく高齢動物になると、特に心臓や肝臓の大きさや形、肺の状態、腹水がたまっていないかなど、総合的に画像をみる必要があります。早めの定期的な健康診断などで、症状のなかったときとの比較ができると、飼い主にも説明がしやすいです。

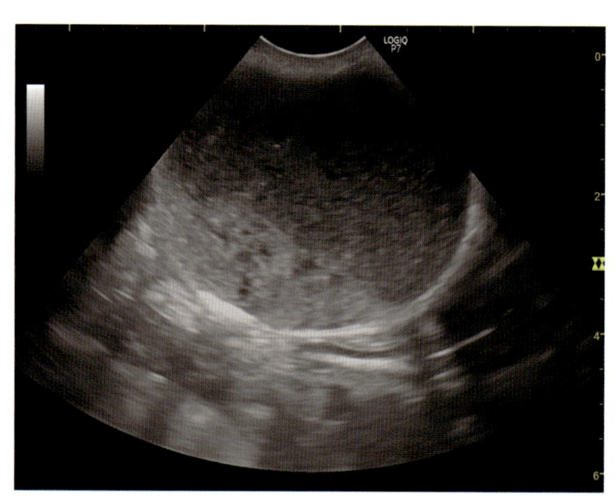

図6-5　尿道閉塞がみられた膀胱

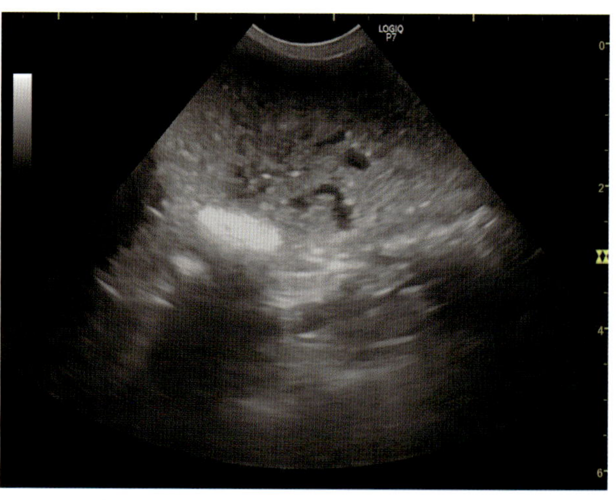

図6-6　膀胱結石の画像

どんな治療法があるの？
また何に注意して看護をしたらいいの？

まず治療の目的をもつことが大切になります。

- ●原因を取り除く
- ●進行を遅らせる
- ●症状を緩和する

AKIは病態の進行が急速であるため、致死的な体液電解質異常や代謝性アシドーシス、尿毒症に対する治療を要します。

CKDは完治する病態ではないことを念頭におき、進行を遅らせるまたは進行させないことが目的になります。原因の項目で挙げたように、障害が起きた部位に対する治療を考えます。

●腎前性

犬では主に僧帽弁閉鎖不全症、猫では心筋症などが確認された場合は、内用薬の調合を考えます。

●腎性

犬と猫での障害が起きる発端の違いはあっても、進行を止めるべきポイントと対策は、以下のようなことが挙げられます。

- ・糸球体性高血圧：降圧剤の投与（アンジオテンシン変換酵素［ACE］阻害薬、テルミサルタン［猫］など）やナトリウム制限食
- ・高リン血症：リンの制限食やヘルスカーボンなどのリン吸着剤投与
- ・脱水に対する水和：輸液や水分摂取
- ・尿毒症：制吐薬などの消化器症状の緩和
- ・低カリウムもしくは高カリウム血症：輸液による補正
- ・貧血：造血剤（エリスロポエチン製剤など）や鉄剤の投与
- ・ネフロンの線維化の進行を抑制：ベラプロストナトリウム製剤（猫）

●腎後性

手術適応であれば結石の除去、もしくは食事療法での改善を考えます。

診察や入院中に特に注意すること

容態が悪く、AKIの疑いで来院した動物に対しては、救急対応の原則として気道・呼吸・循環を確保する必要があります。腎疾患においては、この循環の確保に注目します。各種検査結果を踏まえて、輸液が必要になった際は、静脈カテーテル留置による持続点滴を行います。痙攣や興奮で暴れてしまう場合、カテーテルが絡まったり噛みちぎったりしないように必ず誰かがみておくようにしましょう。動物の呼吸状態や心拍数などを観察して、体温のチェックも大切です。

また、末梢循環の指標として尿量を把握することもとても重要です。尿道カテーテルを留置し、尿量の低下や乏尿、無尿がみられた際は、利尿薬やドーパミンなど早急な対処が必要になります。正常な尿量が1～2mL/kg/時間であると知っておくと、尿量の異常に気付くことができます。

動物病院で行いたい飼い主へのアドバイスは？

前提として、「治らない病気である」ということを、どう捉えてもらうかがとても重要になります。血液検査や画像診断の結果をみせながら飼い主に説明しますが、おそらく不安を抱えた飼い主は、結果の数字だけが目に飛び込んできて、獣医師の説明を半分も聞けていない場合は少なくないと思います。家に帰って家族に説明できるのは、1割くらいの内容かもしれません。

まずは、病気を受け入れてもらうことです。原因がわからず、ただ不安を抱えて衰弱していくのをみていくことと比べると、大きな差です。

“治らない”と理解したうえで、大切な家族のために何かできないか、と相談を受けることも多いと思います。

●食事

腎疾患対応の処方食や流動食が各種メーカーから出ていますので、それぞれの特徴を把握して、特に粒の大きさや味の選択肢を提示してあげましょう。

すぐに飽きてしまうことを前提に、ローテーションできる種類があると良いでしょう。

●サプリメント

腎疾患対応の吸着剤には、粒、粉末、カプセルなどさまざまな剤型のものがあります。使いやすく、続けやすいものを選んでもらいましょう。

●生活

あちこちで排尿する、夜中に鳴く、嘔吐するなど、今までなかったことが起き、飼い主が疲れてくることも多くなります。当たり前にできていたことができなくなった、死んでしまったらどうしよう、と嘆く時間を、少しでも食べたこと、自分でトイレまで行ったこと、体が温かいこと、どんなに小さなことでも生きてこそできる行動、つまり愛おしいと思う時間に変えてほしいと思います。

腎疾患の高齢動物との暮らし

我が家では20歳の猫を見送りました。とても気丈な黒猫で、獣医師夫婦2人でも爪切りに苦労する、なかなかの強者でした。抱っこも嫌い、負傷させた来客は数知れず。そんな武勇伝をもった彼も19年目にして腎疾患を患い、定期的な皮下補液生活を送ることになりました。目にみえて痩せていき、制吐薬も必須となり、夜中にはそれはそれは大きな声で鳴き（吠える、に近い）、徐々に歩けなくなりましたが、それでも旅立つ日の朝まで少量なりにも食べてくれていたことは良かったと思います。

腎疾患の猫を抱える飼い主から、何を食べさせたらよいのか、どうして夜中に鳴くのか、便が出づらい、何かしてあげたい…たくさんの相談を受けます。その家族にあった方法をアドバイスするのですが、「かわいそう」「気付いてあげられなくてごめんね」という悲観的な方には“待った”をかけます。吐き気や元気のなさの原因がわかった今からがスタートではないですか、と。限られた命の時間は、健康な子でも同じであって、旅立つ日までいかに充実して過ごせるかに意味があると思います。嘆く暇があったら、そばに寄り添って一日一日を大切にすることに力を注いで欲しいのです。悲しむのは旅立ってしばらくしてからの話です。高齢の動物には敬意をもって、それでいて甘やかし過ぎず、今日生きていることに感謝の気持ちをもって接して、飼い主が落ち込まない明るい介護生活をお勧めしています。

参考文献

- James G, Cummingham, Klein, Bradley G. Klein. Textbook of Veterinary Physiology 4th edition. London. 1998.
- Adams LG. Phosphorus, Protein and kidney disease. Proceeding Petfood Forum. 1995. 13-26.
- Marino CL, Lascelles BD, Vaden SL, et al. The prevalence and classification of chronic kidney disease in cats randomly selected within four age groups and in cats recruited for degenerative joint disease studies. *J Feline Med Surg* 16(6). 2014. 465-472.
- Elliott J, Rawlings JM, Markwell PJ, Barber PJ. Survival of cats with naturally occurring chronic renal failure: effect of dietary management. *J Small Anim Pract* 41(6). 2000. 235-242.
- Jacob F, Polzin DJ, Osborne CA, et al. Clinical evaluation of dietary modification for treatment of spontaneous chronic renal failure in dogs. *J Am Vet Med Assoc* 220(8). 2002. 1163-1170.
- Brown SA, Brown CA, Crowell WA, et al. Does modifying dietary lipids influence the progression of renal failure?. *Vet Clin North Anim Pract* 26(6). 1996. 1227-1285.
- Survival in cats with naturally occurring chronic kidney disease (2000-2002). *J Vet Intern Med* 22(5). 2008. 1111-1117.
- Kuro-o M. A potential link between phosphate and aging--lessons from Klotho-deficient mice. *Mech Ageing Dev* 131(4). 2010. 270-275.
- 石田卓夫. 伴侶動物治療指針 vol I. 緑書房 . 2010.
- 石田卓夫. 伴侶動物治療指針 vol 2. 緑書房 . 2011.
- 石田卓夫. 伴侶動物治療指針 vol 4. 緑書房 . 2013.

疾患編 7 泌尿器

尿石症

- 尿石の発生メカニズムを理解する。
- 尿石症の主な症状を覚える。
- 食事療法などの内科的治療のアドバイス法を知る。
- 外科療法における術前・術後管理の方法を学ぶ。
- 飼い主への指導における適切なコミュニケーションを知る。

執筆・岩井聡美（北里大学）

尿石症とは、腎臓や尿管、膀胱、尿道に至る腎泌尿器のどこかに、結晶や結石が認められる病態を広く示す用語です。

さまざまな要因から尿中にミネラルなどが多く排泄されることによって、まずは顕微鏡で観察したときに結晶が見られるようになります。これらが凝集して大きく成長すると、目にみえる状態となり結石と呼ばれるようになります。

ここでは、尿石症の中でも臨床上問題が発生する可能性の高い、砂粒状や結石状になった場合の病態や治療に関する管理などについて解説していきます。

本疾患は猫に多いことから猫を中心に解説をし、犬については後半で説明します。

猫の尿石症

猫の尿石症ってどんな病気？

前述したように、尿石症とは結晶や結石が認められる状態、さらにそれによって起こる臨床症状を含めた病態を示します。

結石が存在する部位によって、例えば尿管に結石が存在すると尿管結石、膀胱に存在すると膀胱結石というように呼ばれます。

また病態の違いでは、尿道を例にすると、尿道に結石が認められると「尿道結石が存在する」、それによって尿を排泄できない完全な閉塞状態まで発展すると「尿道閉塞に陥っている」などというように表現されます。

つまり、発生部位や病態によって表現が変わります。

猫の尿石症の原因は何？

猫の尿石症の原因となる代表的な結石としてストルバイト（リン酸アンモニウムマグネシウム）とシュウ酸カルシウムがあります。本項では、この２つにしぼって説明します。

猫におけるストルバイト結石とシュウ酸カルシウム結石の発生率は、腎盂（じんう）と尿管、膀胱と尿道で異なると報告されています。腎盂や尿管では、98％以上がシュウ酸カルシウム結石といわれており、近年その発生はとても増加しています。一方、膀胱と尿道では、ストルバイトとシュウ酸カルシウム結石が約40％ずつとほぼ同程度で、これらの混合結石も認められます。

結石形成に影響を及ぼす要因として、品種、性別、年齢、代謝異常、食事、尿pHなどが考えられています。

ストルバイト結石の原因

●原因は尿のアルカリ化

ストルバイト結石（図7-1）は、一般的に尿pHが高くなる（アルカリ性になる）ことによって発生することが多い結石です。

犬では尿pHを高くするウレアーゼ産生細菌によって発生することが多いのに対して、猫ではほとんどが無菌性に発生します。そこに食事性要因が加わると、ストルバイトがより発生しやすくなります。

特に、マグネシウムやリンが多く含まれるドライフードを摂取していると、尿中への排泄も増加し、尿中の濃度が高くなります。そこに尿がアルカリ性となるような病態が加わると、マグネシウムが結合して無菌性ストルバイト結石が生じやすくなるといわれています。

●飲水量が少ないことも要因

水分の摂取量も尿石形成の大きな要因です。摂取量が少ない場合は尿比重が高くなり、ストルバイトの原因となる成分も濃縮されます。さらに、飲水量が少ないと尿量も減るために排尿回数が減少し、膀胱内に尿が停留する時間が長くなります。これによって、結晶や結石が成長する時間を与えてしまうことになります。

特に、冬は猫の飲水量が減りやすく、尿結石の発生やそれによる尿道閉塞の機会が増すとされています。

シュウ酸カルシウム結石の原因

●カルシウムやシュウ酸塩の過剰摂取が一因

シュウ酸カルシウム結石（図7-2）は、一般的に尿中へカルシウムやシュウ酸の排泄が増えることで発生しますが、そのメカニズムはとても複雑です。

カルシウムやシュウ酸塩の過剰摂取は、一つの発生要因となります。特に硬水に分類されるミネラル

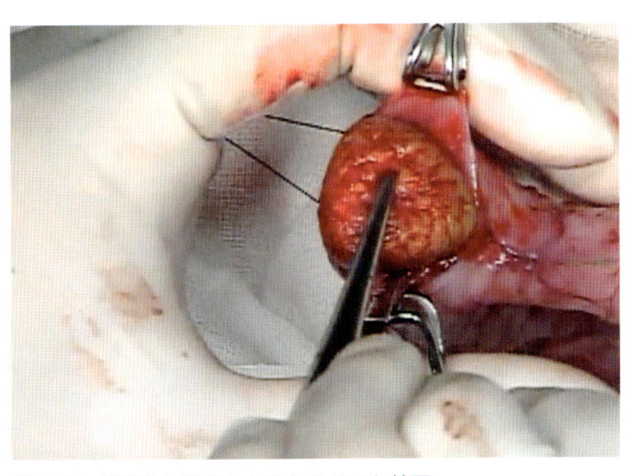

図7-1　膀胱から摘出したストルバイト結石

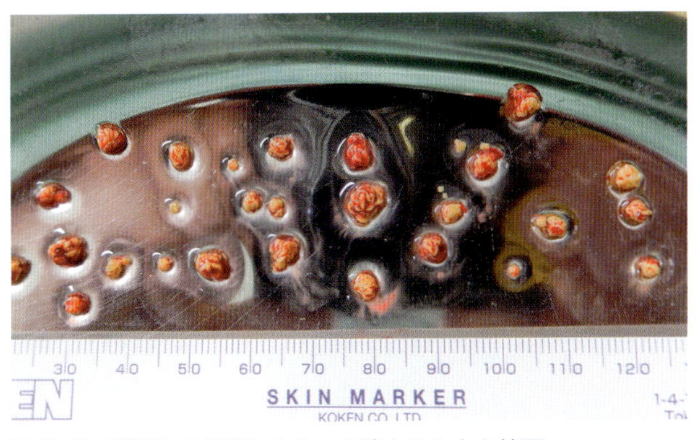

図7-2　膀胱から摘出したシュウ酸カルシウム結石

ウォーターのような水はカルシウムなどのミネラル分が多いため、結石の原因となりますので、与えるのを避けたほうが良いでしょう。ストルバイト結石同様、尿比重が高くなることや飲水量が少ないことも、結石形成の引き金となります。

●ストルバイト結石とは逆に尿は酸性化

ストルバイト結石との相違点は、尿pHが酸性化すると発生するところです。例えば、尿石の認められない猫に、尿pHを酸性化させたり、ストルバイト結石を予防する低マグネシウムの食事を与え続けると、シュウ酸カルシウム結石の発生を助長することがあります。

●老齢だけでなく若齢でも発生する

一般的に、シュウ酸カルシウム結石は老齢に多いと言われていましたが、これは、猫の腎臓における老齢性変化として、尿細管でのカルシウム再吸収の低下が引き起こされることによって、尿中のカルシウム排泄濃度が高くなるためと考えられています。

しかしながら、著者の最近の経験では、2～3歳の若齢の純血種（ノルウェイジャン・フォレスト・キャット、スコティッシュ・フォールド、ラグドールなど）が結石自体による尿管閉塞や、それに継発した慢性肉芽の増生によって尿路閉塞を呈した症例に遭遇する機会も増えています。

前述したように、腎盂や尿管ではほとんどがシュウ酸カルシウム結石ですが、若齢の猫では膀胱や尿道結石よりも、上部泌尿器におけるシュウ酸カルシウム結石の存在を考慮に入れておく必要があるでしょう。

CHECK：なかなか水を飲まない猫に水を飲ませる工夫

- ●水においしそうなにおいをつけるものが市販されているので、利用しても良いでしょう。
- ●冬は白湯を与えるのも一つの方法です。
- ●ドライフードからウェットフードに切り替える方法もあります。このとき、歯石がつきやすくなるなどの口腔内疾患に気を付ける必要があるかもしれません。
- ●ドライフードでもウェットフードでも、水分を加えて、強制的に食事とともに摂取してもらうようにすることもできます。
- ●どうしてもドライフードしか食べない場合は、療法食を給与することで飲水量と尿量を増加させるしかないかもしれません。

猫の尿石症はどんな主訴と症状で来院する？

主訴は血尿や頻尿

尿道閉塞までには至っておらず、尿結石などによる炎症が存在する状態では、飼い主が、血尿や頻回に排尿姿勢をとるが排尿量はごく少量といった症状に気づいて来院することが多いです。まれに発熱すると、食欲や元気が低下することもあります。

猫の場合、特発性猫下部尿路疾患または猫特発性膀胱炎（FIC）として、尿石症ではない、原因のはっきりしない膀胱炎と分類される病態もあります。これが要因となって、機械的または機能的尿道閉塞へ発展することもありますが、尿石症としては結石や砂粒状の塞栓子などによって尿道に閉塞を起こします。

尿毒症になると危険！

完全に尿道閉塞となった場合は、乏尿や無尿となります。この状態が数日間持続してしまうと、尿毒症という病態へ進行します。尿毒症に陥ると、食欲不振、嘔吐、下痢、脱水、沈うつ、口臭、腹部痛、さらに進行すると虚脱、ショック、痙攣（けいれん）、徐脈や不整脈など、さまざまな徴候を示し、とても危険な状態になります。

閉塞の場所によって症状が変わる

尿管または尿道のどちらが閉塞しているかによっても、多少病態が異なります。

特に片方の尿管閉塞は、もう片方の尿管が閉塞されない限り、腎臓が代償機能を発揮しますので、ほぼ無症状、または尿管結石の痛みや炎症による発熱、食欲不振など、一過性の症状のみで経過することもあります。

もちろん、左右両側性に尿管閉塞を起こした場合は、尿道閉塞よりも急性に前述のような尿毒症の症状が発現します。

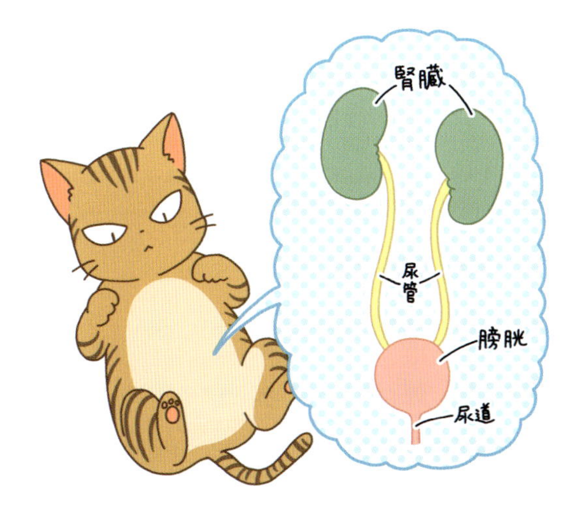

飼い主が気にすること よく聞かれること

飼い主が一番聞きたいのは、なぜ尿結石ができるかだと思います。食事が不適切だったために尿石症になった場合には、自分自身を責める飼い主もいます。しかし、食事の成分はもちろん要因の一つですが、同じ食事を食べていても尿石症になる猫とならない猫がいます。食事管理だけでなく、体質や飼育環境も含めた指導ができるようにしたいものです。また、飼い主が相談しやすい対応を心掛けましょう。

検査はどんな流れで行う？

血液検査、尿検査、画像診断が基本的な検査の流れです。尿石症で慢性的な膀胱炎のような病態を除いて、尿路閉塞が起こった場合、一般的に症状は急激にあらわれます。

血液検査

完全血球計算（CBC）では、脱水の評価、白血球数の増加などが認められることがあります。また、血液生化学的検査では、閉塞後からの時間経過によりますが、血中尿素窒素（BUN）やクレアチニン（Cre）の上昇がみられるようになります。閉塞状態が長く続くと高カリウム血症となり、不整脈の発生にかかわる電解質異常も発生します。

尿検査

尿検査は、可能なら採尿直後、遅くても採尿後30分以内に実施するのがベストです。採尿後長時間室温に放置したものや冷蔵保存したものは、膀胱内では存在していなかった結晶が析出（せきしゅつ）する可能性が高まります。

●病院で採尿するのが理想

また、自然排尿法、カテーテル法、圧迫排尿法、経皮的穿刺法といくつかの採尿方法がありますが、方法によっては細菌が混入するため、もともと膀胱内に感染があるのかが確定できないこと、またはこれら細菌によって検査までの保存中に尿pHが変化しかねないことも考慮しなければなりません。したがって、基本的には病院内で採尿することが望まれますが、それが無理な場合は、いつ採尿したのか、どのような方法で採尿したのかなどを、飼い主から聴取しておくことがとても重要です。

採取した尿は、尿の色やにおいなどを確認したのち、尿比重、尿中のタンパク、グルコース、pH、尿沈渣などの検査を行うようにしましょう。尿沈渣では、結石が存在しても、尿中に必ずしも結晶（図7-3、7-4）が確認できるわけではありません。逆に、尿中に結晶が存在したからといって、結石の存在を示唆するものでもないことを忘れてはいけません。

●塗抹標本検査は膀胱穿刺の尿で

また、塗抹標本の検査では、赤血球や炎症細胞などの細胞成分の形態、細菌の存在などを確認し、細菌が存在する場合には薬剤感受性試験や菌同定を実施しま

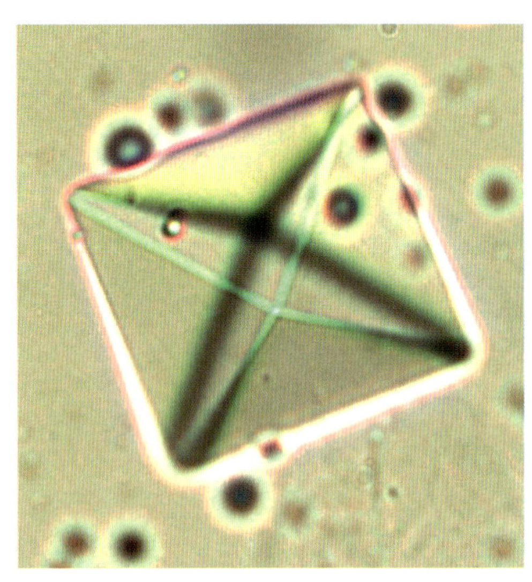

図7-3　シュウ酸カルシウム結晶

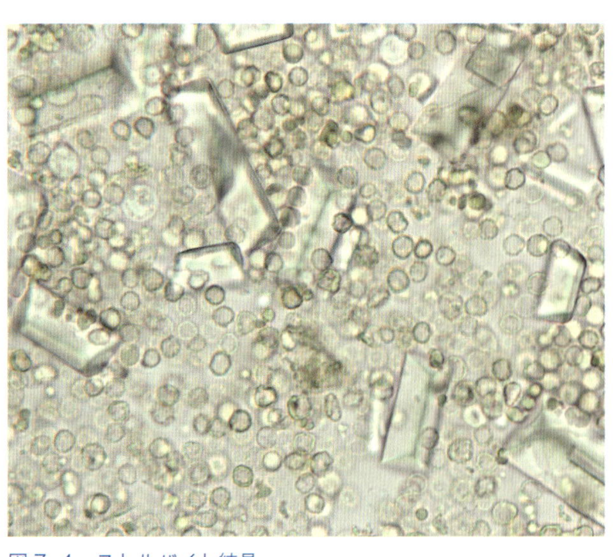

図7-4　ストルバイト結晶

す。その場合、膀胱穿刺法によって採取した尿でないと、採尿時の細菌混入の機会が増すために不適切な検査結果となる場合があることも認識しておきましょう。

画像検査

画像診断としては、Ｘ線検査や超音波検査が一般的です。

●Ｘ線検査

Ｘ線検査では、腎泌尿器に結石が存在しないかを確認します。したがって、結石の存在する位置によって、撮影部位を考えなければなりません。腎臓や尿管は上腹部（図７-5）、膀胱や尿道は下腹部から会陰部までを含めた状態（図７-6）で撮影します。

いずれにしても、結石症が疑われる場合は、泌尿器全体を撮影するようにしなければなりません。全体を一度に撮影することが困難な場合は、上腹部と下腹部の撮影に分割して行います。

Ｘ線画像には写らない結石が存在することもあります。そのような場合には、造影剤や気体を用いた造影方法を実施する必要があります。

●超音波検査

超音波検査では、尿管結石による閉塞ならば、腎盂や尿管の拡張、尿管結石が認められることがあります。膀胱内ならば、高エコー原性でシャドーを伴うものが認められると、結石や砂粒状沈殿物の可能性があります。尿道内に結石がある場合は、膀胱への過剰な尿貯留が認められますが、猫では塞栓物質自体を確認できないことも多くあります。

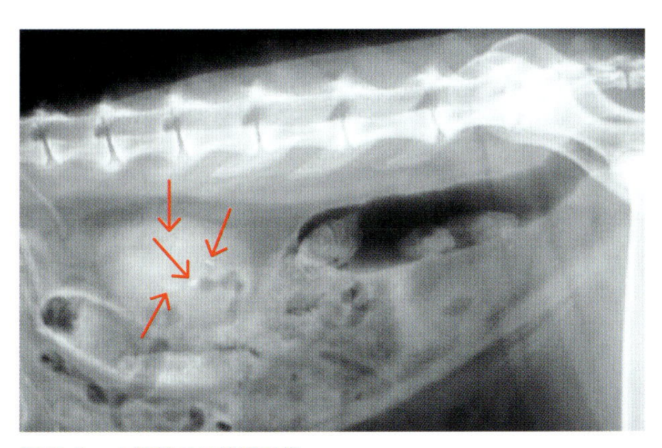

図７-5　上腹部のＸ線撮影像
腎盂内に結石が認められる。

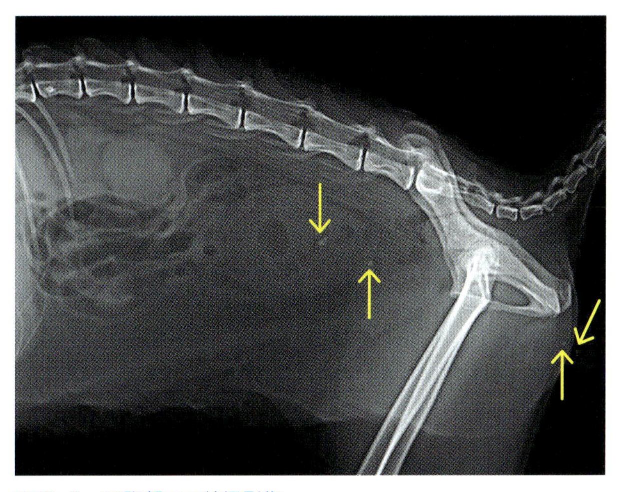

図７-6　下腹部のＸ線撮影像
膀胱とペニス先端に結石が認められる。

よく行われる治療は？

尿道閉塞の解除

猫において、尿石症で尿道閉塞に陥るのは基本的に雄です。特に、やや肥満気味の場合、閉塞を起こしやすい傾向にあります。

●まず閉塞を解除

尿道閉塞の猫が来院した場合、まずは閉塞を解除することから開始します。

膀胱内の尿貯留が過剰で膀胱が破裂しそうな場合は、超音波ガイド下で針または留置針を用いて膀胱穿刺し、できる限り抜去する準備をしておきます。

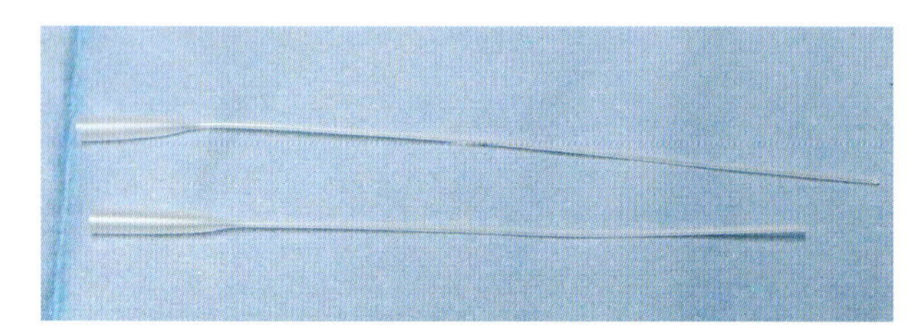

図7-7　トムキャットカテーテル

図7-8　横穴の先端

図7-9　先穴の先端

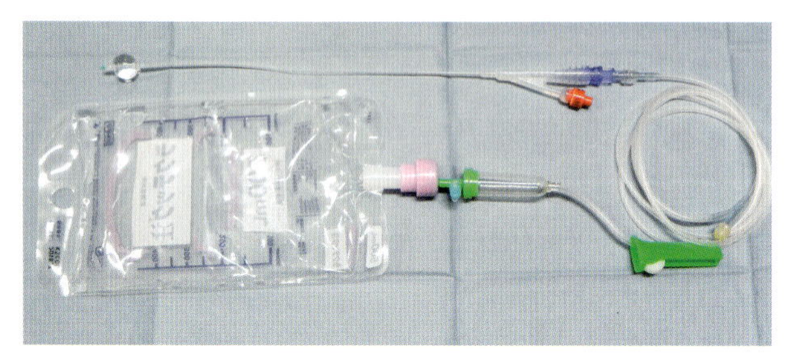

図7-10　バルーンカテーテルから蓄尿バッグまでのセット

図7-12　チャイニーズフィンガートラップ固定
カテーテルを皮膚に固定して抜けにくくする。

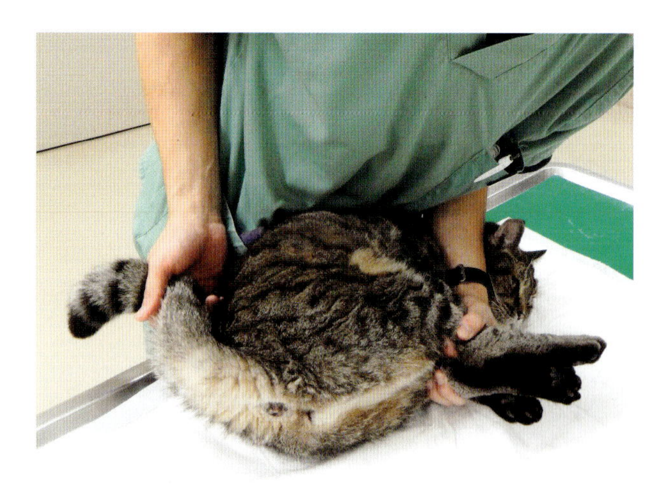

図7-11　閉塞を解除する際に、処置をしやすくするための保定
ペニス先端が露出しやすく、また陰茎がまっすぐになるように保定する。

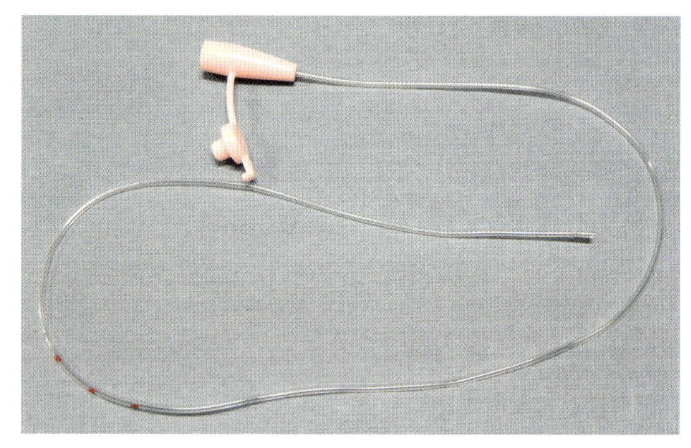

図7-13　栄養カテーテル

猫が暴れる場合には、リスクを飼い主にインフォームド・コンセントしたうえで鎮静処置などを実施します。このような状況下では、静脈に留置針を設置しておくことはもちろんですが、常に緊急的な対応ができる状態を確保しておかなければなりません。気管挿管、緊急時に使用する薬剤、モニタリングの装置の配備などは必ず行っておくようにしましょう。

尿道閉塞の解除に用いるものとして、トムキャットカテーテル（図7-7、7-8、7-9）、尿を貯留する回路（図7-10）、カテーテルをフラッシュする人肌程度に温めた滅菌生理食塩液、カテーテルを固定するナイロンなどがあります。獣医師が使用する順番を把握し、補助できる状態にしておきます。また、閉塞解除の際には、カテーテルを尿道に挿入しやすいように、猫をしっかりと保定します（図7-11）。

●閉塞解除後はカテーテルを留置

閉塞が解除された後は、カテーテルを膀胱に留置して、抜けないようにナイロン糸などを用いてチャイニーズフィンガートラップ法で固定します（図7-12）。

固定したカテーテルがトムキャットカテーテルのように硬い場合、ペニス先端から出た部位が折れ曲がりやすいため、十分に注意します。カテーテルが折れ曲がると、その部位で閉塞を起こす原因となりますので、頻繁に確認するようにしましょう。閉塞解除後には、軟らかい栄養カテーテル（図7-13）などに入れ替えることが望ましいです。

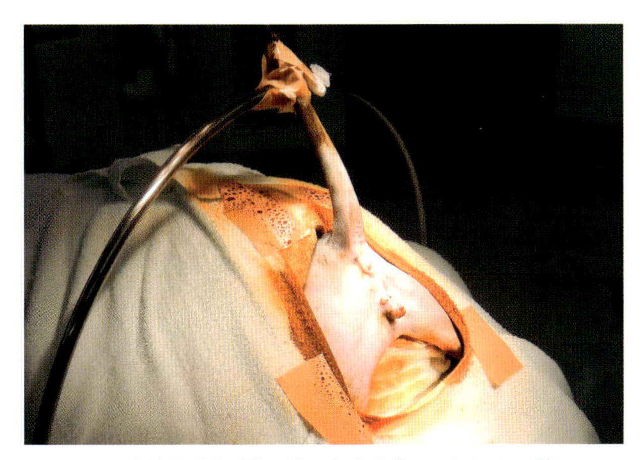
図7-14　会陰尿道瘻手術の際の保定（ジャックナイフ式）

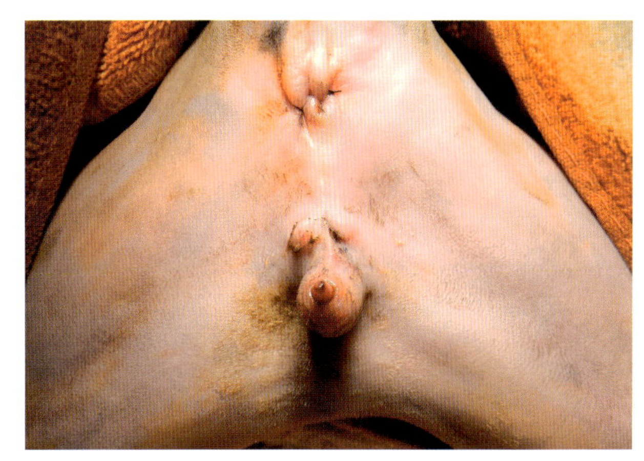
図7-15　ナイロン糸などで巾着縫合して閉鎖した肛門

食事療法と再発防止

閉塞が解除された後、点滴などの内科治療を実施しながら、全身状態や食欲が回復してきたら食事療法を考慮します。現在、食事療法に用いるより良い療法食が開発されているため、それらを使い分けることが重要となります。

●ストルバイト結石では溶解を目的に

ストルバイト結石は、基本的に溶解することができる結石です。尿のpHを6.0～6.3以下まで低下させること、マグネシウムやリンを制限した食事に切り替えることで、結石の溶解が進みます。

また、膀胱内に尿が停留する時間を短くするために、尿量を増やすように努めます。これらを満たす療法食が多く開発されているため、初期にはストルバイト溶解用の食事を与えます。そして結石の溶解が確認できたら、尿pHや尿中成分を安定化させる食事に切り替えます。長期的に尿pHを酸性化する食事を与え続けると、シュウ酸カルシウム結石の発生をまねきかねません。

●シュウ酸カルシウム結石では再発予防を目的に

シュウ酸カルシウム結石は、溶解できない結石です。基本的には、外科的介入が必要となります。しかしながら、外科的に摘出しても約50％の症例が再発すると報告されています。したがって、シュウ酸カルシウム結石に対する食事療法は、結石を摘出した後の再発予防が第一の目的となります。

結石形成のメカニズムはとても複雑ですが、尿中のカルシウムやシュウ酸濃度が高くならないように、成分バランスと尿量を増加させるような組成の食事を給与するようにします。

外科的治療

一般的にシュウ酸カルシウム結石は溶解しないため、外科的な摘出を行う必要があります。特に腎盂や尿管結石のほぼ100％がシュウ酸カルシウム結石であるため、それらが発見された際には外科的処置を考慮しなければならないでしょう。ここでは、臨床で最も一般的に遭遇する膀胱結石と尿道結石における膀胱切開や猫における会陰尿道瘻手術に主眼をおいて説明します。

●膀胱切開では仰臥位
会陰尿道瘻手術ではジャックナイフ式で保定

膀胱切開では腹部正中切開を行うため、仰臥位に保定します。会陰尿道瘻手術ではジャックナイフ式に保定します（図7-14）。この際、肛門からの汚染を防ぐために、術前に肛門をナイロン糸で巾着縫合してあることを確認しておきましょう（図7-15）。

●術後は膀胱カテーテルを留置

基本的には、術後は膀胱カテーテルを留置することになります。猫において、会陰尿道瘻を行った雄以外は、バルーンカテーテル（図7-16、7-17、7-18）を使用できません。栄養カテーテルなどの軟らかいカテーテルは抜けやすいことを認識しておきましょう。

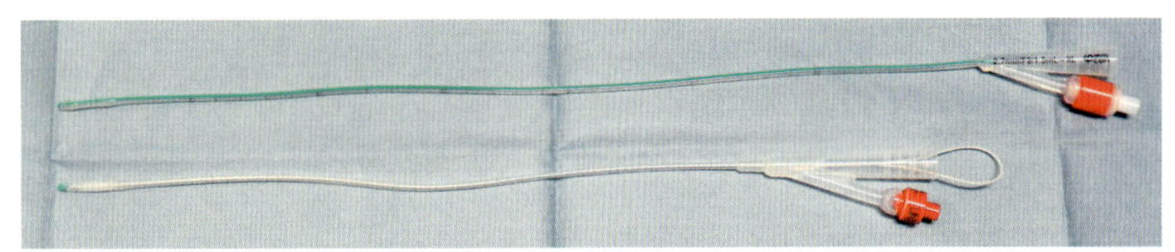

図7-16　バルーンカテーテル

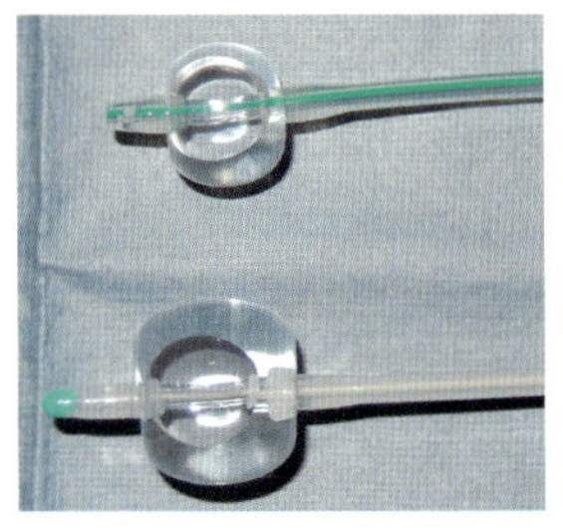

図7-17　バルーンを膨らませた際の先端

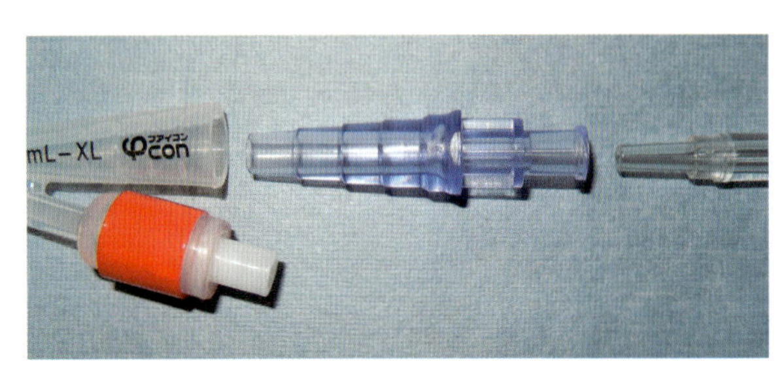

図7-18　バルーンカテーテルの連結部
誤操作防止のため注射器や連結管チューブを直接連結できないようになっている。間にコネクターを必要とする。

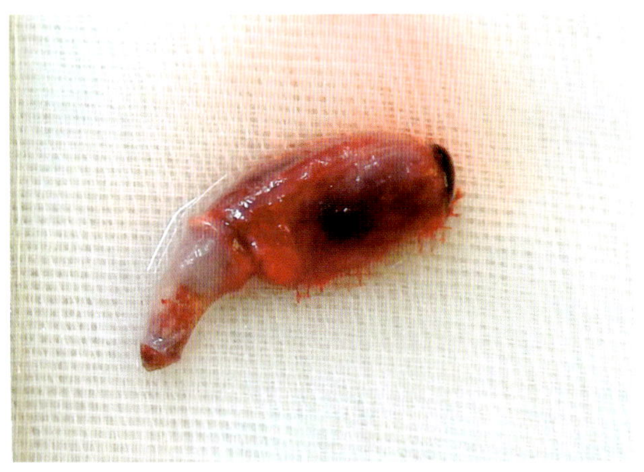

図7-19　会陰尿道瘻手術の際に切除したペニス先端

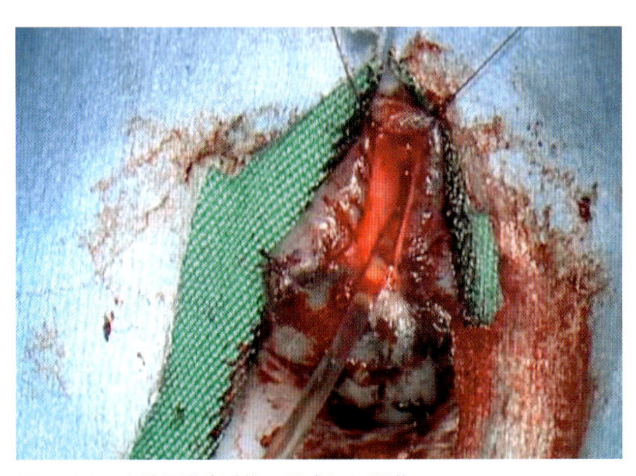

図7-20　会陰尿道瘻手術で形成した尿道口
カテーテルが挿入してある。

蓄尿バッグへの尿貯留の状況や、ケージ内の排尿痕の有無は、常に注意を払っておくべきです。会陰尿道瘻手術を実施した尿道には6～8Frのバルーンカテーテルを挿入できることが多いですが（**図7-19、7-20**）、それでもカテーテル周囲からの尿漏れがないかなどは確認する必要があります。

●飲水可能な範囲で長めのカラーをつける

猫は身体が柔軟なため、短めのカラーなどを装着しているとカテーテルを食いちぎる可能性が高く、また会陰尿道瘻の術創を舐め壊す危険性が増すため、飲水可能な範囲で長めのカラーを装着するようにします。また、会陰尿道瘻の術創は肛門の直下になるため、便の汚れが付着した状態が持続しないように清潔な状態を保つようにします。

飼い主には何を指導する？

来院の習慣化が大切

飼い主には、食事療法は結石の種類によって異なること、また経過によって変更する必要があること、食事療法を実施していても再発する可能性があることを、理解できるように丁寧に説明します。また、少なくとも1～3カ月に1回は尿検査を実施するように伝えましょう。

さらに前述したように、尿沈査での結晶と結石の有無は相関しないこともあるため、定期的な超音波検査やX線検査などの画像診断を実施するように伝えましょう。

尿石症の食事は、腎臓や循環器に問題のある猫にとっては負担となることもあるので、年齢なども考慮して全身的な健康診断を定期的に組み入れることもお勧めします。

このように、定期的に来院することを飼い主と猫に習慣化してもらい、コミュニケーションを図ることが重要です。そうすることで、病態の変化に早期に気づく可能性が高まり、その都度対応できるようになります。そして再発防止にも大きく貢献できるはずです。

トイレの環境も整えるように指導する

食事管理以外に、トイレの環境にも考慮の余地があります。トイレが常に清潔に保たれているか、多頭飼育の場合には個々にトイレが設置されているかなど、猫が排泄を我慢するような状況は避けるように指導します。排泄を我慢すると、膀胱内での尿貯留時間が長くなり、尿結石が成長する要因となりかねません。

獣医師が愛玩動物看護師に知っておいてほしいこと

食事管理に関する知識はもちろんですが、尿道閉塞の解除や外科的処置をする場合には、必要な準備を速やかにできることも求められます。前述したように、腎後性腎不全で尿毒症に陥っている場合には緊急を要しますので、早急な対応と緊急に備えた対処ができるようにしておきましょう。

術後管理としては、静脈や膀胱のカテーテル類がからんで抜去してしまうことへの細心の注意が必要となります。

また、会陰尿道瘻の手術で用いる器具には繊細なものもあり（図7-21）、一般的な外科器具よりも洗浄や先端の取り扱いを丁寧に行わなければなりません。非常に繊細な器具ではオートクレーブ滅菌が不可なものもあるため、ガス滅菌を行います。

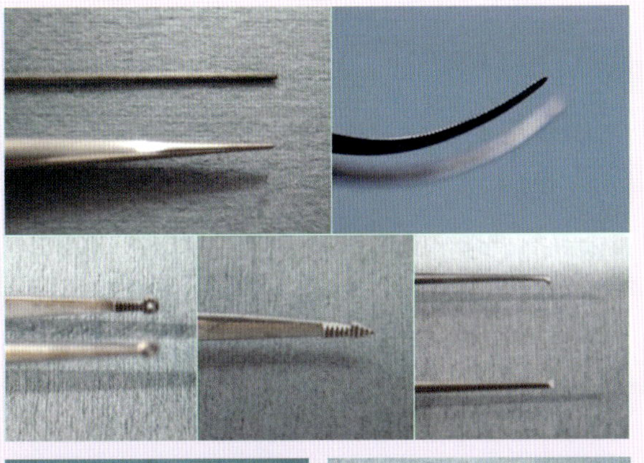
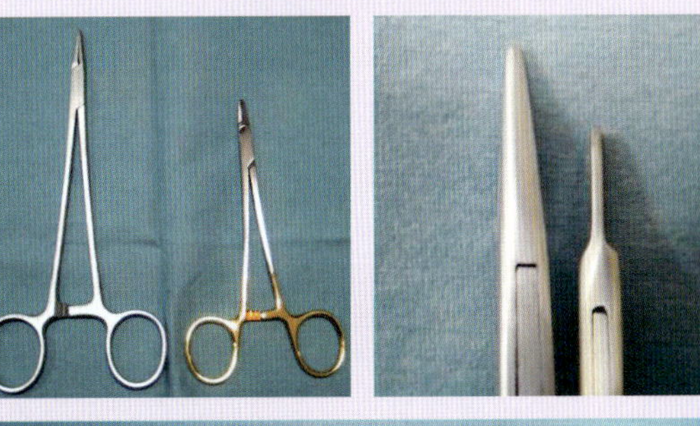
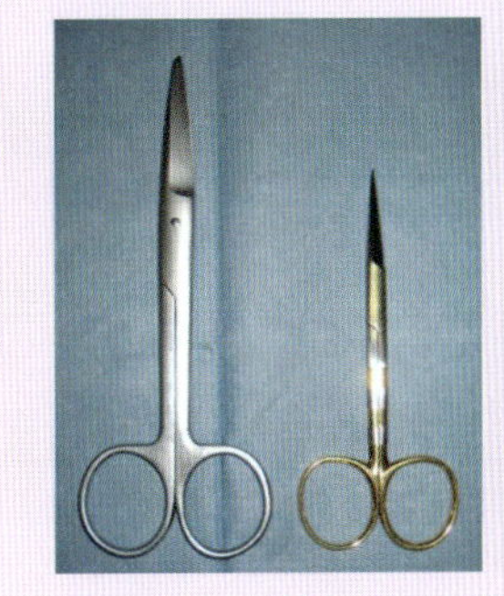
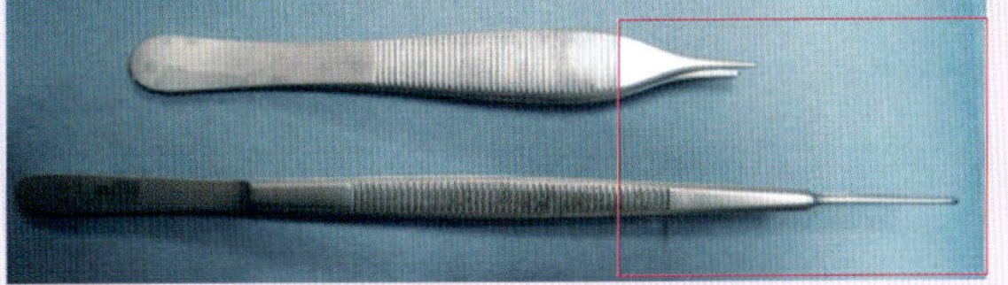

図7-21　尿道などの手術で使用する繊細な外科器具類

犬の尿石症

犬も1980年代当初は尿石のほとんどがストルバイトでした（図7-22）。しかしながら、近年はその割合は変化し、ストルバイトとシュウ酸カルシウム結石が同等またはシュウ酸カルシウム結石の方が多い傾向です（図7-23）。また、日本における結果についても、ストルバイトとシュウ酸カルシウム結石の割合は同様な傾向を示しています（表7-1）。年齢によって発生しやすい尿石症の種類が変わることが明らかとなっています。6歳まではストルバイトが優性であり、7歳以降はシュウ酸カルシウム結石が優性となる傾向にあるといわれています。

犬の場合は尿路感染症が多く、ウレアーゼ産生菌の尿路感染は尿pHを上昇させることから、ストルバイトの形成要因となるため注意が必要です。

犬の腎盂・尿管結石の多くがシュウ酸カルシウム結石であり、シー・ズー、ミニチュア・シュナウザー、ビション・フリーゼはシュウ酸カルシウム結石の好発犬種といわれていますが、日本においては、トイ・プードル、チワワなどにおいても好発します。シー・ズー、ミニチュア・シュナウザー、ビション・フリー

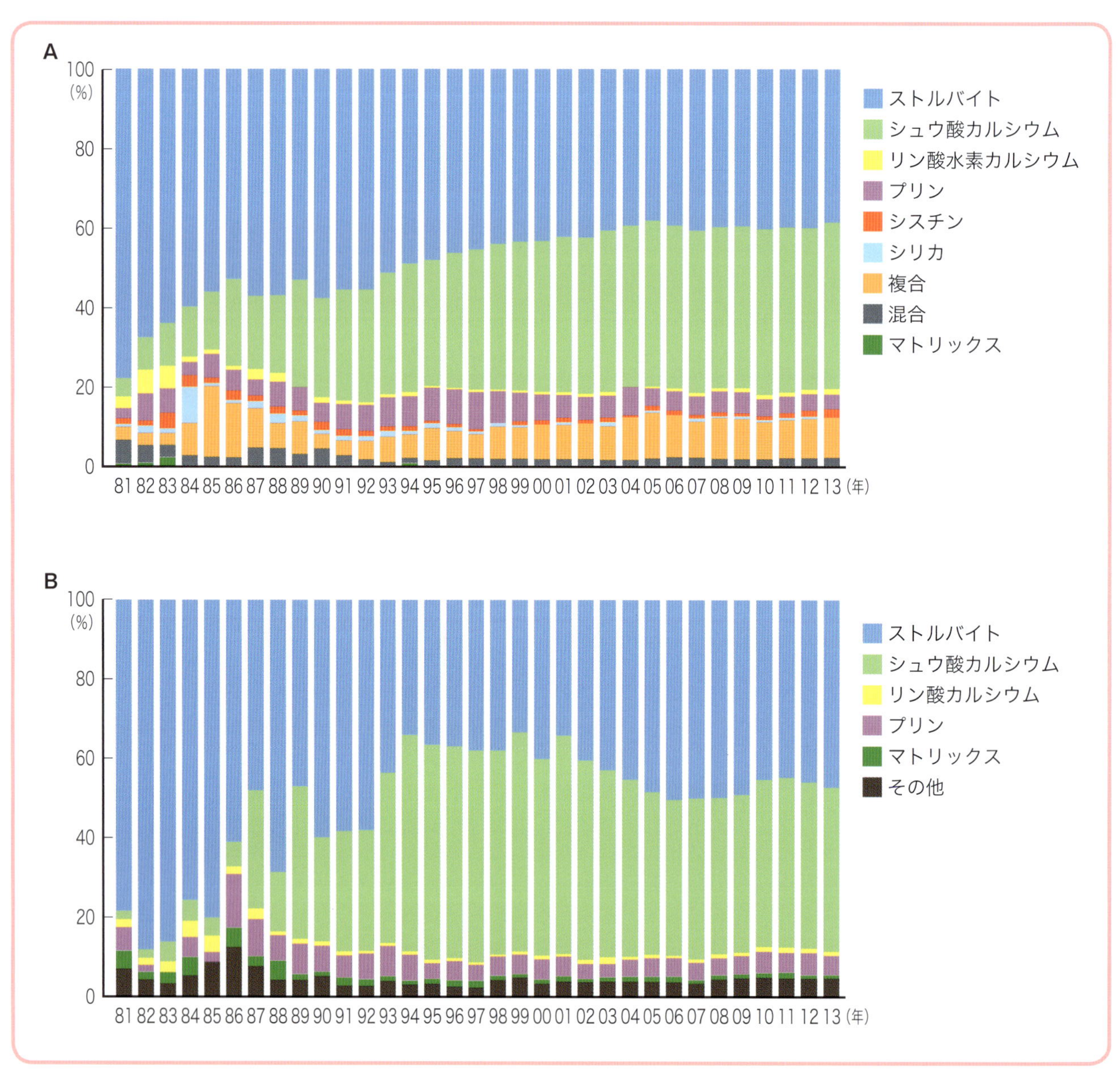

図7-22　犬の尿路結石の推移（1981-2013年）（参考文献1より引用改変）。犬(A)と猫(B)。

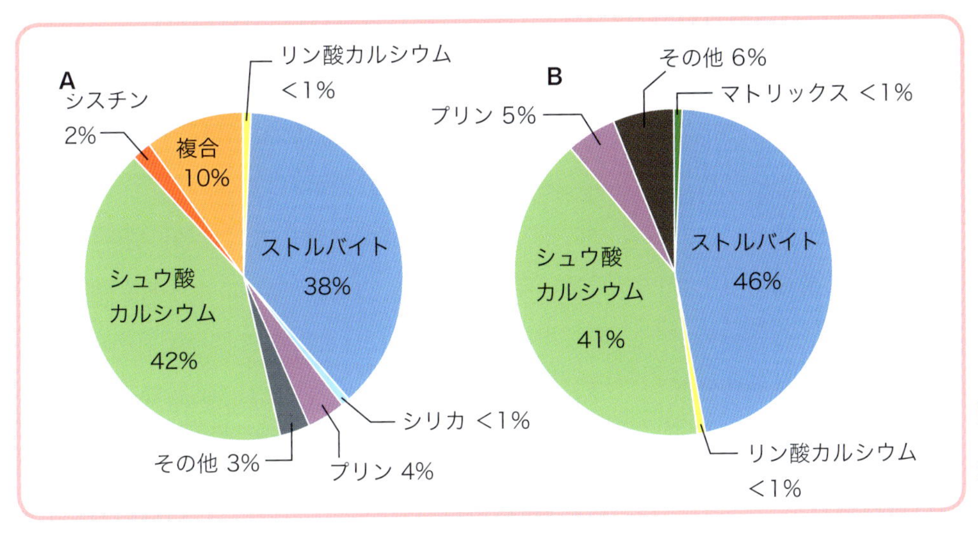

図7-23　犬の尿路結石のミネラル組成（2013年）（参考文献2より引用改変）。犬（A）と猫（B）。

表7-1　日本における尿石の組成別発生率の割合（参考文献3より引用改変）。犬（A）と猫（B）。

A

ミネラルタイプ	症例数（件）	割合（%）*4
シュウ酸カルシウム（一水和物および二水和物）*1	1,543	38.3
リン酸アンモニウムマグネシウム（ストルバイト）*1	1,293	32.1
複合*2	827	20.5
尿酸アンモニウム*1	144	3.6
混合*3	64	1.6
シリカ*1	63	1.6
シスチン*1	24	0.6
リン酸カルシウム炭酸アパタイト*1	24	0.6
尿塩酸*1	12	0.3
リン酸水素カルシウム*1	12	0.3
薬剤代謝物 サルファ剤代謝物：4件、フルオロキノロン代謝物：2件	6	0.2
キサンチン*1	5	0.1
マトリックス	4	0.1
リン酸カルシウムハイドロキシアパタイト*1	4	0.1
尿酸ナトリウム*1	3	< 0.1
リン酸水素マグネシウム*1	1	< 0.1
計	4,029	100

＊1　主成分の70％以上が「表7-1-A」中のミネラル成分で構成される尿石
＊2　識別可能な内層をもち、複数の異なるミネラルタイプの層をもつ尿石
＊3　層状構造が認められず、尿石中のどのミネラル成分も70％に満たない尿石
＊4　割合は小数点以下第2位を四捨五入しており、合計しても必ずしも100とはならない

B

ミネラルタイプ	症例数（件）	割合（%）*5
シュウ酸カルシウム（一水和物および二水和物）*1	1,148	42.8
リン酸アンモニウムマグネシウム（ストルバイト）*1	1,089	40.6
複合*2	188	7.0
尿酸塩*1	121	4.5
その他*4	77	2.9
混合*3	23	0.9
リン酸カルシウムハイドロキシアパタイト*1	9	0.3
キサンチン*1	8	0.3
ピロリン酸カリウムマグネシウム*1	7	0.3
リン酸カルシウム炭酸アパタイト*1	6	0.2
シリカ*1	5	0.2
シスチン*1	2	< 0.1
リン酸水素カルシウム*1	1	< 0.1
計	2,684	100

＊1　主成分の70％以上が「表7-1-B」中のミネラル成分で構成される尿石
＊2　識別可能な内層をもち、複数の異なるミネラルタイプの層をもつ尿石
＊3　層状構造が認められず、尿石中のどのミネラル成分も70％に満たない尿石
＊4　異物が混入している尿石、細胞成分が主体、解析不能であった検体を含む
＊5　割合は小数点以下第2位を四捨五入しており、合計しても必ずしも100とはならない

ゼは尿中のカルシウム濃度が高いことがわかっており、それによるシュウ酸カルシウム結石が生じやすいと考えられています。また、犬と猫の違いは、前述したように犬の膀胱感染が多いために、犬において腎盂や尿管の結石のある症例は腎盂にも感染が及ぶことが多く、腎盂腎炎が重篤化して来院する場合もあります(図7-24)。

猫と比較して、犬の結石は大きくなってから発見されることが多いため、X線不透過性の結石ははっきりと確認できます(図7-24)。超音波検査でも膀胱内の結石を発見することは可能で、さらに尿管や腎盂の拡張など、尿管閉塞の発見にも貢献します(図7-25)。CT検査では、X線検査同様にカルシウムなどのミネラルが多い結石ほど鮮明に確認できます。結石の数、大きさ、腎盂の拡張、腎臓や尿管や膀胱、尿道などの組織の構造などから、詳細な情報を得ることができます(図7-26)。

一般的な治療は猫と同様ですが、尿道の走行や解剖学的な違いから、犬は陰茎骨内または陰茎骨よりも尾側に結石が詰まりやすい傾向にあります。犬の尿道閉塞の解除法を図7-27に示します。硬いカテーテルで押し戻す場合には、尿道の損傷に十分気をつける必要があります。尿道から押し戻すことができた結石は膀胱切開にて取り除きます。膀胱へ結石が押し戻せない場合には、尿道切開や尿道造瘻術(図7-28)を行って結石を取り除くことや新たな排尿口を作成することになります。

犬の場合も飼い主への指導は猫とほぼ同様です。ただし、散歩のときしか排尿しないような犬は、排尿させる間隔を短くして、膀胱内に長時間尿を貯留させないような指導が必要です。

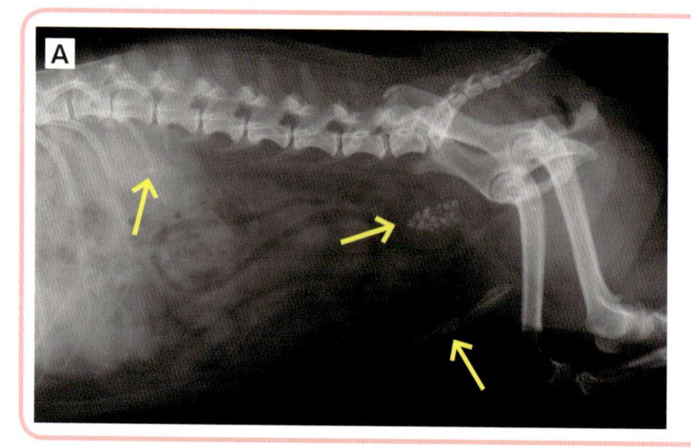

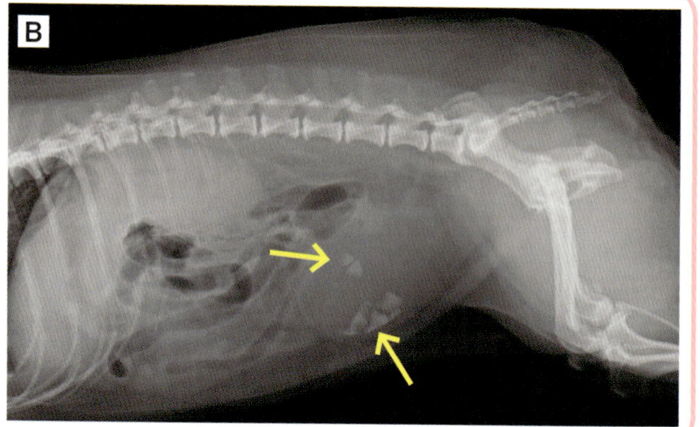

図7-24　X線検査。シュウ酸カルシウム結石(A)とストルバイト結石(B)。

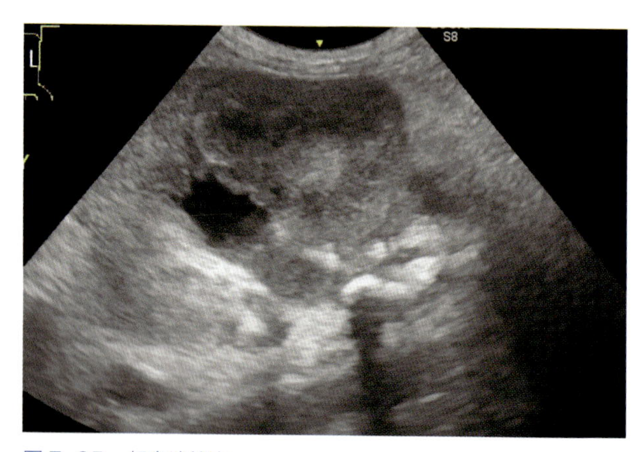

図7-25　超音波検査
腎盂や尿管の拡張が確認できる。

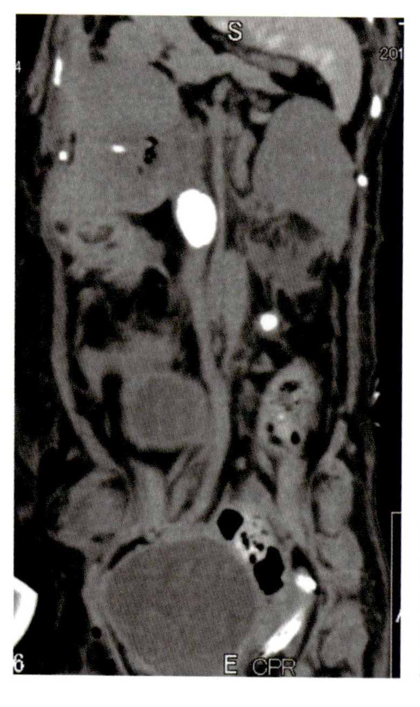

図7-26　CT検査
尿管結石と腎盂の拡張が確認できる(症例は尿管破裂による感染性腹膜炎を呈している)。

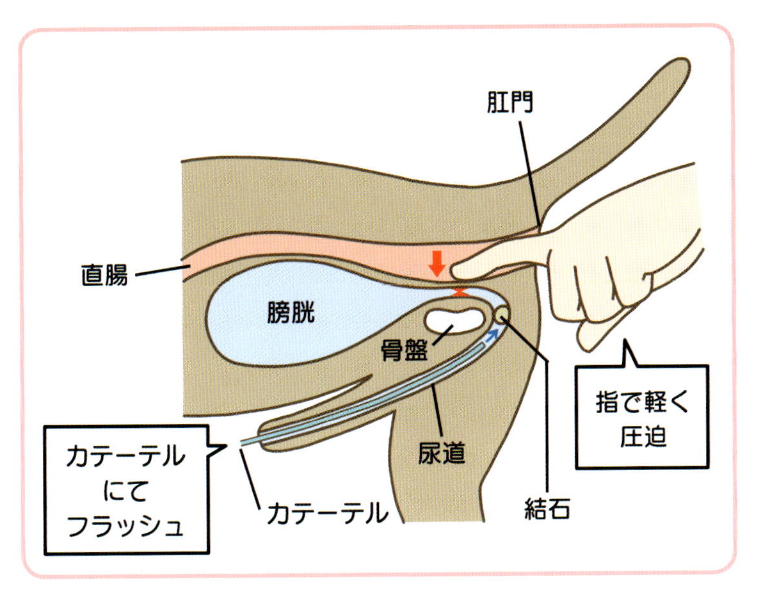

図 7-27　逆行性尿路水圧推進法

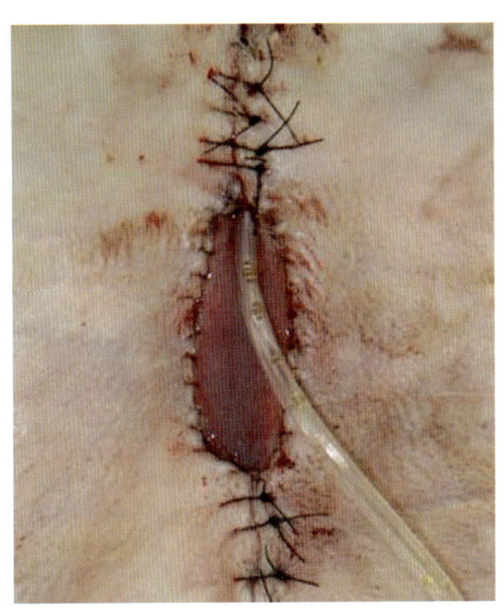
図 7-28　犬の尿道造瘻術で形成した尿道口

参考文献
1. Minnesota Urolith Center homepage より
http://veterinarynews.dvm360.com/canine-and-feline-urolith-epidemiology-1981-2013?pageID=1（犬と猫の救急医療プラクティスより）
2. Minnesota Urolith Center homepage より
http://veterinarynews.dvm360.com/canine-and-feline-urolith-epidemiology-1981-2013?pageID=3（犬と猫の救急医療プラクティスより）
3. 徳本一義 . 日本国内のイヌとネコの尿石症の疫学的考察 . 日本獣医腎泌尿器学会誌 3(1). 2010. 36-45.（犬と猫の救急医療プラクティスより）

疾患編 8 内分泌

糖尿病

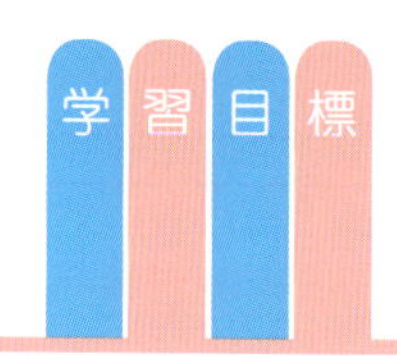

- ●犬と猫の糖尿病の違いを説明できる。
- ●飼い主に糖尿病の食事管理の指導ができる。
- ●飼い主にインスリン注射の方法の説明ができる。
- ●飼い主に低血糖の危険性およびその対処法を伝えることができる。

執筆・森　昭博（日本獣医生命科学大学）

犬や猫の糖尿病は、獣医領域において比較的発生率の高い内分泌疾患です。ヒトの糖尿病では肥満やメタボリック症候群がその原因の多くに挙げられ、日本人の10人に1人が糖尿病もしくはその予備軍に含まれるといわれています。しかしながら、犬では肥満に伴い糖尿病を引き起こしたという研究報告はなく、クッシング症候群、黄体期糖尿病や膵炎がその原因として挙げられます。猫ではヒトの糖尿病と同様に肥満や膵炎により引き起こされるタイプが多いです。

このように糖尿病でも犬や猫で原因が異なり、また食事療法のポイントやインスリン治療の選択方法が異なります。現在の日本の動物医療では、糖尿病の治療はほぼインスリン治療と食事療法がメインですが、その注意点や毎日投与する際の指導法、さらにインスリン治療の一番の副作用である低血糖の説明およびその対処法を、愛玩動物看護師が飼い主に対して行えるよう本稿では解説をしていきます。

糖尿病とは？

糖尿病ではインスリンの作用の減弱もしくは欠乏による高血糖が原因で、尿中に糖が漏れ出します。 その際に尿量が増えて脱水が起こるため、水をたくさん飲むようになります（①多飲多尿）。また初期には、食欲は上がっているのに痩せてくるといった症状が認められます（②体重減少、③食欲亢進）。①②③は糖尿病の初期症状です。症状が進行し、体の中にケトン体という物質がたまってくると、ケトアシドーシスを引き起こし、④元気や食欲が低下し、⑤下痢や嘔吐などの消化器症状を引き起こすこともあります。最悪の場合、糖尿病性の⑥昏睡を引き起こすこともあり、注意が必要です。④⑤⑥はケトアシドーシスのときの症状です。また、高血糖状態が長期に持続していると犬では白内障（図8-1）、猫では後肢の麻痺といった糖尿病合併症を引き起こします。

初期症状

ケトアシドーシス

元気消失

図8-1　白内障の犬

犬と猫の糖尿病

犬と猫の糖尿病は、中〜高齢に比較的多く発生します。犬では、インスリンという血糖値を下げるホルモンが膵臓から出なくなることにより起こります。 犬の糖尿病はクッシング症候群に罹患している犬や、不妊していない雌犬および膵炎を起こしている犬で多いです。治療にはインスリン製剤の投与が必要となります。

猫の糖尿病の原因としては肥満、膵炎、感染症、およびストレスなどが挙げられます。猫の糖尿病はヒトの糖尿病に類似していて、治療としてはインスリン療法と食事療法が中心となります。

糖尿病の検査や治療はどうするの？

糖尿病の検査項目

●問診

多飲多尿、体重減少、食欲亢進、食欲低下、元気消失、下痢、嘔吐など。

●血液検査

血糖値の上昇、高コレステロール血症、高トリグリセリド血症、血清 ALTおよび ALPの上昇、電解質異常、血液 pHの低下、糖化アルブミンやフルクトサミンの上昇※1。

●尿検査

尿糖、ケトン尿、細菌の有無。

※1　糖化アルブミンやフルクトサミンは過去2週間の血糖コントロールマーカーとなる。

糖尿病の治療法

●糖尿病性ケトアシドーシスの場合

糖尿病の急性合併症として、もっとも重要なものが糖尿病性ケトアシドーシスです。これは初診の糖尿病では多くみられ、維持期の糖尿病でもインスリン投与を飼い主が勝手にやめたりすることで起こる場合があります。病態としては、高血糖、脱水、電解質異常および肝臓でケトン体が産生されている状態であり、これらを是正することが治療となります。

一般的には高血糖およびケトン体産生に対してインスリン、脱水および電解質異常に対しては輸液にて対処します※2。輸液剤には生理食塩液を用い※3、必要に応じてカリウム、リンを添加します。インスリンは速効型のインスリン製剤の持続点滴を行います。インスリンの過剰投与は、副作用である低血糖を引き起こしてしまうことがあります。元気低下、運動性低下、ふらつき、震え、発作などの症状が起こったら低血糖の可能性があるため、入院中は注意深くモニタリングしてください。一般的には食欲廃絶している事例が多く、目標は自力で摂食・飲水が可能となることです。

※2　インスリンを投与すると血中のカリウムやリンがグルコースとともに細胞内に入るので、輸液中はモニタリングをしなければならない。またリンを投与すると血中カルシウム濃度が低下するので、カルシウムもモニタリングする。

※3　リンゲル液（酢酸、乳酸を含む）にはカルシウムが含まれているため、リンを添加すると白濁してしまうので、基本的に輸液剤は生理食塩液を用いる。

●維持期の糖尿病治療

ケトアシドーシスから離脱し、食欲が回復し、目標量の食事ができるようになったら、インスリン治療を開始します。食事は原則1日2回（8：00および20：00など）とし、食事をすべてとってから決められた分量のインスリンを打つよう（5分で食べ終われば、8：05および20：05にインスリンの皮下投与など）、飼い主に指示※4してください。

※4　この説明は飼い主に必ず行う。怠ると、食事の有無にかかわらず飼い主がインスリンを打ち、低血糖になることがある。半分食べたら半分のインスリンを打ち、まったく食べなかったらインスリンを打ってはいけないと何回も指導をしたほうが良い。

●維持期の食事療法

食事療法は理想的には高タンパク、低炭水化物、低〜中脂肪、高繊維で構成される糖尿病療法食を用います。しかし、一番大事なことは、その犬や猫が毎日決められた分量を食べきれる、その動物にとって嗜好性の高い食事を選択することです。1日当たりの給与量(kcal)は肥満事例では0.8〜1.2×RER(BW$^{0.75}$×70)、普通から削痩事例では1.2〜1.8×RER(BW$^{0.75}$×70)を与えます。食事の量は非常に大事な項目なので、飼い主に指示書を出し、いつ、どのように、何を、何g与えるのか(そのときのカロリーなど)を説明してください(p.74参照)。**食事はカップなどではなく、はかりを使って何gかを正確に測定するのが望ましいです。**また、他に併発疾患がある場合は、獣医師とよく相談し食事の種類を決定してください。

●維持治療のときのインスリンの選択

犬の場合、第一選択となるインスリン製剤は中間型インスリン製剤であるNPHインスリンです。その他には、持効型インスリン製剤であるランタス®(インスリン グラルギン)やレベミル®(インスリン デテミル)を使用することもあります。レベミル®は他のインスリン製剤よりも犬において血糖降下作用が強いので、その他のインスリンよりも低血糖が起きやすいことを知っておかなければなりません。

猫は同じインスリン製剤を投与しても、ヒトや犬と比較して、その作用が短いです。そのため、犬で第一選択薬となっている中間型インスリン製剤である、NPHインスリンやレンテインスリンは使用することができません(猫での作用時間はおそらく8時間以内)。日本において、猫で現在使用することができるインスリン製剤は、持効型インスリンであるプロジンク®、ランタス®、レベミル®とトレシーバ®が主なものです。

●インスリンの投与方法

本学医療センターでは、インスリン用シリンジを用いてインスリンを打っています。BDロードーズ™(図8-2)という製品で、犬や肥満の猫では29G(30単位 3/10mL 0.33mm×12.7mm)のものを使用し、超小型犬や痩せ型の猫では30G(30単位 3/10mL 0.30mm× 8mm)のものを使用しています。プロジンク®を使用する場合はプロジンク®専用のシリンジを必ず使用してください。

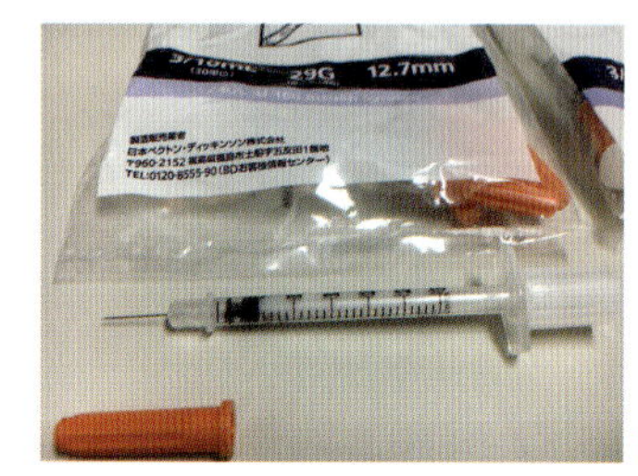

図8-2　BDロードーズ™

退院時の飼い主への説明はどうしたらいいの？

血糖チェックについて

熱心な飼い主であると、自宅での血糖値測定を試みることもあります。自宅での血糖値測定は耳介から行うことが多く、耳介の根元(頭側)を人差し指と中指ではさんだ後に、耳介周囲内側の耳静脈に25〜27Gの針を刺します。その際、ワセリンやゲンタシン®などの水をはじく軟膏を塗っておくと、血液が水玉のようになり十分な量が採取できます。その血液を動物用ポータブル血糖測定器(図8-3)で測定します。

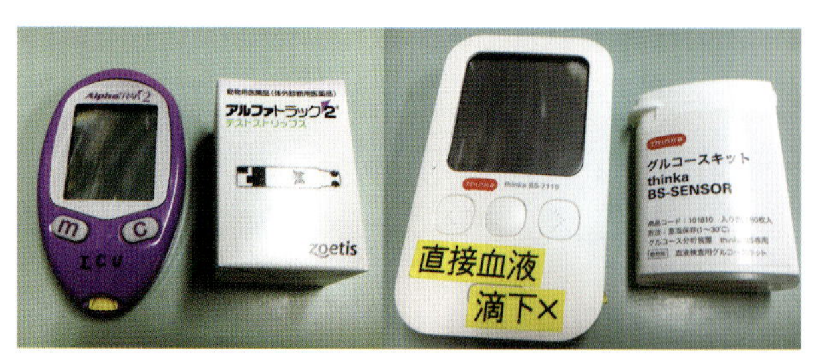

図8-3　動物用ポータブル血糖測定器

ヒトで用いられる穿刺器具は音が出るため動物が驚くことがあり、あまり使用しません。

尿糖チェックについて

本学では糖尿病の犬・猫の飼い主に尿糖試験紙ウリエース®Db（P.72参照）をわたし、尿糖のチェックを行ってもらいます。犬は散歩のときなどに尿を直接試験紙（スティック）に当て評価をします。猫は犬に比べて尿を直接試験紙につけることが困難ですが、ペットシーツに尿をする猫であれば、そこに試験紙を押しつけて測定します。正確な測定法ではありませんが、測定しないよりは有益な情報が得られます。水分を吸収するタイプの猫砂に尿をする猫であれば、尿糖測定は困難となります。

犬および猫のグルコースの腎閾値はそれぞれ約180および250 mg/dLであるため、基本的には1日1～2回の測定で尿糖が－（マイナス）となるような血糖コントロールを目指します。私個人の意見ですが、尿糖がほぼ－（マイナス）で週に2～3回ほど±～＋が出るほどの状態が、安心できる血糖コントロール状態であるといえるかもしれません（おそらく血糖値は100 ～ 300 mg/dLの間を推移）。しかしながら、尿糖は腎臓が正常に働いているときのみの指標であり、腎臓病になるとグルコースの腎閾値が低下するため、指標となりづらくなるので注意する必要があります。

糖尿病罹患動物とうまく付き合っていくためのポイントは？

●飼い主へ伝えておくと良いこと

- インスリンは飼い主が毎回、食事を食べた後に打つことを理解してもらう
- 獣医領域ではインスリン治療以外の治療法は効果が少ないことを理解してもらう
- 決められた食事以外は与えてはいけないことを理解してもらう
- 食事の量とインスリン量は決められたものを毎日与えるよう指示する
- 食事を食べないときは、インスリンを投与しないよう指示する
- 低血糖はとても危険なインスリンの副作用なので、その症状を理解してもらう
- 朝晩の散歩のときに、尿スティックにより尿糖のチェックをしてもらう（犬の場合）
- できれば日記をつけてもらうと良い

●日記の内容

どんな形でも構いませんが、以下の項目は押さえます。

❶毎日の食事量、種類
❷食事の時間（いつ食べ終わったかも含む）
❸インスリンの種類
❹インスリンの投与量
❺インスリンを何時に打ったのか
❻散歩の時間、何分間歩いたのか（犬の場合）※5
❼尿スティックの結果
❽予期せぬイベント（つまみ食いをした、インスリン投与を失敗したなど）

これら以外は飼い主が気付いたことを自由に書いてもらうようにしています（体重、訪問者や飲水量の変化、尿の回数の変化、尿のにおいなど）。

※5　糖尿病犬の散歩の正しい方法は決まっていませんが、本学では15～30分くらいの歩行運動を行ってもらっています。インスリン投与後すぐは避け（できれば投与後4～6時間以降）、毎日決まった時間に同じような運動強度で行うよう指示しています。

退院時の説明書ってどうしたらいいの？

●インスリンの種類、注射器、注意点など

動物医療で一般的に使用されるインスリン製剤

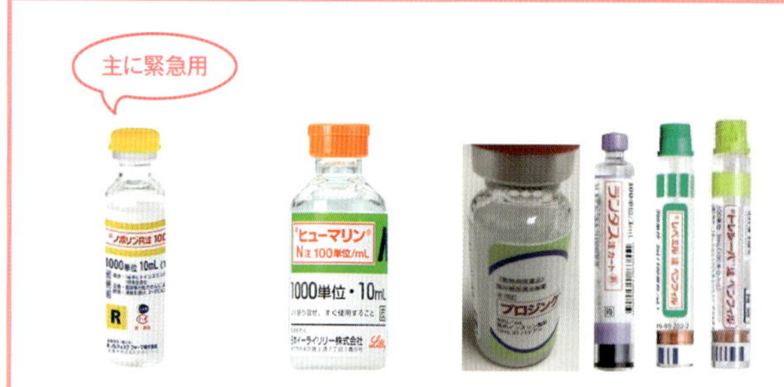

速効型インスリン　中間型インスリン　持効型インスリン

インスリンの保管について

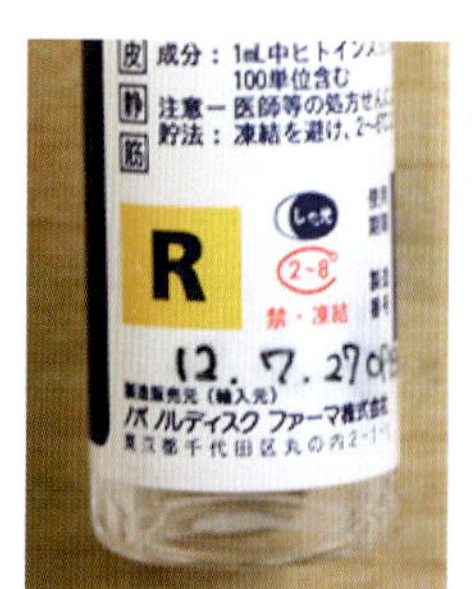

- 開封日を記入してください。
- インスリンは冷蔵保管です。
- 冷蔵庫内の通気口近くで保管すると、インスリンが凍ってしまうことがあるので注意してください。
- インスリンは開封後3カ月以上経過すると、効果が低くなってくることがありますので、ご相談ください。

インスリンの種類

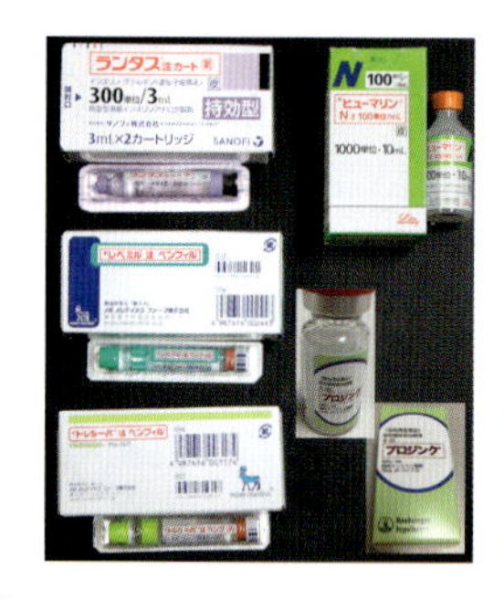

＿＿＿＿ちゃんの
インスリンは
＿＿＿＿＿＿＿です。

ランタス®、レベミル®、
トレシーバ®は透明な液体です。

ヒューマリン® N、プロジンク®は
白色懸濁液です。

毎日の糖尿病管理

- 食事は毎日決まった量、決まった時間に与えてください。
- 食事量に合わせてインスリン量を決定していますので、基本的には全量食べ終わったことを確認してからインスリン注射を行ってください。
- 食事の時間が長い子（だらだら食べタイプ）の場合は、1/2量食べたことを確認してからインスリンを注射してください（その後も食事を続け、全量食べるよう促してください）。
- お水は常に十分量、与えてください（糖尿病の子は普通の子に比べて脱水しやすいです）。
- 糖尿病日記をつけましょう。

インスリン注射時に必要なもの

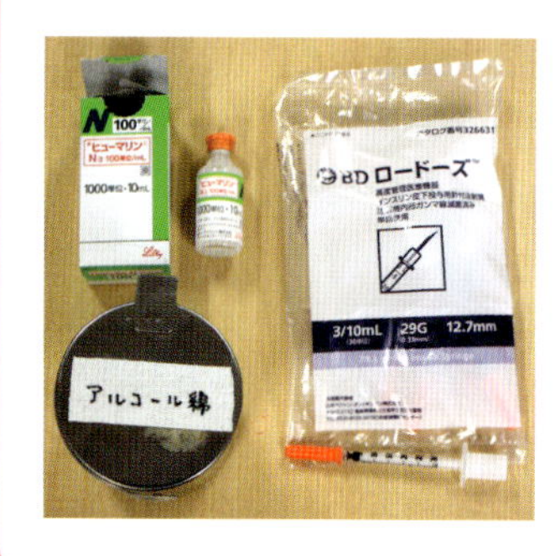

- インスリン
（例：ヒューマリン® N）
- インスリン用注射器
（例：BDロードーズ™ 29G針）
- 消毒用アルコール綿

糖尿病コントロールのチェック

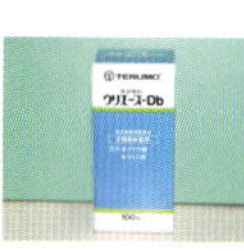

尿糖のチェック
糖尿病コントロールの評価法としてはもっとも安価で簡易な方法ですが（試験紙を尿に浸すだけ）、およそ数時間の血糖状態を確認できるだけで、今現在の血糖値は測定不可。（例：ウリエース® Db）

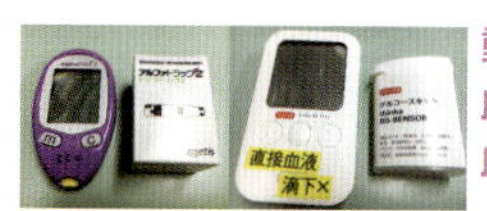

動物用ポータブル血糖測定器による血糖チェック

耳介静脈での
血糖測定風景

注射器のチェック

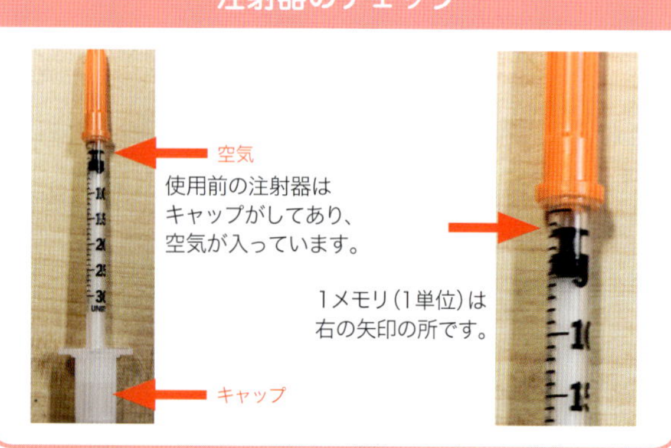

空気
使用前の注射器は
キャップがしてあり、
空気が入っています。
1メモリ（1単位）は
右の矢印の所です。
キャップ

糖尿病日記のつけ方

- 食べたフードの種類、量、時間
- 投与したインスリンの種類、量、時間
- 散歩の時間など
- 血糖値or尿糖
- 飲水量、尿量or尿回数（高血糖の場合は飲水量、尿量が増加します）
- 体重

その他、気付いたことは何でも書いてください。

例：今日は食事の食いつきが少し悪い。
　雷を怖がって、半日ケージから出てこなかった。

●インスリン注射の手順

Step ❶

例：ヒューマリン® N

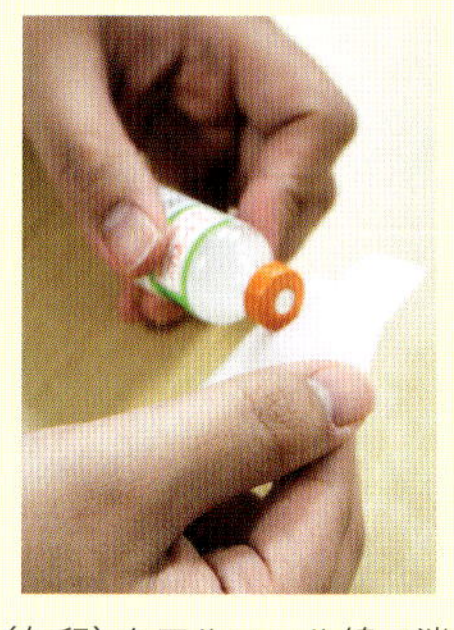

インスリンの先端のゴムの部分（矢印）をアルコール綿で消毒してください。

Step ❷

ゴムの部分に注射針を刺して指示された量よりも少し多めにインスリンを吸引します。

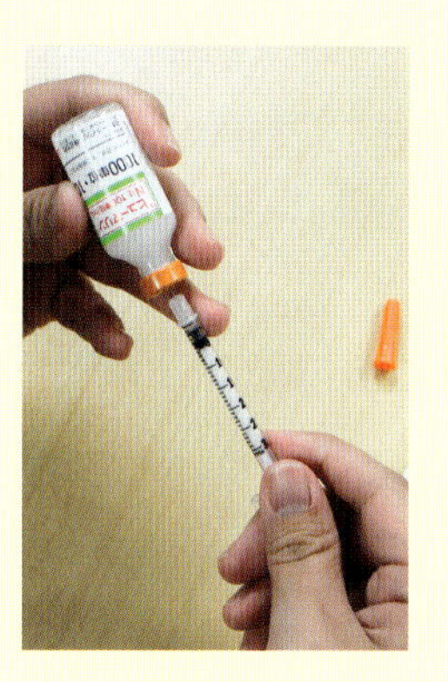

＊このときインスリンは上に向けて吸引します。
＊注射針は細いですが非常に鋭いので、誤って手に刺さないよう十分に注意してください。
＊刺してしまった場合は、新しい注射器に変えてください。
（＊ヒューマリン®Nは白色懸濁液なので、吸引する前に数回、やさしく転倒混和してください）

Step ❸

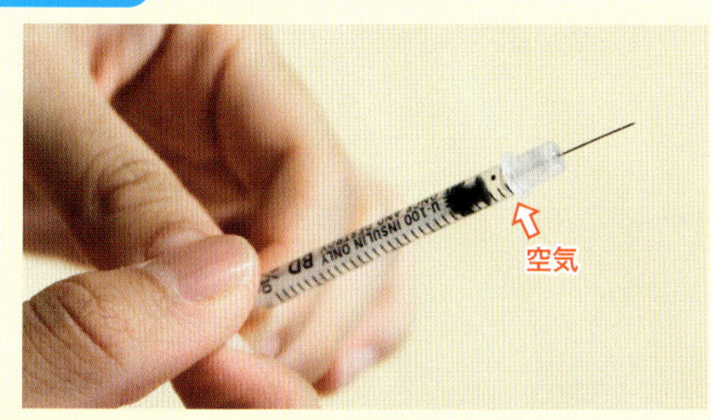
空気

軽く指で注射器をはじいて空気抜きを行い、指示された量に調整します。

＊インスリンは非常に少量なので、量の調整には十分注意してください。

Step ❹

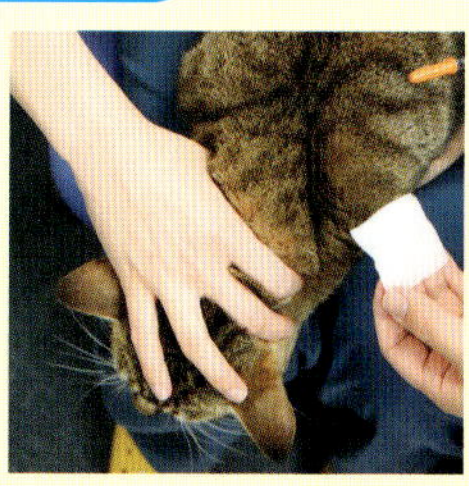

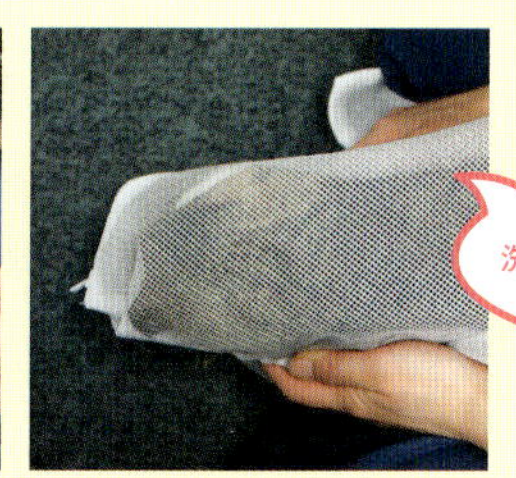
暴れる子の場合は、
洗濯ネットなどに入れると
安全に行えます

２人で行う場合は❶頭部を固定する人と ❷インスリン注射を行う人に分かれます

＊頭部が動かないように固定します。
＊動かない子であれば抱き上げるなどして、１人でも注射可能なこともあります。

Step ❺

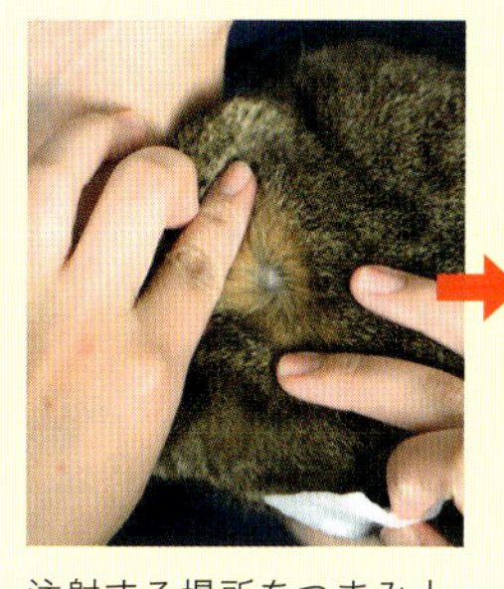

注射する場所をつまみ上げます（首の後ろなど、手足や口が届かない所）。

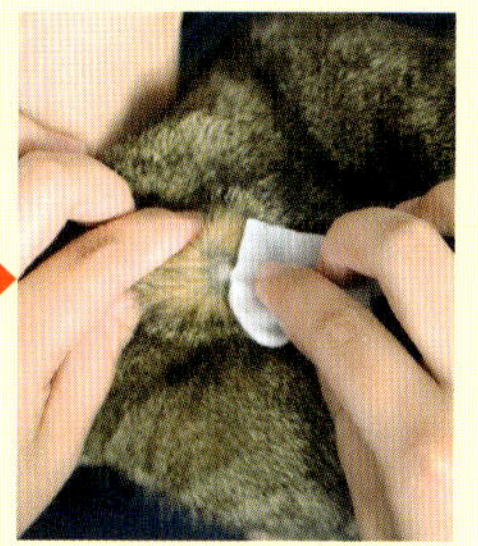

アルコール綿で毛を分けるように消毒します。

Step ❻

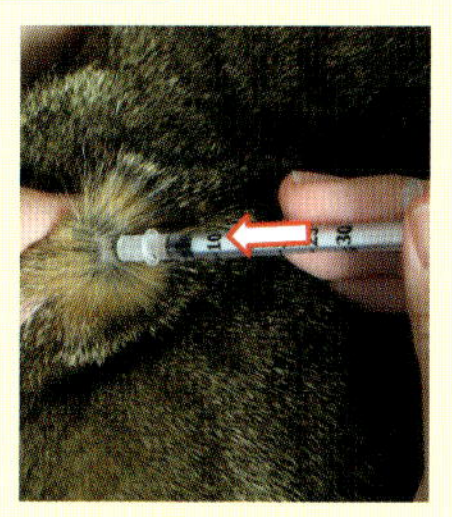

注射針を消毒した部位に刺します。

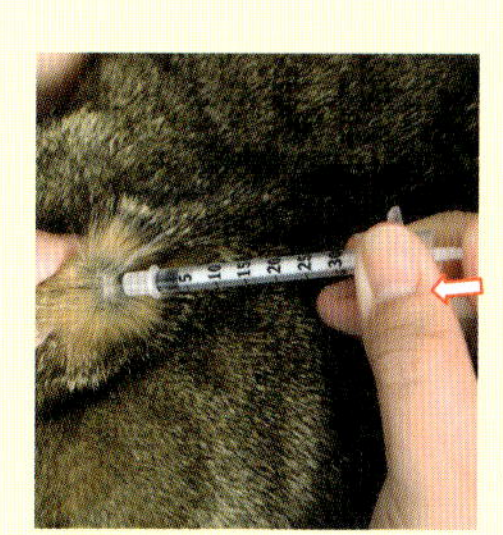

インスリンを注射します。

＊注射針を刺した瞬間だけでなくインスリンを注入する間にも、違和感を感じて動物が動きますので注意してください。

Step ❼

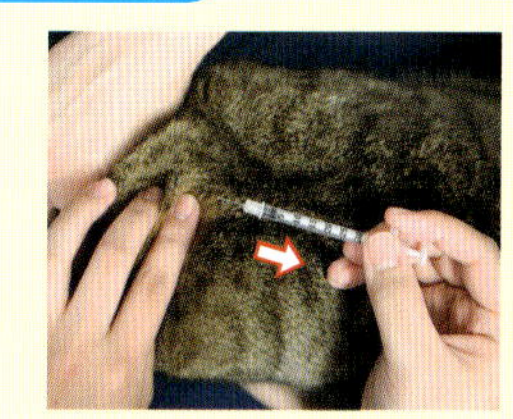

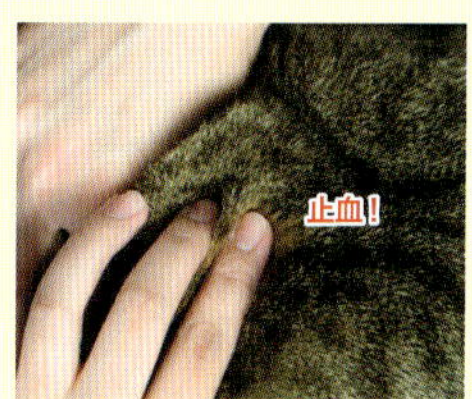
止血！

ゆっくり注射器を引き抜いてください。

＊このとき、注射した部位は揉まないでください。
＊注射部位からの出血がないことをよく確認してください。
＊出血してしまった場合は、上から押さえて止血してください。
＊使用した注射器は特別管理廃棄物ですので、自宅で破棄せず次回来院の際にもってきてください。
（お茶っ葉の缶などが注射器用ゴミ箱としてちょうど良いサイズです）

●個別の説明書

＿＿＿＿＿ちゃんのインスリン療法について

朝：8時00分

ごはん；＿＿＿＿＿＿ kcal

（例：　　　　　　　　　　　　　　　）

インスリン；＿＿＿＿＿＿＿単位　皮下注射

インスリンの種類；＿＿＿＿＿＿＿＿＿

夜：8時00分

ごはん；＿＿＿＿＿＿ kcal

（例：　　　　　　　　　　　　　　　）

インスリン；＿＿＿＿＿＿＿単位　皮下注射

インスリンの種類；＿＿＿＿＿＿＿＿＿

<注意点>

＊必ず与えたごはんの半分以上を食べたことを確認してから
インスリンを打つようにしてください。

＊ごはんを半分以下しか食べない場合は、インスリンの投与量を
＿＿＿単位にしてください。

＊まったくごはんを食べない場合は、インスリンを投与しないでください。

＊2回以上ごはんを食べないときはインスリン投与を中止し、
近医へ受診してください。

＊次の症状がみられないかどうか観察してください。

●性格の変化 ●元気、運動性の低下 ●ぼんやりしている
●ふらつく ●震える ●発作を起こす

以上の低血糖症状がみられた場合は、ガムシロップや50%グルコース
溶液を飲ませ、近医に受診してください。＿＿＿kgであれば＿＿＿mL。

＊朝晩の散歩のときに、尿糖のチェックをしてください。

＊糖尿病は食事管理も大切なことです。おやつは厳禁です。

＊日記をつけましょう。
それを次回お持ちいただけると参考になります。
インスリンの投与量；動かれてしまい、半分しか投与できなかったなど
ごはんの量；半分しか食べない、盗み食いをしてしまったなど
尿スティック；尿糖3＋など

ご不明な点がございましたらご連絡ください。

チェックリスト こんな症状が出たら要注意!!

高血糖の場合

- □ 水をたくさん飲む
- □ 食欲の上昇
- □ 尿の回数や量が多くなる
- □ 体重低下が続く

⬇長期の高血糖が続く場合

- □ 元気がなくなる
- □ 食欲がなくなる
- □ 嘔吐、下痢をする
- □ 脱水状態
- □ 昏睡状態

低血糖の場合

- □ 元気がなくなる
- □ 運動性の低下
- □ ふらつき
- □ 震え
- □ 発作
- □ 昏睡

memo

疾患編 9

感染症

猫免疫不全ウイルス感染症

学習目標

- 猫免疫不全ウイルス感染症の知識をもつ。
- 飼い主に適切なアドバイスができるようになる。

執筆・戸野倉雅美（フジタ動物病院）

猫免疫不全ウイルス（FIV）感染症は（以下、FIV 感染症）、動物病院の日常的な診察のなかで時折みられる重要な病気です。持続感染してしまうと、この病気は基本的には治ることがありません。さらに、徐々に免疫が低下し、二次的に病気を併発して死に至ります。

したがって、愛玩動物看護師としては、完治することのないこの病気についての知識をもち、飼い主へ生活指導や予防法などについて適切にアドバイスをすることが重要です。そこで、今回は FIV 感染症について説明し、愛玩動物看護師としての関わり方について解説していきます。

FIV 感染症ってどんな病気？

FIV感染症は猫の伝染病の一つです。猫免疫不全ウイルス（Feline immunodeficiency virus：FIV）の感染が原因として免疫不全を主徴とする病気です。FIVに感染した猫は免疫抑制や腫瘍性疾患、血液の異常などを引き起こし、さまざまな症状を示すようになり、後天性免疫不全症候群、すなわちエイズ（AIDS）を発症し、最終的には死に至ります。持続感染してしまうとウイルスを完全に排除できず、生涯ウイルスをもち続け、治ることがありません。FIV感染症はヒトのエイズに類似した病気であることから「猫エイズ」ともいわれています。日本国内の猫における FIV感染率（抗体陽性率）は約 10 ％と報告されていますので、決して少ない病気ではありません。

FIV って何だろう？

FIVはヒトのエイズの原因ウイルスであるヒト免疫不全ウイルス（HIV）と同じレトロウイルス科レンチウイルス亜科という分類に属します。FIVはHIVと類似していますが、ヒトには感染せず、猫同士で感染します。FIVはウイルスの外側にエンベロープと呼ばれる膜をもっています。現在、FIVはエンベロープの遺伝子配列の違いによりA～Fの6つのサブタイプに分類されています。日本ではサブタイプBのウイルスが最も流行しています。感染したウイルスは宿主である猫の細胞の遺伝子に組み込まれて増殖し、ウイルス粒子として細胞の外へ放出されます（図9-1）。

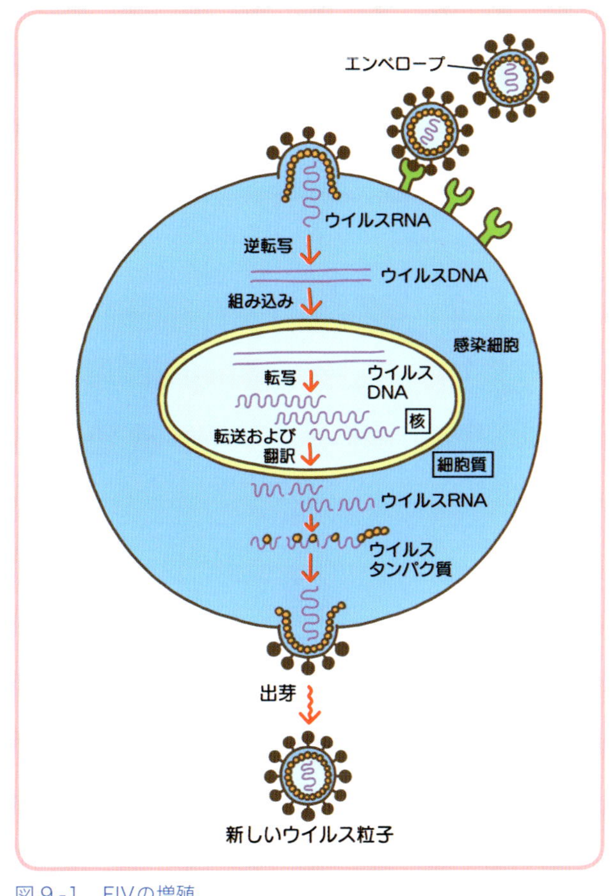

図9-1　FIVの増殖
リンパ球やマクロファージなどに感染したウイルスは、感染細胞の遺伝子に組み込まれて増殖し、ウイルス粒子として細胞の外へ放出されます。

FIV の感染経路はどうなっているの？

FIVは主に猫の体内のリンパ球やマクロファージなどの免疫細胞に侵入し増殖します。そして、猫の血液や唾液、精液、乳汁および脳脊髄液などに分布していきます。一般に、猫がFIVに感染している猫に咬まれると、感染猫の唾液中に排出されたウイルスが傷口から侵入し、感染してしまうと考えられています。実験的には経乳、経胎盤および経膣感染が起こり得ることが証明されていますが、実際の自然界においては母猫から子猫への胎盤や乳汁を介した感染、雌雄間での膣分泌液や精液を介した異性への感染の可能性は低く、咬傷が主要な感染経路であると考えられています（図9-2）。また、グルーミングや食器を介した感染はないと考えられています。したがって、縄張り争いや交尾の際にできる咬傷で感染すると考えられます。特に、何らかの臨床症状を示している猫や、口腔内に病変をもつ猫からの感染率は高いと考えられています。統計的にみると、FIVに感染している猫は室内飼育より屋外飼育の猫に多く、雌猫より雄猫に多いようです。このことは、屋外でケンカをする雄猫が感染しやすいことを示します。

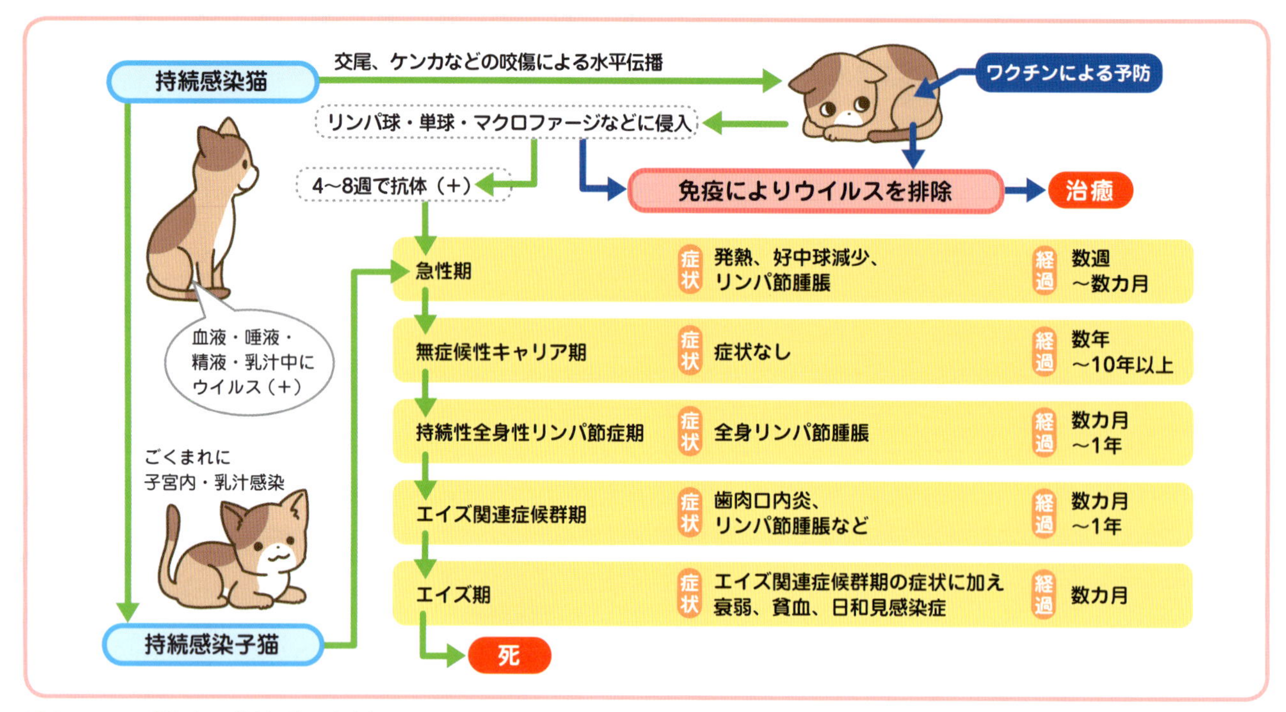

図9-2　FIV感染症の感染経路と臨床経過
FIVは主に咬傷により感染し、体内のリンパ球やマクロファージなどに侵入・増殖します。ウイルスが排除できず持続感染となった猫は、急性期、無症候性キャリア期、持続性全身性リンパ節症期、エイズ関連症候群期、エイズ期に至り、死亡します。

FIVの臨床経過の段階はどうなってるの？

FIVに感染してしまった猫は急性的に状態が悪化していくのではなく徐々に体内の免疫機能が低下していき、特に症状もみられないまま数年経過しながら免疫低下に伴う症状が引き起こされていきます。したがって、感染してすぐに死に至るのではなく、感染しても数年間生存できる可能性はあります。

以下にFIV感染猫がたどる５つの臨床経過の段階を説明していきます。

1．急性期

感染後、数週～数カ月間で発熱や下痢、全身性のリンパ節の腫れがみられます。

2．無症候性キャリア期

特に症状がみられないまま数年～10年以上続きますが、この間に徐々に免疫機能をつかさどるある種のリンパ球の数が減少していき、免疫が低下していきます。

3．持続性全身性リンパ節症期

全身性のリンパ節が腫れるだけで他に症状はみられず、数カ月持続します。

4．エイズ関連症候群期

血液検査における異常として、貧血、血小板および白血球の減少がみられることが多くなります。また、臨床症状として歯肉口内炎、上部気道炎（くしゃみ、鼻汁、咳など）、結膜炎および細菌性皮膚炎などの慢性疾患がみられるようになります（**表9-1**、**図9-3**、**9-4**）。体重の減少などもみられますが、全身状態はそれほど悪くはありません。

5．エイズ期

食欲や元気も低下し、著しく痩せていきます。免疫機能が極めて低下しているため、通常では病気を起こしにくい他のウイルスや細菌、真菌（カビ）などの病原体に感染し、さまざまな症状を示します。この状態は日和見感染と呼ばれます。また、リンパ腫などの腫瘍がみられることがあります。エイズ期の猫は数カ月以内に死亡します。

表 9-1　FIV感染に伴う免疫不全でみられる主な臨床徴候および日和見感染の病原体
FIV感染症では、免疫不全による日和見感染が多く起こります。

臨床徴候	主な日和見感染の病原体
歯肉口内炎	カリシウイルス、口腔内細菌叢の過増殖
上部気道炎	猫ヘルペスウイルス、カリシウイルス、細菌、クリプトコッカス
皮膚病	細菌、皮膚糸状菌、マイコバクテリウム、疥癬、毛包虫
貧血、白血球減少	ヘモバルトネラ、FeLV（猫白血病ウイルス）
神経異常	トキソプラズマ、クリプトコッカス、FIP（猫伝染性腹膜炎）ウイルス、FeLV
眼疾患	トキソプラズマ、クリプトコッカス、FIP ウイルス、猫ヘルペスウイルス
消化器疾患	クリプトスポリジウム、サルモネラ、カンピロバクター
腎不全	細菌、FIP ウイルス、FeLV
糸球体腎炎	細菌、FIP ウイルス、FeLV

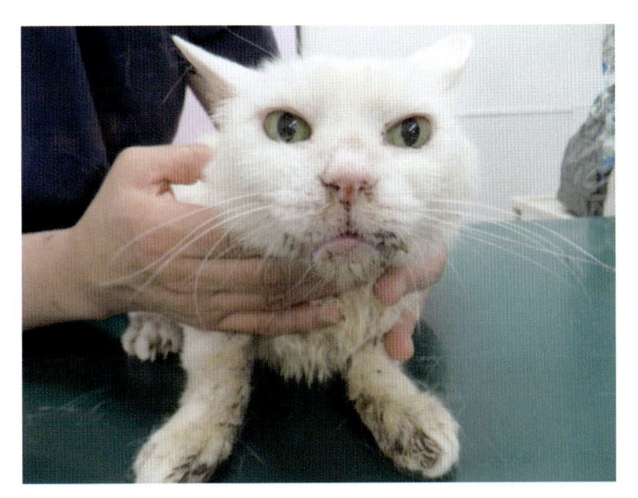

図 9-3　FIV感染猫、15歳
鼻汁や眼脂を認め、上部気道炎の症状がみられます。

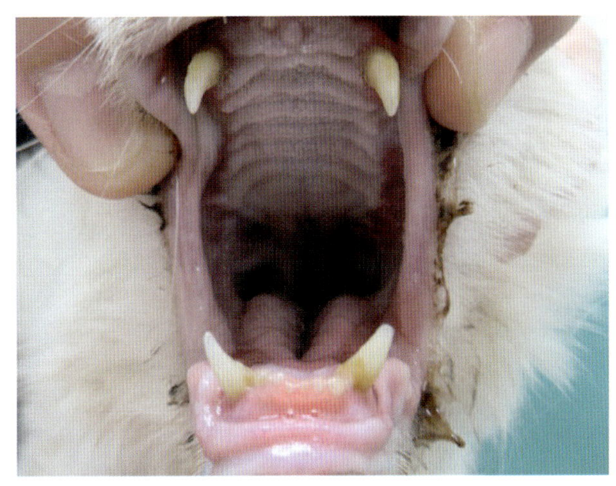

図 9-4　図 9-3と同じ猫
歯肉口内炎を認め、全臼歯抜歯を行いましたが、症状はまだ残り、流涎や口の痛みが続いています。

FIV の診断はどうやって行うの？

どのような場合に猫が FIVに感染しているかどうかの診断を行うのでしょうか？　猫の臨床症状から FIV感染が疑われる場合や、初めて FIVワクチン接種を実施する場合、新しい猫を飼い始める場合、外傷の病歴をもつ猫における感染の有無を調べる場合などが考えられます。

FIVの感染は一般に血清中の FIV抗体の検出により診断を行います。院内で簡便に検査ができる検査キット（スナップ・FeLV/FIVコンボ、アイデックスラボラトリーズ）を用いて検査を行うことができます（図 9-5）。また、検査センターへ血清を送付して検査を行うこともできます。

一般的には、感染した母猫からはウイルス陰性の子猫が生まれ、ウイルス陰性のまま発育することが多く、胎盤や母乳を介して感染することはごくまれであると考えられています。しかし、初乳由来の移行抗体が数カ月間検出されることから、６カ月齢以下の子猫がFIV抗体陽性を示す場合は60日ごとに検査を行い、６カ月齢まで陽性が持続する場合は感染していると診断します。

なお、猫にFIVワクチンを接種すると抗体がつくられるため、本来はFIV陰性の猫でも従来の抗体検査ではその抗体が検出されてしまいます。そのため、ワクチンを接種した猫においての診断には注意が必要となります。

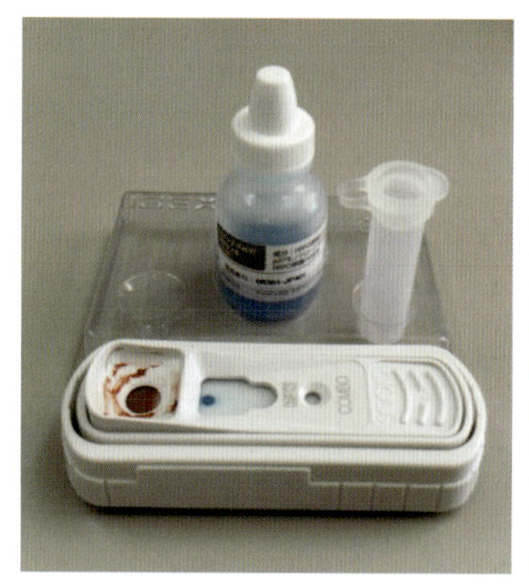

図９-５　市販のウイルス検査キット（スナップ・FeLV/FIVコンボ、アイデックスラボラトリーズ）
FIV抗体とFeLV（猫白血病ウイルス）抗原を同時に検出・診断するキット。血液を用いて院内にて簡便に検査ができます。

FIVの治療方法は？

現在のところ、残念ながらFIV感染症を根本的に治癒させる治療法はありません。エイズ関連症候群期やエイズ期の症状に対する治療、すなわち対症療法が主体となります。

例えば、鼻水やくしゃみなどの風邪の症状がみられれば、インターフェロンや抗菌薬の投与、ネブライジングなどを行い、症状の緩和をはかります。また、腎不全の症状を認めれば、輸液療法やACE阻害薬、尿毒素経口吸着薬および腎臓疾患用療法食などを投与します。

FIV感染症の猫においては歯肉口内炎が多くみられます（図９-４）。歯肉口内炎の症状のある猫の38.9％がFIVに感染していたとの報告もあります。感染猫においては、免疫機能の低下に伴い、口の中にいつもいる普段は病原性の低い細菌が異常に増殖してしまうことが発症の原因の一つと考えられています。口内炎の治療としては、内科的治療と外科的治療があります。内科的治療としては、抗菌薬やステロイド剤、インターフェロンなどの投与があります。外科的治療は全身麻酔が可能な個体に対して行います。外科的治療としては、歯垢・歯石の除去を行い、さらに、炎症が著しい臼歯部の抜歯あるいは全臼歯抜歯、全顎抜歯を行うこともあります。

貧血に対しては骨髄の造血因子であるエリスロポエチンの製剤を投与したり、輸血を行うことがあります。

FIVの予防はどうすればいいの？

屋外に出ることができる猫のFIVの感染率は、屋内猫に比べ、20倍高いことが報告されています。FIVは咬傷から感染しやすいため、猫を室内飼育とし、野良猫との接触を避けることで感染を防ぐことができます。新しい猫を同居させるときにはウイルス検査を行い、感染がないことを確認することも必要でしょう。また、去勢や不妊手術を行うことで、ケンカや交尾の機会を減少させることも予防につながります。

これまでは、FIVのワクチンとして「フェロバックス® FIV」の接種により感染の予防を行うことが出来ました。しかし、2024年夏季にはこのワクチンは販売終了予定であり、ワクチンが入手困難となります。したがって、室内飼育でも外に出て野良猫とケンカをする可能性のある猫、同居猫に陽性の猫がいる場合などでは感染のリスクが高くなるため、特に注意が必要です。

FIV猫の院内での看護のポイントは？

FIVの猫はエイズ関連症候群期やエイズ期の段階で免疫低下に伴うさまざまな症状を呈して来院することが多いです。その症状に合わせた治療が行われますが、この段階でのFIVの猫は免疫が低下していますので、普通の猫に比べて症状は治りにくくなっています。したがって、治療や看護は慎重に行う必要があります。そこで、以下に院内での看護のポイントを挙げてみます。

●丁寧なケアを心掛け、状態をよく観察し、変化があればすぐ獣医師に知らせる

特にエイズ期の猫は状態がとても悪く、急変しやすいため注意が必要です。

●ストレスを与えないようにする

特に入院で治療を受けている猫では、ストレスにより食欲低下や病気の悪化につながる可能性もあります。

●院内感染に気を付ける

他の外来患者や入院患者の伝染病、例えば猫伝染性鼻気管炎や猫伝染性腹膜炎（FIP）などの他のウイルス性疾患や細菌性疾患などに感染しないように注意しなければなりません。直接猫同士の接触がなくても空気から感染したり、物やヒトの手を介して間接的に感染する可能性もあります。FIVの猫は免疫が低下し、他の猫よりもさらに病原体に感染しやすいため、特に注意が必要です。日常的に診察の前後に消毒が行われていることと思いますが、特に伝染病の猫が来院したときは、消毒を念入りに行う必要があります。逆に、FIVの猫の身のまわりの消毒はどうしたらよいでしょうか？　FIVは主に咬傷で感染しますので、猫の他の伝染病に比べると院内での他の猫への感染リスクは極めて少ないです。しかし、FIVの猫においては他のウイルス性疾患の併発や口腔内病変の出血からの感染なども考慮して、使用した医療器具や食器、タオル、ケージなどは、他の伝染病に準じて消毒を行うことが無難と考えられます。

飼い主へのアドバイスはどうしたらいいの？

飼い猫が抗体検査でエイズに感染していることが判明したとき、飼い主は相当なショックを受けることでしょう。今は何の症状もなくても、将来難治性の病気をもつことへの不安を抱えることになるわけです。そのとき、飼い主に今後の生活指導の適切なアドバイスをすることは、猫と飼い主のこれからの生活の質向上につながってくると思います。

FIVの猫は免疫低下による日和見感染を避けることが重要です。そこで、飼い主へのアドバイスのポイントを次に挙げてみます。

- ストレスを与えないようにします。ストレスは免疫の低下につながります。
- 室内飼いにしたり、去勢や不妊手術を行うことで、ケンカや他の感染症にかかる機会を減らします。すでにFIVに感染していても、ストレスや外傷、二次的な感染が減少するためエイズが発症しにくくなることが推察されます。
- 定期的な健康診断に来院してもらい、エイズ関連の病気の早期発見・早期治療を促しましょう。
- 体調の変化があればすぐに来院してもらいましょう。
- 複数頭飼育の場合、陽性の猫が1頭でもいれば、他の同居猫も検査を行うことを勧めましょう。また、去勢や不妊手術も勧めましょう。
- 猫の状態や既往歴をよく把握しているかかりつけの獣医師（ホームドクター）をもつことが望まれます。やむを得ず転院する場合は、猫がFIVに感染していることを新しい獣医師に知らせるように、飼い主に伝えましょう。

FIV猫を見分ける方法!?

長年、動物病院で勤務しているうちに、猫の顔をみただけで、「この猫はFIVに感染していそう」という予感がして、実際に検査して的中することが多くなりました。どんな猫かというと、いかにもボスという面構えのいかつい大きな顔をもち、顔にケンカの傷跡がある未去勢の雄猫です。例外はあるかもしれませんが、このような顔をみたらFIV感染の可能性が高いかもしれません。しかし、最近は野良猫が少なくなり、室内で飼育する猫がほとんどとなり、ボス顔の猫をみる機会が少なくなりました。その結果、必然的にFIVに感染している猫との遭遇も年々少なくなってきました。このいかつい顔のボス顔の猫は、ヒトに対してはあまり攻撃性もなく優しい猫であることが多い印象があります。エイズを発症せず元気に過ごしてほしいと願わずにいられません。

参考文献
1. 前出吉光 監修．小沼操．新版 主要症状を基礎にした猫の臨床．猫免疫不全ウイルス (FIV) 感染症．デーリィマン社. 2004 年．
2. 遠藤泰之．疫学アップデート：猫免疫不全ウイルス (FIV) 感染症の疫学と遺伝的多様性．猫の臨床専門 Felis Vol.5. アニマルメディア社. 2014 年．

memo

疾患編 10

眼科

犬の白内障と緑内障

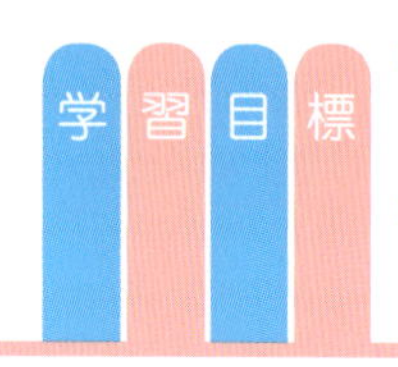

- 眼球内の病気について知り、飼い主により良いアドバイスを与え、不安を和らげられるようになる。
- 長期間の治療になることや進行を止めるだけの治療もあることから、獣医師と連携して飼い主が諦めないように指導できるようになる。

執筆・古川敏紀（九州保健福祉大学）

近年、犬や猫の眼異常を受診の主な理由とする飼い主が増えています。これは室内飼育の動物が増えてきて、いわゆるアイコンタクトが以前よりも頻繁になってきたことと無縁ではありません。動物が身近にいつもいることで、庭先で飼っていたときよりも目を合わせる機会が増えた結果、眼の病気に気づくことが増えてきたといえます。

また動物が長命になってきたことも無関係ではありません。今や10歳以上の犬や猫を目にすることも珍しいことではなく、その結果、老齢の動物に発症する眼の病気が増えてきたともいえるようです。

犬や猫の眼は、人間とは少し異なっています。まず、犬や猫の眼は私たちヒトと異なり、前からみたときにみえるのはほとんどが黒目です。図10-1をみると、白目はほとんどみえません。ヒトでも、赤ちゃんの眼はやはりほとんどが黒目です。黒目が大きいことは、ヒトにおいては愛情をもたせる大きな原因になっているといわれています。

ヒトでは五感と呼ばれる感覚の中で視覚に頼る部分が大きいことから、飼い主は自分の飼っている動物に視覚障害があると、行動が大きく制限されてしまうのではないかと大きく動揺してしまう傾向があります。

愛玩動物看護師は、視覚障害が動物に及ぼす影響について正しく理解して、飼い主の不安を和らげましょう。また動物が生活の中で直面する困難を少しでも減らせるように、環境の整備が重要であると飼い主に理解してもらうことが大切です。

そのためにも、眼球の構造の理解から、さまざまな眼疾患についてまで、日頃から学習することが重要です。また眼科では特殊な検査器具を扱うことも多いので、機器の正しい取り扱いの習熟が必要です。特に検査や処置に使う光学機器は、取り扱いに十分注意しましょう。

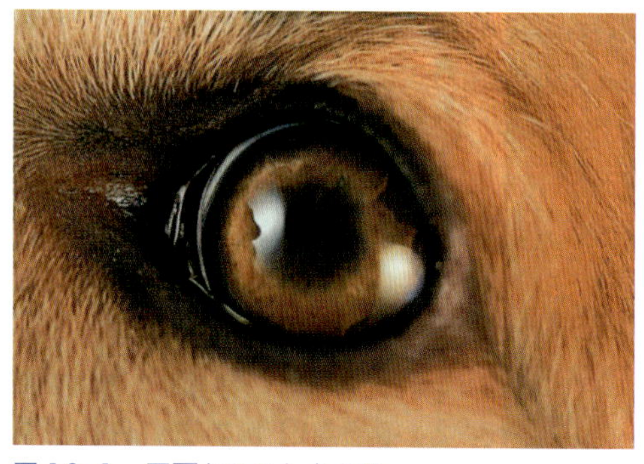

図10-1　正面からみた犬の眼

犬の眼の基本構造はどうなっているの？

犬の眼の基本構造の模式図を図 10 -2に、ヒトの眼の基本構造を図 10 -3に示します。基本的にはよく似ていますが、詳細に見比べるといくつかの点で異なっています。

まず角膜に注意してみると、厚さが異なっています。犬の角膜はヒトより厚く、また水晶体も犬はヒトの2〜3倍あります。

これがヒトの白内障手術と犬の白内障手術の方法の違いを生み出す原因です。手術方法は獣医師が理解すべきことなのでここでは詳しく述べません。しかし、構造の違いが手術方法の違いを生み、それによって、ヒトの白内障手術は最近では日帰りで行えるのに対して、犬ではそれが困難であることを飼い主に理解してもらう必要があります。

さらに、今回のもう一つのテーマである緑内障に関係が深い眼底部分に注目してみると、眼底を構成している強膜がヒトのほうが犬より厚いことも、理解しておく必要があります。

次に水晶体の基本構造を理解しましょう。水晶体の前面から内部に向かって、まず表面に水晶体嚢（上皮細胞の基底膜）、そして前嚢直下に一層の水晶体上皮細胞層、その内部に水晶体皮質（加齢とともに新しい水晶体線維が外側に加わる）、さらに水晶体の中心部には核があります。

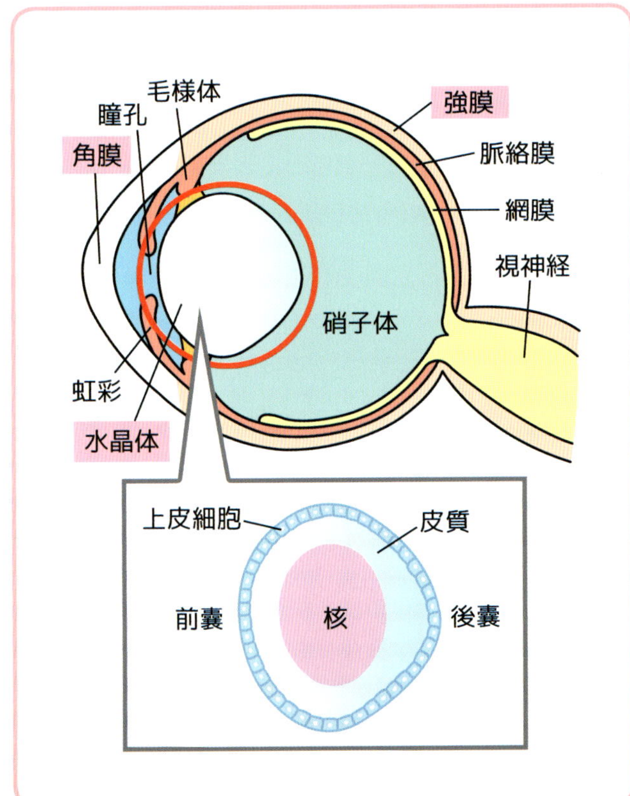

図 10 -2　犬の眼球

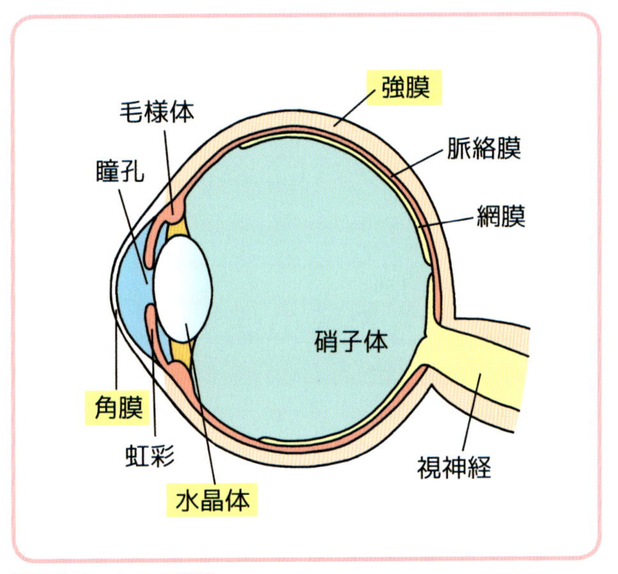

図 10 -3　ヒトの眼球

白内障ってどんな病気？

白内障は水晶体の病気

白内障は、眼の中でレンズの役目を果たしている水晶体の組織の細胞が、変性して白濁してしまう病気です。

この「変性」という組織の変化は、卵の白身が新鮮なときには無色透明なのに、熱を加えると白く変わるのに似ています。飼い主に説明するときには、このような比喩を使っても良いでしょう。また、新鮮な卵の白身はゼリー状で柔らかいのに、熱を加えて白くなると硬くなるのも、白内障の水晶体に起こる変化とよく似ています。病気が進行して真っ白になってしまった水晶体のレンズは、白くなった卵以上にカチカチになってしまいます。

この水晶体は、外から入ってくる光を屈折させ、光を電気信号に変える網膜という組織に焦点を合わせる役目を果たしています。

白内障の病態

では、水晶体が混濁（こんだく）（濁ってくること）してくると、ものはどのようにみえるのでしょうか？

混濁が部分的に起こっているときには大きな障害になることはありません。混濁が水晶体の全体に広がってくると、霞（かすみ）や霧がかかったようにみえるようになります。また、混濁した部分が水晶体の辺縁部なら大きな視覚障害にはなりませんが、中心部の混濁が大きくなると、外から入ってきた光が白く混濁した部分で乱反射するため、ものが眩しくみえるようになります。

混濁が進めば、また白濁が黄色から茶色になれば、遮られる光の量が増して視界が暗くなってきます。しかし、水晶体が白くなってきた時点で飼い主が気づくことがほとんどです。これを理解していると、飼い主の質問に答えやすいですし、安心感を与えることができます。

さて、水晶体細胞の変性によって混濁が生じると外からの光が散乱してしまい、網膜にきちんと光が収束せず、ものがみえづらくなってきます。

雪の日に車に乗っているときを想像してみましょう。フロントガラスに雪が付いてくると、車の中からは外の世界がみえなくなってきます。しかし、それでも外の世界が明るいかどうかは分かります。白内障はこれと似ているといって良いでしょう。病気が進行し

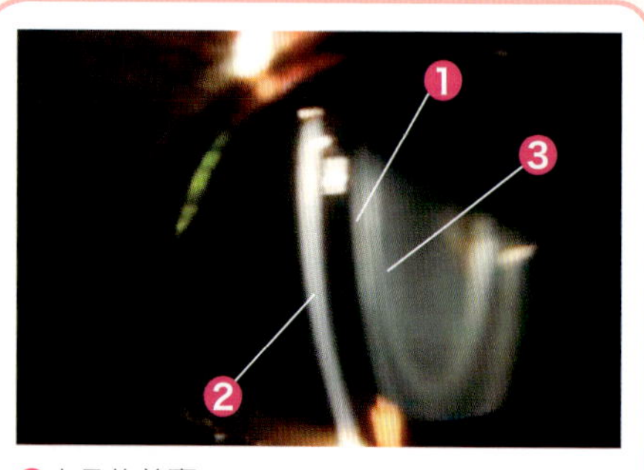

❶水晶体前嚢のライン
❷角膜のライン
❸内側にみえる核硬化症のライン（硬くなったところに光が当たって散乱するため、少しぼやけたように写っています。図10-5と比較すると、老化により水晶体に少し色がついてきていることが分かります）

図10-4　水晶体核硬化症のスリットランプ所見

核硬化症に注意！

注意しなければならないのは、年齢が進んだ動物によくみられる老齢性の水晶体変化である核硬化症（図10-4）です。これ自体は病気ではありませんが、進行すると白内障に変わっていく例もあります。そのため飼い主には、半年に1回ないし1年に1回の定期的な検診を受けるように勧めてください。

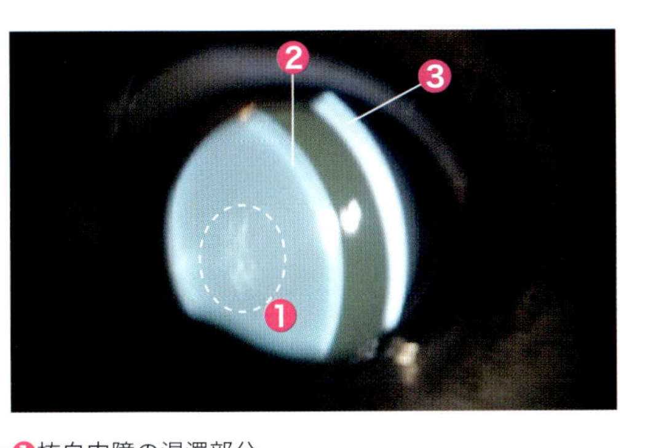

図10-5　核白内障のスリットランプ所見

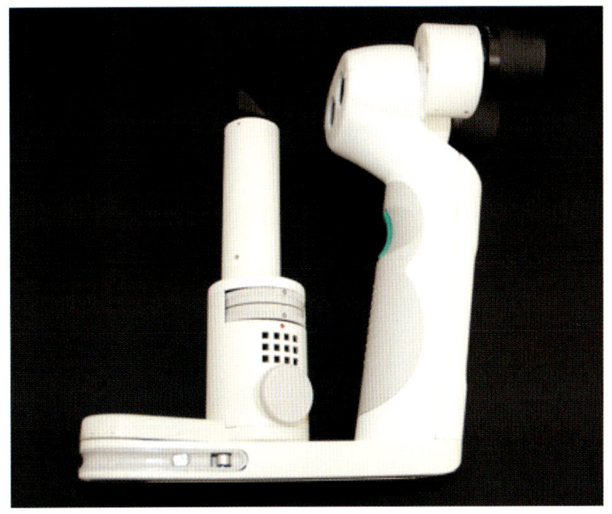

図10-6　動物の白内障の診断に用いられる手持式スリットランプ

て水晶体全体が真っ白になると、光を感じることはできても、ものをみることはできなくなってしまいます。

水晶体細胞の変性（すなわち白内障）は水晶体のどこにでも起こる可能性があり、起きた部位によって違う診断名が付けられることがあります。例えば、水晶体前部の嚢に白内障がみられると「前嚢下白内障」、核にみられると「核白内障」と呼ばれます。

図10-5は核白内障の例です。水晶体の真ん中あたりに白く混濁が強い部分があり、ちょうど水晶体の核の部分にあたることから、核白内障と診断されます。このほかにも、水晶体の前部や後部の皮質部分に白内障が起きる例もあり、混濁箇所が複数みられることもあります。

白内障の原因

白内障の原因はさまざまで、外傷によって起こることもありますし、ステロイドの投与（全身投与でも局所投与でも）でも起こりますし、遺伝的な要因も大きいものです。また、白内障が多発する犬種があり、さらに若年性で遺伝的なもの（プードルの若年性白内障など）があるということも重要です。

白内障の検査

犬や猫の白内障診断には、ヒト医療で用いられる固定式のスリットランプよりも、可動性に優れている手持式のスリットランプがよく用いられます。しかし、水晶体の厚みがヒトよりも厚いことから簡易な手持式では光量が少なく、正確な診断のためには図10-6に示す程度のランプが適当です。

白内障の治療

治療は、初期の段階では経過観察のこともありますが、進行してくると薬物治療、さらには外科手術という具合に進みます。

根本的には外科手術で濁った水晶体部分を取り除く（超音波乳化吸引術：混濁した水晶体を取り除きます。その後、人工レンズを入れる場合と入れない場合があります）ことが可能です。手術適期は獣医師が判断します。

白内障は多くの場合、一刻を争う疾患ではありません。愛玩動物看護師は、獣医師と飼い主の間で親密なコミュニケーションが取れるように努めることが必要です。

「白内障かも」と電話を受けたら

「白内障らしい」という飼い主からの稟告を受けて診察すると、白内障ではなく水晶体よりももっと前の角膜の疾患で、角膜が白濁していることがよくあります。愛玩動物看護師の皆さんが電話で飼い主から相談されたときには、「眼の表面」が白く濁っているのか、それとも「眼の中」が濁っているのかを間違えないように注意しなければなりません。

飼い主は、瞳孔（実際には虹彩）が光の当たり具合で大きくなったり、小さくなったりすることを知っていることが多いので、電話などで対応する際にはその前か奥かを聞くと分かりやすいです。

前ならば角膜疾患であることが多く、奥なら白内障の疑いがあります。はっきりしないようなら、獣医師にそう話して両方の可能性があると伝えておくことも重要です。

緑内障ってどんな病気？

隅角（ぐうかく）と視神経乳頭のしくみ

緑内障を理解するには、眼球の隅角と視神経乳頭という２カ所の構造を理解することが必要です。

❶隅角

隅角は、角膜と虹彩が合わさる部分です。眼球では、水晶体を支える毛様体という部分で眼房水が産生され、これが虹彩の後ろ側を通り、瞳孔を経由して前房に出てきます（図 10 -7）。

ヒトでは、この前房に出てきた眼房水は、隅角線維帯の隙間、シュレム管を通過して眼外へ排出される経シュレム管経路と、ぶどう膜強膜流出路から眼外へ排出される経路の２つによって排出されます。

ヒト以外の動物では、通常時は虹彩角膜角（前房隅角）を経て強膜静脈洞を通って眼房水が排出されます。

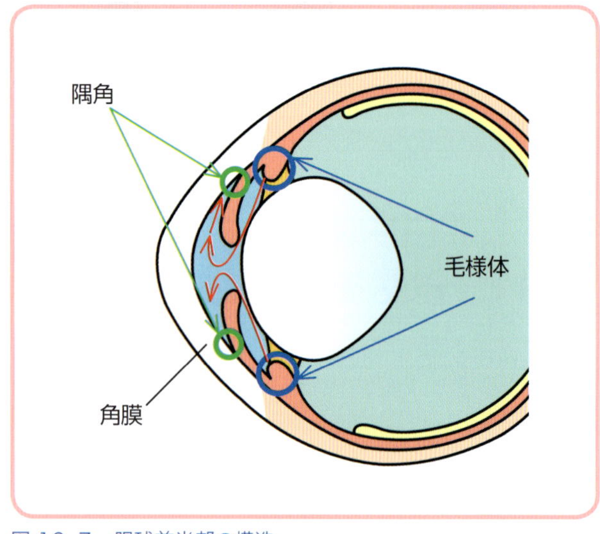

図 10 -7　眼球前半部の構造

非常通路としてもう一つ経路があり、眼房水は毛様体とぶどう膜前部を経て、脈絡膜上腔と強膜へと排出されるといわれています。ぶどう膜強膜流出路からの相対的排出路は、猫において全排出量の３％、犬においては 15 ％とされています[1]。

眼房水は、眼内圧による眼球形態維持と眼内容物の保護にも関連しています。眼球の形態は眼球壁の張力と硝子体の強度、眼房水のバランスとの間で維持され、主として眼房水の増減が眼内圧を維持しています。眼房水が眼内の健康の維持を司るとともに、形の維持にも重要な働きをしていることが分かります。眼房水の流出経路に何らかの異常が起こると眼圧が高くなります。

❷視神経乳頭

次は視神経乳頭部分の構造です（図 10 -8）。網膜に分布している神経は鞘に包まれておらず、むきだしになっています。このことが重要です。体の中を走る神経は、脳や脊髄などを除けば、ほとんどむきだしではなく鞘に包まれ、保護された状態です。しかし眼底では神経線維がむきだしで走行しており、光刺激を電気信号に変えて脳へと伝える役目を果たしています。この神経線維は視神経乳頭の部分に集まり、そこから視神経として脳へとつながっています。むきだしだった神経線維が、この乳頭部分に入るところで鞘に包まれる形へと変化します。特に鞘に入る部分は曲がっていることもあり、眼圧が上昇すると神経線維よりも硬い鞘のところで、神経線維が簡単に潰れてしまうことになります。

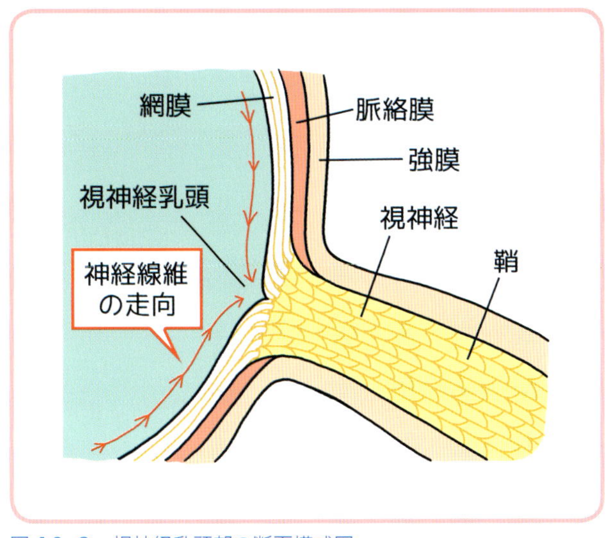

図 10-8　視神経乳頭部の断面模式図

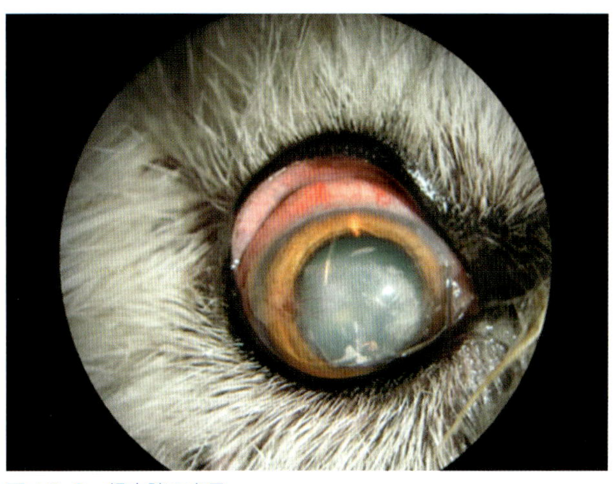
図 10-9　緑内障の赤目
このケースではすでに失明していた。

眼圧の上昇はこの部分にダメージを与える大きな原因となります。眼圧の上昇によって視神経乳頭部分が圧迫され、この部分の神経組織が死滅してしまうと、障害の程度によりますが、部分的な視覚消失から全盲に至るさまざまな障害が起こります。しかも回復不能であることから、緑内障では白内障とは異なり、「**一刻も早い治療開始が必要である**」ことを理解しておいてください。

緑内障の病態

犬や猫の場合、脈絡膜炎に引き続いて起こるケースがほとんどで、結果として眼圧が亢進して視神経乳頭部分が破壊されることで失明を引き起こします。

この脈絡膜炎が起きると白目の部分がピンク色になり、脈絡膜炎で炎症物質や細胞などが出てくると隅角が詰まってしまい、これにより眼圧が上昇するとともに白目の部分の血管が赤く充血して、いわゆる赤目（**図 10-9**）の症状になります。これが閉塞性緑内障の症状です。

ヒトでは、この状態になると大変痛いのですが、犬や猫ではそれほどの痛さを表現することはありません。またヒトでも、慢性の緑内障の方に伺ったところ、それほどの痛みはないということでした。

しかし猫では、赤目などの症状をみせることなく失明する例に私も遭遇していますので、いわゆる眼圧の急激な上昇をそれほど伴わないケースにも注意が必要です[2]。

緑内障の原因

緑内障は、古典的にはさまざまな原因で眼圧が高くなることにより網膜や視神経が圧迫され、これによって失明する病気と考えられてきました。しかし、現在では視神経乳頭部分の周辺構造が脆弱（ぜいじゃく）な個体に起こる病気であると考えられるようになってきています。

「緑内障かも」と電話を受けたら

眼圧が急激に高くなると失明してしまうことが多いので、電話などで問い合わせがあった場合、症状をよく聞いてください。緑内障の疑いがあるようであれば、一刻も早い治療が必要です。「**明日ではなく、すぐにおいでください**」と忘れずに伝えるようにしてください。

早期発見して、専門の獣医師のもとで治療を開始することが必要ですが、専門医でなくとも赤目の症状があったり、眼圧が高いなど緑内障の疑いがあれば、最低限、眼圧降下剤の投与を始めるべきだからです。

飼い主への指導のポイントは？

白内障の指導

白内障の症状についてはすでに説明したので、ここでは述べませんが、投薬の仕方はきちんと守るように伝えましょう。

ヒトでは日帰りで手術できますが、動物の場合は手術方法が異なり、全身麻酔が必要です。さらに前日から散瞳薬の点眼も必要なことなどから、入院が必要です。

またヒトでは切開位置が角膜近くの結膜からのアプローチで、縫合も結膜の位置ですが、犬の場合は角膜切開が必要で縫合位置も角膜という難しい手術となります。多くの場合、手術は両眼で１時間以上に及びます。また、術後しばらくは角膜の混濁が避けられないことから、眼の周囲の清潔を守るように指導してください。

緑内障の指導

緑内障では、眼圧を下げる薬はきちんと時間通りに投薬するように伝えましょう。緑内障では夜間に眼圧が高くなるため、特に夜は必ず忘れずに投与することが重要です。

また、緑内障は最初が重要で、初期治療を間違えなければすぐに失明することはないので、そのことを伝えるようにしましょう。

仮に失明に至った場合でも、ヒトが視覚に頼ることが多いのとは異なり、動物は生活面での不便さはそれほど大きくありません。飼い主がこれを理解できるようにしましょう。ただし、床などの動物が動き回る場所にものを置けば、当然つまずいてしまいます。動きやすくしてあげるように説明しましょう。散歩などもちょっとした工夫で問題なくできます。

早期発見のためのポイントは？

飼い主による早期発見のためには、日頃から動物との間でのアイコンタクトを欠かさないことがもっとも大切です。動物はヒトとの間で言葉によるコミュニケーションが取れないため、飼い主がよくみてあげることに勝る早期発見の手段はありません。愛玩動物看護師は、飼い主が些細なことでも相談できるように、相談の敷居をできるだけ低くする工夫を行いましょう。

参考文献

1. Millichamp NJ. 髙橋和明監訳 . 眼（内）圧と緑内障 . THE VETERINARY CLINICS of NOATH AMERICA エキゾチックアニマル臨床シリーズ vol.9 眼科学 . インターズー . 2004. 158-159.
2. Jacobi S, Dubielzig RR. Feline primary open angle glaucoma. *Vet Ophthalmol* 11(3). 2008. 162-165.

白内障の手術

猫ではともかく、犬での白内障手術が可能になったことは多くの人々にも知られるようになってきたと思われる。誠に嬉しいことではある。

しかしいざその場面になったとき、実際に手術を受けさせるかどうかはヒトに比べると健康保険で賄えないことなどから普及率の点ではヒトにははるかに及ばないし、眼内に装着するレンズの販売数もそれ程多くはなく、このことがレンズ価格の低減化につながっていない。

またヒトと異なり、レンズ装着の自覚がない動物では術後活発な運動によりレンズが水晶体嚢から外れて前房に出てきてしまい再手術が必要になることや、さらにはヒトと異なる手術法（ヒトの場合は経結膜切開、犬の場合は経角膜切開）による角膜混濁が長期にみられることから、手術後も病院への長期通院が必要なことなども手術に踏み切らせることへの躊躇を生み出しているのかも知れない。

この２つの不安のうち、レンズを入れなければ治療費を引き下げられることやレンズが外れてしまう恐れがなくなることから、レンズ装着なしの手術を希望する、もしくは病院でそちらを勧めることも多いと聞いている。

では白内障手術で水晶体の混濁を超音波乳化吸引術で取り除いた後、レンズを入れないと彼らにはどのようにみえているのだろうか。

ヒトの場合、レンズを入れないと視野が極端に小さくなる、すなわち小さな穴から外を覗いているような状態に陥ることが知られている。もちろん水晶体の中身は手術により取り除かれているので、ピントが合わずピンボケの状態になることはもちろんである。

そこで犬の場合、健常な場合に彼らがどのようにものをみているかについて実験した結果の一部を紹介する。

まずは犬の眼球を横方向から写真に撮ってみたが、角膜がヒトよりはかなり前方に飛び出したようにみえる（図10-10、10-11）。

さらにこの角膜の形を角膜トポグラフィーシステム 角膜形状解析装置マゼランマッパー（株式会社ニデック）を使用して角膜形状を解析してみた。

画面の左側にカラーチャートがあるが、青色、すなわちカラーチャートの下側ほど角膜のカーブが緩やかで、上側すなわち緑から黄色、赤に向かうほどカーブが強くなってくることを示している（図10-12）。

このビーグルの角膜表面はほとんど青色を示していることから犬の角膜はヒトと比べると平坦であることが理解できる。私が検査した多くの犬ではこの傾向を示した。

比較のためにヒトのそれを図10-13に示すが、犬よりはカーブが強い緑色である。このことから、ヒトでは外部から入ってくる光は犬よりは集光されていることが理解できる。

さらに犬の眼球断面構造を図10-14に示す。

この断面構造をヒトの眼科教科書のそれと比べると、ヒトと犬はかなり構造が違っていることも理解できる。

この断面図から視力に関係すると思われる部分だけの特徴を述べると、

①犬では水晶体の厚さが際立っている。おおよそヒトの2ないし3倍の厚みがある。

②しかも水晶体は前方に比べて後方が突出した構造となっている。

このため、犬では前方より差し込んできた光は水晶体内部でかなり広く拡散していることも理解される。

これらのことをまとめると、まず角膜形状からは犬はヒトとは異なり、かなり広い範囲の景色を平坦にみていることがわかるし、さらには断面構造からは光がヒトよりも広い範囲に照射されていることがわかる。

つまりは、ヒトのように光を集光して視野の中心部の解像力を上げる構造というよりは外界を満遍なく平坦に、しかも視野中心部の解像力を上げる方向ではないということである。

現在販売されている犬用眼内レンズはヒト用よりもジオプター数の高いレンズであることから白内障手術後に犬用レンズを適用した場合、眼底の視神経乳頭辺りでのピントは確かに補正できていると思われるが、それより外れた部分については十分に補正できていないように考えられる。

今後、さらにこれらの基礎的な研究が彼らのためのより良いレンズ開発のために必要であることがおわかりいただけるであろうか。

白内障は緑内障のように一刻を争って治療を行わなければならない疾病ではないが、これまでよりも安全に治療ができる病気に変わってきていることは間違いがない。より良い彼らの視覚維持のためにも、もっと手術を受ける方が増えて欲しいし、さらには白内障手術に際してレンズを入れるべきか、それとも入れないで済ますか、飼い主への説明にどう応えるか、悩ましいところではある。

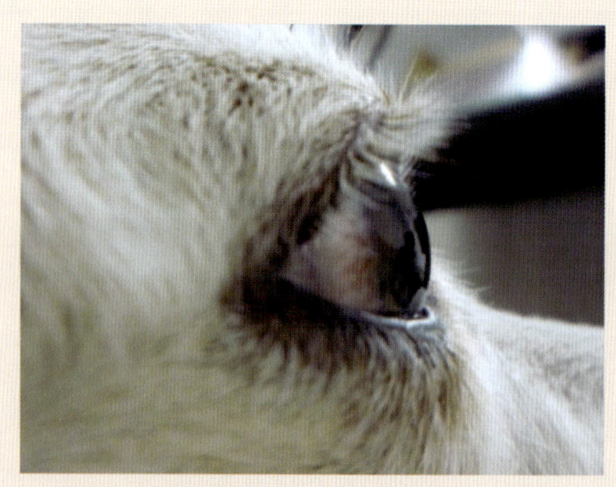
図10-10　犬の眼球（横方向）

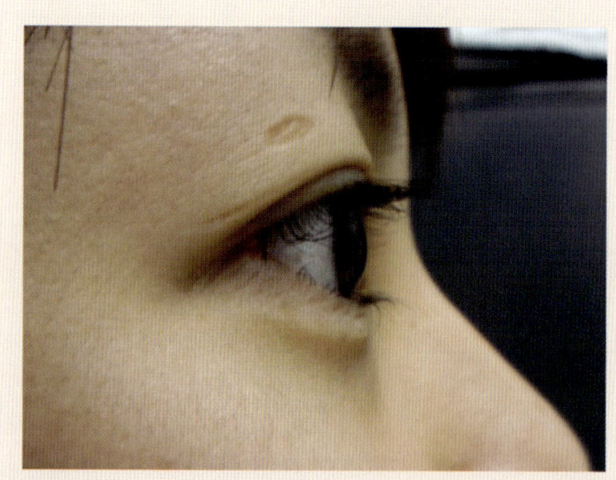
図10-11　ヒトの眼球（横方向）

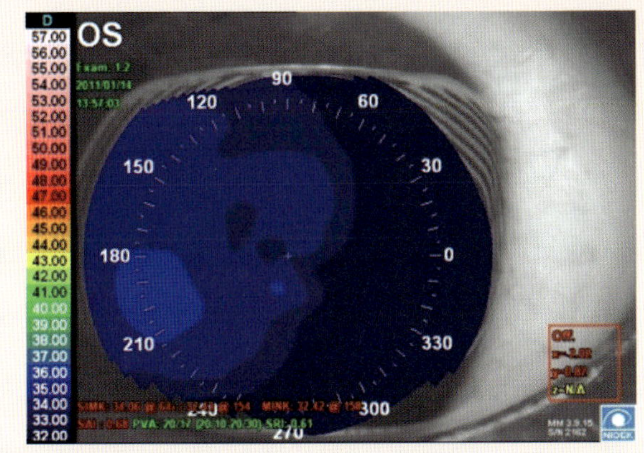

図 10-12　犬（ビーグル）の角膜の解析結果

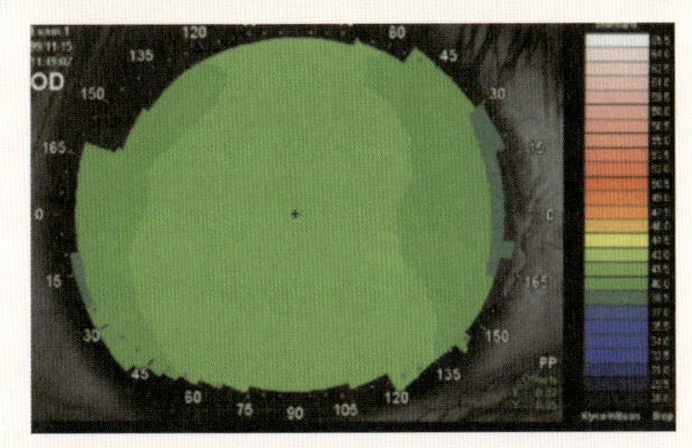

図 10-13　ヒトの一般的な角膜形状の解析結果

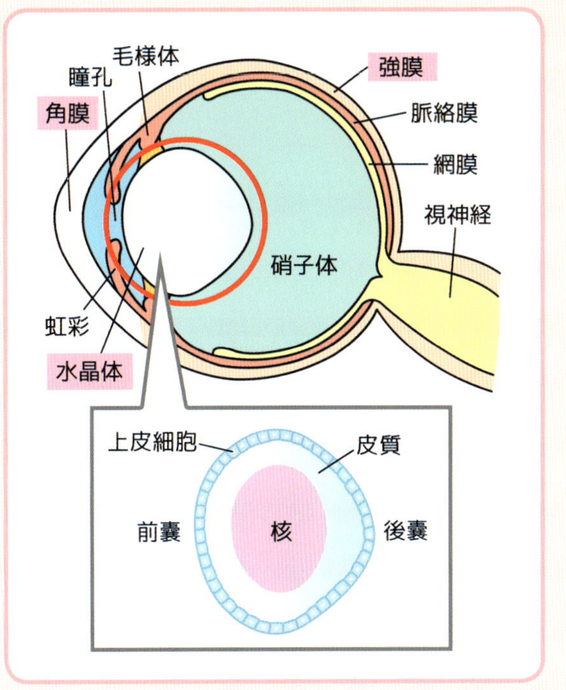

図 10-14　犬の眼球

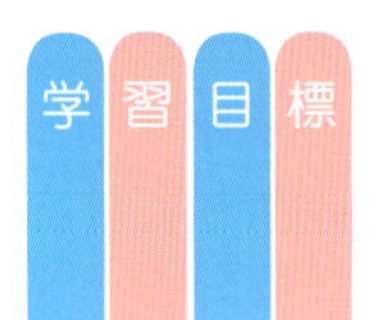

耳科

犬の外耳炎・内耳炎

学習目標
- 耳の構造と機能を理解する。
- 外耳炎・内耳炎の主な原因と症状を覚える。
- 飼い主に適切なアドバイスを与えられるようになる。

執筆・笠井智子（むに動物病院）

耳の病気は犬で特に起こりやすく、最も多い来院理由の一つです。耳に炎症が起きた状態を総じて耳炎といいますが、炎症の及んでいる範囲によって外耳炎・中耳炎・内耳炎と呼び分けます。一般的に耳炎は外耳炎から始まり、これが悪化すると中耳炎、内耳炎へと進行し、最終的には脳炎を起こして死に至ることもあります。私たち動物病院のスタッフは、この身近ながらもこじらせると恐ろしい外耳炎を適切に管理し、内耳炎や脳炎まで悪化させないよう気を付けなければなりません。

今回は外耳炎と内耳炎について、耳の構造を踏まえながら解説します。病気の知識を深めたら、病院を訪れた動物の耳に異常がないか注意を払い、飼い主には日頃から耳を観察するようアドバイスしてあげると良いでしょう。家庭で耳の異常に早く気付くことができれば、軽症のうちに治療を始めることができます。

耳の中ってどうなっているの？

耳には平衡聴覚器（へいこうちょうかくき）という学名がついています。この名前のとおり、耳は音を伝達・感知する部分と、体の平衡感覚に関わる部分から成ります。解剖学的には**外耳**（がいじ）、**中耳**（ちゅうじ）、**内耳**（ないじ）の３つの領域に分かれています（図 11 -1）。

外耳の構造

外耳は**耳介**（じかい）、**外耳道**（がいじどう）から成ります。耳介はいわゆる「耳」の部分で柔らかい軟骨（耳介軟骨）の表面を皮膚が覆った構造をしています。犬の耳介は品種によって大きさや形がさまざまで、直立耳、垂れ耳、小耳、折れ耳などに分類されます。ヒトの解剖学用語に従って、耳介には図 11 -2に示した構造が区別されます。

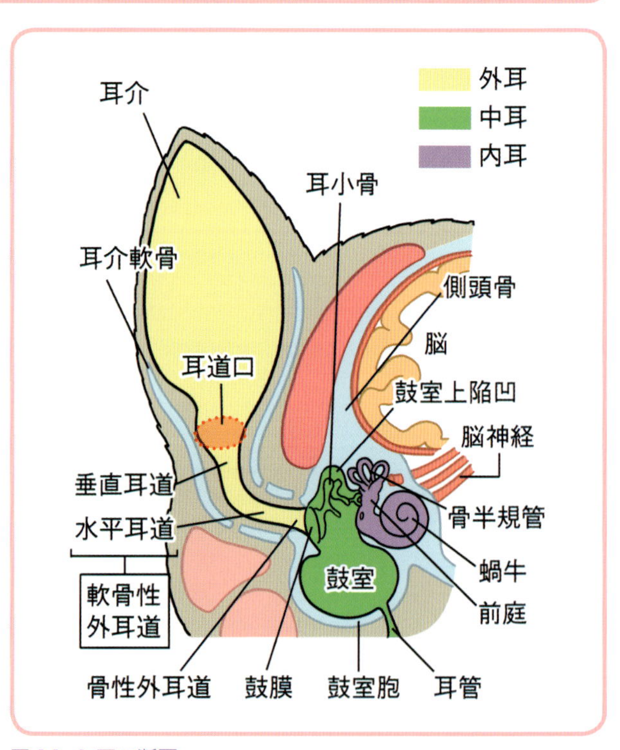

図 11 -1 耳の断面

外耳道の大部分は軟骨で形づくられていますが（軟骨性外耳道）、鼓膜に面する部分は骨（側頭骨）から成り、ここを骨性外耳道といいます。外耳道は、入口（耳道口）から下方向に伸びる**垂直耳道**と、垂直耳道からL字状に約75°曲がって側頭骨側に向かう**水平耳道**とに分けられます。外耳道の表面は耳介から続く皮膚で覆われ、耳毛や（皮）脂腺、耳垢腺などの分泌腺を含み、これらの腺からの分泌物の混合物が耳垢となります。

中耳の構造

中耳は側頭骨の一部が小部屋のように区切られた空間で、**鼓室**としても知られています。鼓室には**耳小骨**と**耳管**（エウスタキオ管）が含まれます。鼓室の下側の骨は球状に膨らんだ形をしており、この部分を**鼓室胞**といいます。

外耳道と鼓室は**鼓膜**という薄い膜によって仕切られています。鼓膜の上部は弛緩部といい、緩んで厚みがありますが、残りの大部分は緊張部と呼ばれ、ピンと張った状態で周囲の骨に固定されています（図11-3）。鼓膜は外層・中層・内層の3層からなり、外層は外耳道と同様の皮膚で覆われ、内層は中耳から続く粘膜で覆われます。皮膚と粘膜に挟まれた中層は線維性の組織です。

耳小骨には3種類あり、これらが鎖状につながった状態で鼓室の天井側のくぼみ（鼓室上陥凹）に収まっています。鼓膜側から順に**ツチ骨**、**キヌタ骨**、**アブミ骨**といい、鼓膜が受けた音の振動を内耳に伝えます（図11-4）。ツチ骨は耳小骨の中で最も大きく、柄の部分（ツチ骨柄）は鼓膜の中に埋もれた状態で存在します。鼓膜を耳鏡で観察すると、犬のツチ骨柄は緩やかなC字状に曲がっており（猫ではほぼ直線状）、そ

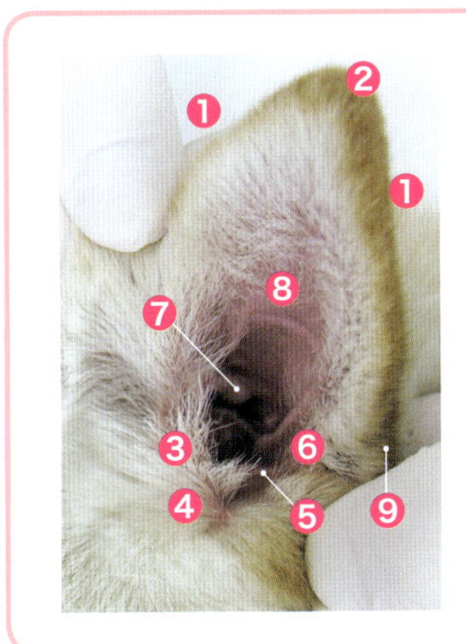
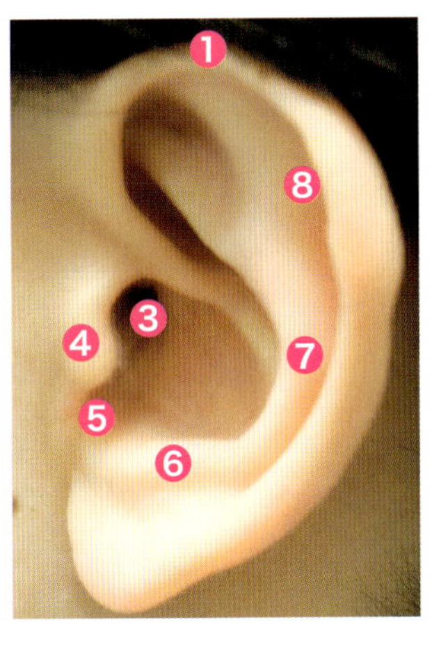

図11-2　犬とヒトの左耳介
❶耳輪　❷耳介尖　❸前耳珠切痕　❹耳珠　❺珠間切痕
❻対珠　❼対輪　❽舟状窩　❾縁皮嚢

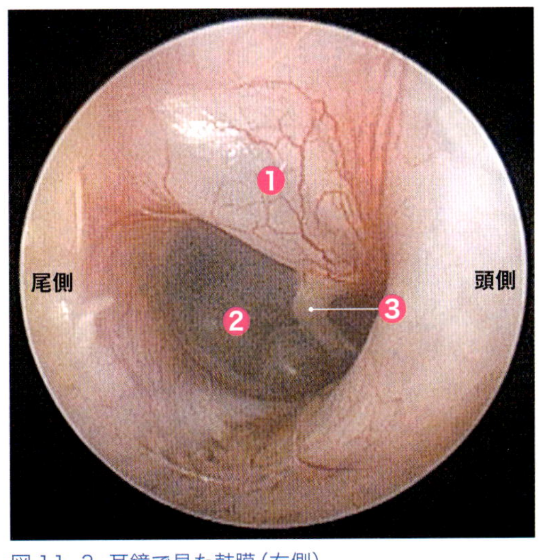

図11-3　耳鏡で見た鼓膜（右側）
❶鼓膜弛緩部　❷鼓膜緊張部　❸ツチ骨柄

垂れ耳は外耳炎になりやすい？

飼い主に「垂れ耳の犬は外耳炎になりやすいのでしょうか」と聞かれることがあると思います。垂れ耳や耳毛量が多いと、耳の中が高温多湿になるため外耳炎になりやすいと考えられがちですが、実は外耳道の温度と外耳炎の発症には因果関係がないという研究結果が報告されています。

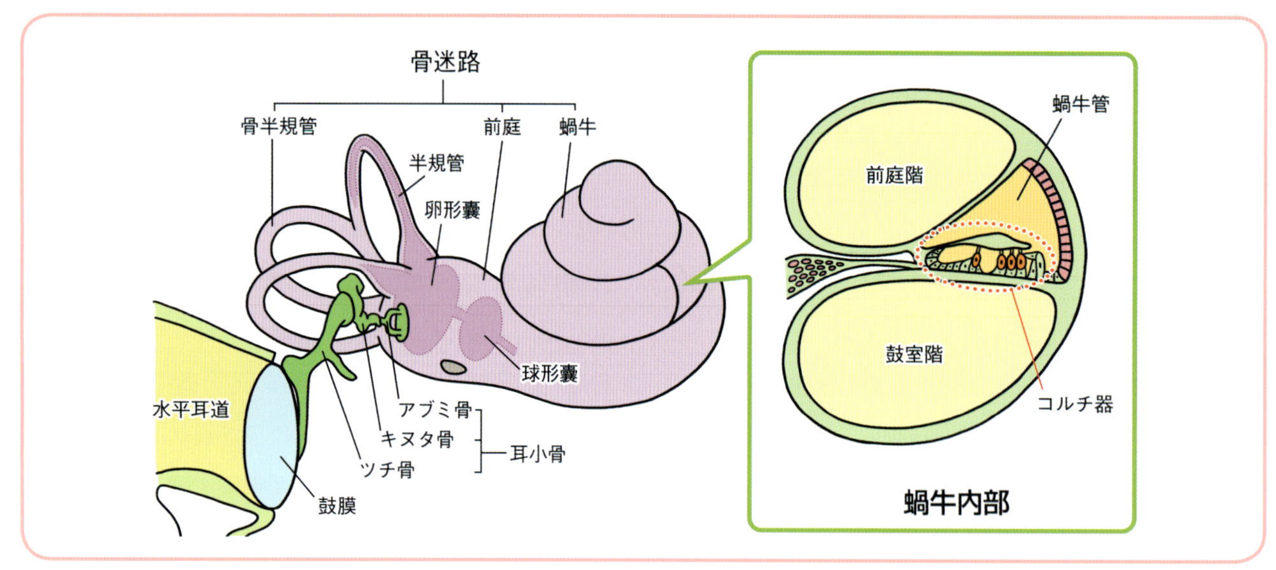

図 11 -4 耳小骨と骨迷路

の先端は頭側を向いています(図 11 -3)。

中耳は耳管と呼ばれる細い管によって咽頭とつながっています。耳管は普段閉じた状態になっていますが、必要に応じて開き、鼓膜の両側にかかる気圧を均等にしたり、中耳の病原体を咽頭経由で消化器系へ排出したりします。したがって、膿が充満するなどして耳管がうまく開かない状態になると、中耳炎が長引くことになります。

中耳にはさまざまな神経が分布しますが、特に顔面神経は鼓室内の処置(洗浄や腫瘤(しゅりゅう)の摘出など)の際に損傷を受けやすい位置にあります。こうした神経へのダメージは**顔面神経麻痺**や**ホルネル症候群**の発症につながります(図 11 -5)。

図 11 -5　ホルネル症候群の症状
ホルネル症候群では、神経に傷害を受けた側の瞳孔縮小(縮瞳)や、瞬膜が出たままになる(第三眼瞼突出)といった症状が現れる(写真では左眼側)。

内耳の構造

内耳は最も脳に近い位置にあり、複雑な形をした骨の空洞(**骨迷路**(こつめいろ)、図 11 -4)と、その中に同様の形の**膜迷路**(まくめいろ)という構造が存在します。膜迷路の中には、音と体の傾きや回転を感知する装置(受容器(じゅようき))が存在します。内耳は蝸牛部(かぎゅうぶ)と前庭部(ぜんていぶ)とに分けられます。

蝸牛部は**蝸牛**から成り、図 11 -4のように骨の管がらせん状に3回転し、カタツムリの殻によく似た形をしています。蝸牛の内部は上・中・下の3段に仕切られています。上・下段は骨迷路、中段は膜迷路に属し、それぞれ**前庭階**(ぜんていかい)、**鼓室階**(こしつかい)、**蝸牛管**(かぎゅうかん)といいます(図 11 -4)。蝸牛管には**コルチ器**という聴覚受容器(ちょうかくじゅようき)があり、音の振動を電気信号に変えて脳神経へと伝えています。

前庭部は**前庭**と**骨半規管**(こつはんきかん)という２つの骨迷路と、その中に入る膜迷路からなります。前庭内には**球形嚢**(きゅうけいのう)と**卵形嚢**(らんけいのう)という膜迷路があり、ここに体の傾きを感知する受容器が存在します。骨半規管の中の膜迷路は半規管(はんきかん)といいます。(骨)半規管は三つあるため、合わせて三半規管(さんはんきかん)と呼ばれています。半規管では体の回転を感知しています。

そもそも外耳炎と内耳炎って何だろう？

外耳炎・内耳炎の原因

外耳炎が発生する原因はたくさんありますが、表 11-1のように①原発因子（根本的な発生原因）、②続発・永続化因子（発生した外耳炎をより悪化・長期化させる要因）、③素因（外耳炎になりやすい要素）の３つに分けることができ、これらが互いに影響を与えています。

内耳炎は、中耳炎が悪化した結果起こると考えられています。この中耳炎自体も、通常は外耳炎から始まります。そして外耳炎が中耳炎・内耳炎へと進行する主な要因は、細菌の感染であるといわれています。

外耳炎・内耳炎の症状

外耳炎と内耳炎の症状を表 11-2と図 11-6 ❶〜❹に示します。これらの症状のなかには、耳の病気であることに気付きにくいものもあります。また、外耳炎の症状のほとんどは、内耳炎の場合にも認められます。

筆者の経験上、初期の外耳炎はしばしば見逃されてしまいます。耳の様子を「異常」と感じる基準は飼い主によって実にさまざまです。子犬のころから耳を頻繁に掻いていて、それが「正常」だと思っている方もいます。

表 11-1　外耳炎の主な原因

原発因子	●犬アトピー性皮膚炎 ｝アレルギー性皮膚炎 ●食物アレルギー ●異物（毛、植物、砂、綿棒の先端） ●ミミヒゼンダニ（耳ダニ）の寄生 ●内分泌疾患（甲状腺機能低下症など）
続発・永続化因子	●細菌感染（ブドウ球菌など） ●酵母菌感染（主にマラセチア） ●「耳のケア」のやり過ぎ（綿棒による擦過傷など）
素因	●外耳道が狭い犬種（フレンチ・ブルドッグなど） ●耳垢腺が多い犬種（コッカー・スパニエルなど） ●アレルギー性皮膚炎の好発犬種

表 11-2　外耳炎と内耳炎の症状

外耳炎	●耳介が赤くなる、腫れる ●耳が臭くなる ●耳掃除をしてもすぐに耳垢が溜まってくる ●粘液やクリーム状の耳だれ（耳漏）が出ている ●後肢で耳を掻く、耳を床などに擦りつける ●しきりに頭を振る ●顔や耳に触られるのを嫌がる、痛がる ●機嫌が悪くなる、怒りやすくなる ●食欲が落ちる
内耳炎	●捻転斜頸（頭が傾いたままになる） ●眼振（眼球が振り子のように揺れる） ●左右どちらか一方向（炎症の起こっている側）に回って倒れる ●足がふらつく、もつれる ●立てない、歩けない ●嘔吐

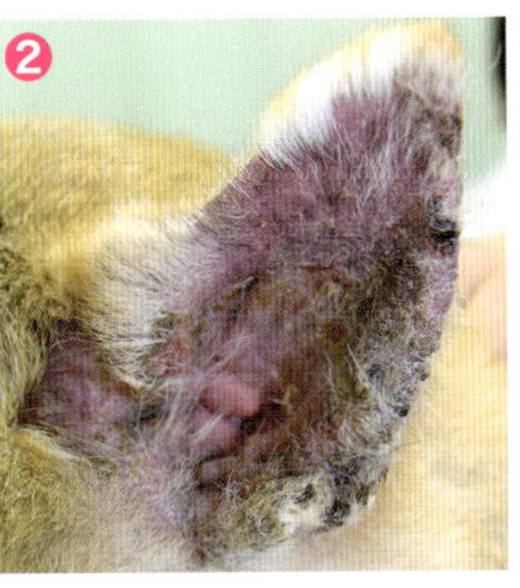
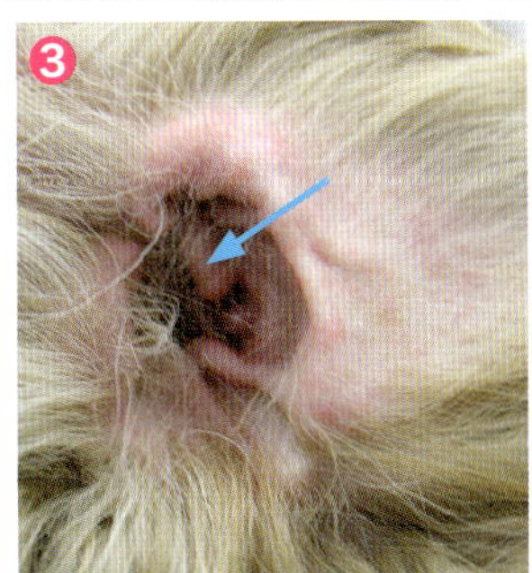

図 11-6　外耳炎と内耳炎の症状
❶内耳炎、❷〜❹外耳炎。
❶右側に内耳炎を起こし、右に捻転斜頸している。❷耳介が掻き壊され、耳輪や側頭部の毛が抜けている。❸耳介がまだらに赤くなっており、対輪（矢印）が腫れている。❹耳介に汚れがみられる。

外耳炎・内耳炎の治療にはどんなものがあるの？

外耳炎の治療

細菌・酵母菌の感染やミミヒゼンダニの寄生があれば、抗菌薬や抗真菌薬、駆虫薬での治療を行います。治療薬にはいろいろな種類がありますが、慢性や再発性の外耳炎ではしばしば薬の効きにくい菌（薬剤耐性菌）の感染を起こしています。このような場合は培養検査と薬剤感受性試験を行い、有効な薬を確認します。

また、外耳道が不潔な状態では治療薬の効果が十分に得られないため、耳の洗浄（耳洗浄）で外耳道内の分泌物を洗い流して清潔にします。耳洗浄は病院によっていろいろな方法がありますが、近年は耳用の内視鏡（ビデオ・オトスコープ）を駆使した洗浄も行われるようになってきています。このビデオ・オトスコープを用いると、外耳道の深い場所に入り込んだ毛や異物を安全に取り除くことができます。

原発因子としてアレルギー性皮膚炎などが存在していると、薬や耳洗浄による治療を行ってもなかなか改善しません。したがって、原発因子が判明した場合は、外耳炎の悪化・再発を防ぐためにそちらの管理も行います。

内耳炎の治療

症状から内耳炎を疑うことはできますが、炎症が及んでいる範囲を確認するためには、CTやMRIなどの画像診断が必要です。内耳炎は命に関わることも多いため、抗菌薬を用いた集中治療を行います。同時に、外耳炎や中耳炎を併発していないか、原発因子は何かといったことをよく確認し、病気の状態に合わせて必要な治療を追加していきます。

耳の診療で保定するときはココに注意！

耳の診療では、外耳道と鼓膜の様子を観察するために耳鏡検査を行います。外耳道が存在する耳の根元が圧迫されていると観察しづらくなってしまうため、耳鏡検査で動物を保定するときにはこの部分を押さえないように注意しましょう。

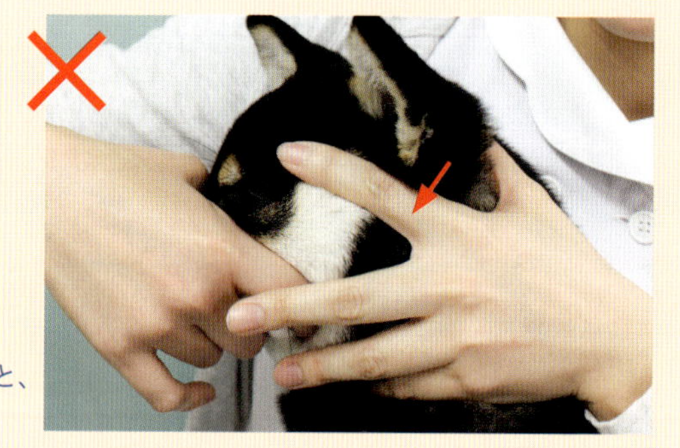

外耳道の部分（矢印）を押さえてしまうと、耳鏡検査や耳洗浄には適さない。

家庭でのケアのアドバイスはどうする？

耳が健康な場合

市販の綿棒を使って動物の耳掃除をする飼い主はかなり多いのですが、犬や猫の皮膚はヒトよりも薄くできており、とても繊細です。ヒトと同じ感覚で綿棒を使うと、耳の皮膚を傷つけて炎症を起こすことがよくあります。耳掃除を頻繁にやり過ぎることも外耳炎につながります。タオルでゴシゴシとこするのは厳禁です。また、熱心な飼い主ほど耳の奥まで綿棒を入れて耳垢を取ろうとしますが、これは逆に耳垢を押し込んでしまうことがあり、危険です。

耳には本来、自ら外耳道の中を清潔に保つ機能（上皮移動）が備わっています。上皮移動とは、外耳道の皮膚が鼓膜から耳道口へ向かって常に新しくつくられ、古い皮膚は耳垢とともに耳道口へ排出される仕組みです。したがって家庭での耳掃除としては、時々耳道口や耳介に付いている汚れをコットンでやさしく拭き取るくらいで十分です。

耳毛を抜くことに関しては賛否両論あります。外耳道に長い毛が密生している犬種（プードルなど）では耳毛に耳垢のかたまりが絡まっていることが多く、これは炎症の原因となるため、筆者はこうした犬種の耳毛を抜くようにしています（図 11 -7）。

しかし、飼い主が耳の中を観察することは難しく、家庭での耳毛処理は推奨できません。

イヤークリーナーは使っても構いませんが、クリーナーを入れて耳の付け根、つまり外耳道を何度も激しくもむような行為は炎症の元になります。

図 11 -7　トイ・プードルの外耳道から抜いた耳毛　耳垢が絡み付いている。

点耳薬のさし方

外耳道に点耳する場合は、耳介を少し引っ張るように持ち上げ、ピンの先端を耳道口に挿して注入します。

炎症を起こしている場合

外耳炎が起きると、上皮移動は止まってしまいます。また耳垢腺は、炎症に伴って分泌が活発になります。つまり、耳垢が増えたり外耳道の奥に耳垢が溜まったりするのは、外耳炎が起きている証拠です。飼い主から「耳が汚れやすい」という話を聞いたら、一度耳の診察を受けることを勧めてみましょう。

耳炎を起こした動物は、程度の差はあれ耳に不快感や痛みをもっており、耳に触られることが大きなストレスとなります。家庭で動物病院と同じ水準の耳洗浄を行うことは難しく、間違ったケアを行うと炎症を悪化させたり、動物がケアを極端に嫌がるようになったりしてしまいます。家庭では、目でみえる範囲の汚れを拭く程度に留めた方が良いでしょう。なお、イヤークリーナーには炎症を起こした耳に刺激となる成分（アルコールなど）が含まれていることがあり、耳炎のときには注意が必要です。

点耳薬は適切に使用しないと効果が得られないので、飼い主には点耳の仕方を指導してあげましょう。家庭で点耳を行う際に、嫌がるからといって動物を押さえつけて点耳しようとすると、関係が悪化する恐れがあるため無理は禁物です。

参考文献

1. Huang HP, Huang HM. Effects of ear type, sex, age, body weight, and climate on temperatures in the external acoustic meatus of dogs. *Am J Vet Res* 60(9). 1999. 1173-1176.
2. 浅野隆司，浅野妃美．小動物臨床のための機能形態学入門．2000年．
3. 浅利昌男，大石元治 監修．大石元治，鈴木武人，松井利康ら．ビジュアルで学ぶ伴侶動物解剖生理学．緑書房．2015年．
4. 山内昭二，杉村誠，西田隆雄 監訳．K.M.Dyce, W.O.Sack, C.J.G.Wensing. 獣医解剖学 第2版．近代出版．1998年．
5. 小方宗次 監訳．Louis N. Gotthelf. 犬と猫の耳の疾患．文永堂出版．2002年．
6. 木村順平 監訳．Eurell JA. FV21 Teton 獣医組織学イラストレイテッド．インターズー．2006年．

疾患編 12　歯科

猫の歯肉口内炎

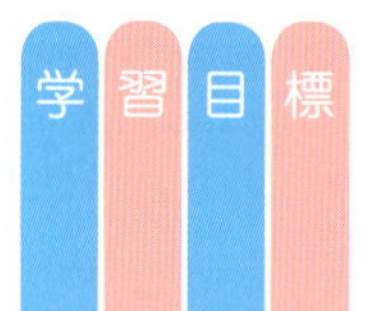

学習目標

- 猫の歯肉口内炎を理解する。
- 口内炎の治療法の概要を理解する。
- 飼い主への説明の方法を知る。

執筆・戸田　功（とだ動物病院 小動物歯科）

猫の歯肉口内炎では、歯肉だけでなく口腔の尾側や口腔内全体に真っ赤な口内炎がみられ、激しい口の痛み、流涎、食欲不振などの特徴的な症状がみられます（図 12-1）。これらのことは、猫や飼い主にとっては非常に辛いことです。

猫の歯肉口内炎は、猫に多くみられる治りにくい病気です。犬でも重度の口内炎として似たような状態がみられます（慢性潰瘍性歯周口内炎［CUPS］、図 12-2）。ステロイド剤や抗菌薬などの治療だけですと、徐々に悪化していく猫は少なくありません。しかし、早期から適切な判断と処置を行えば、かなりの改善が期待できますので、これを機に猫の歯肉口内炎を見直してみてください。

猫の歯肉口内炎の呼び名は？

日本では、今のところ「猫の歯肉口内炎」の呼び名は統一されていません。「猫の歯肉口内炎」という名称が多くの文献で使われていますが、以前は「猫の難治性口内炎」、「猫の口内炎」、「慢性潰瘍性口内炎」などとも呼ばれていました。アメリカの獣医歯科学会では「猫尾側口内炎：Feline Caudal Stomatitis」と統一しています。本稿では「猫の歯肉口内炎」と表記します。

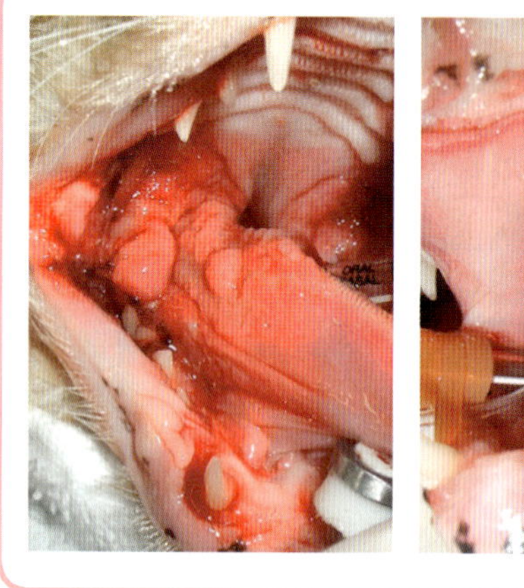

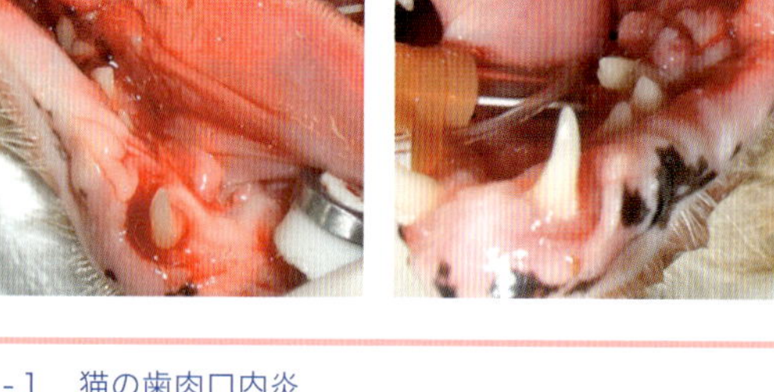

図 12-1　猫の歯肉口内炎
歯肉、口腔尾側粘膜、舌、口唇、口蓋の炎症が著しい。

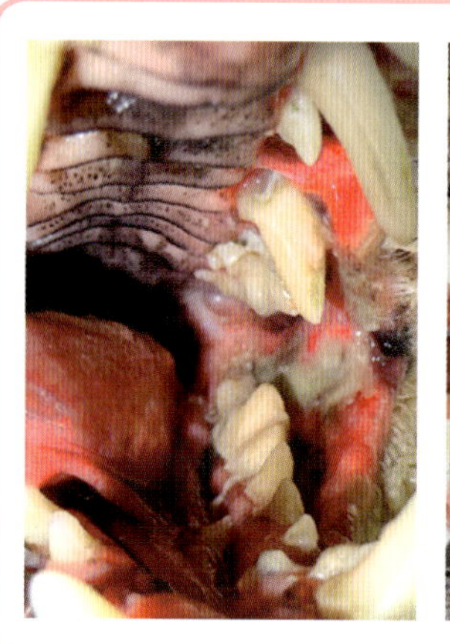

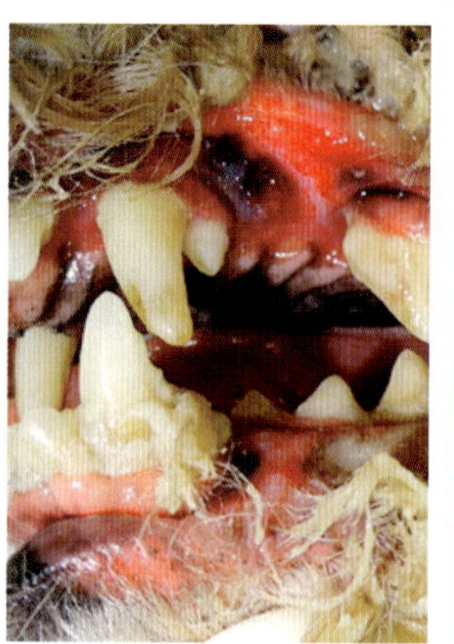

図 12-2　犬の CUPS（慢性潰瘍性歯周口内炎）
歯の周囲や口唇の内側などに激しい炎症を起こしている。一部は潰瘍化している。

猫の歯肉口内炎の症状は？

●軽度

一部の歯肉に限局して赤みと軽度の腫大（図 12 -3）がみられます。症状はほとんどみられません。

●中程度

口臭、赤い歯肉、前肢で口を気にする、ドライフードを食べなくなるなどの、あまり特徴的でない症状がみられます。口の中をみると臼歯の周囲や口の奥の粘膜が一部赤くなっており、口に触れることを嫌がるようになります。

●重度

特徴的な症状として、歯肉と口の中が真っ赤に腫れ上がり、いかにも痛そうな状態になります。疼痛に伴い、流涎（図 12 -4）、口腔内の出血、被毛粗剛、前肢の被毛の汚れ、採食時の疼痛と悲鳴、採食困難、食欲不振、体重減少、活動性の低下などのさまざまな症状がみられ、徐々に顕著になっていきます。身体検査時には、頭部触診時の疼痛、下顎リンパ節の腫大などがみられます。さらに、舌の表面にびらんや潰瘍（図 12 -5）が起こることもあります。これらの複合した症状が、慢性的にかつ進行性に起こります（図 12 - 1）。

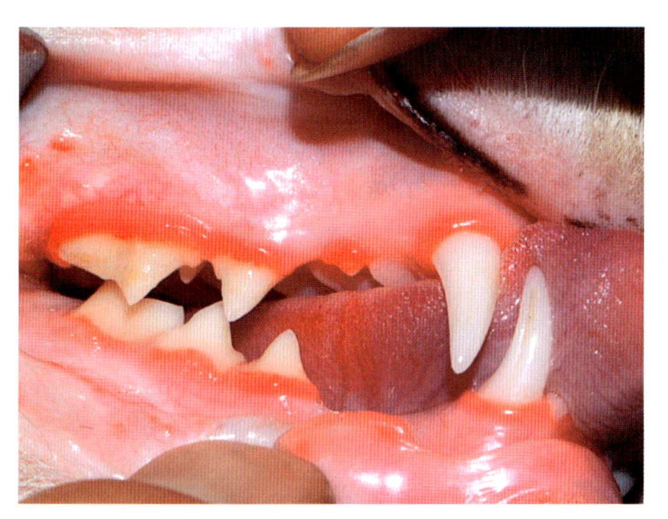

図 12 - 3　軽度歯肉炎、6カ月齢の猫

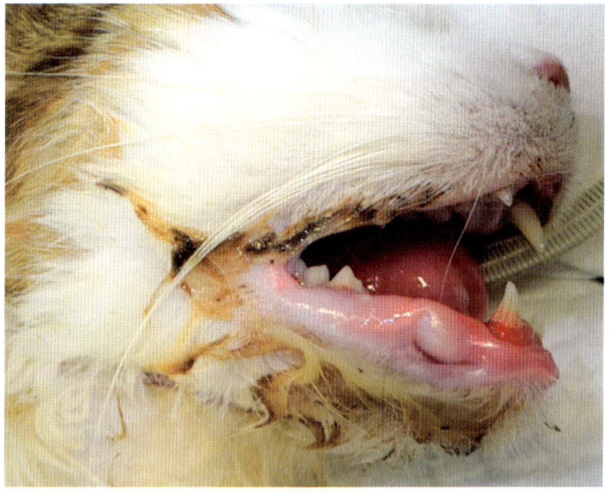

図 12 - 4　流涎が顕著な重度の歯肉口内炎の猫

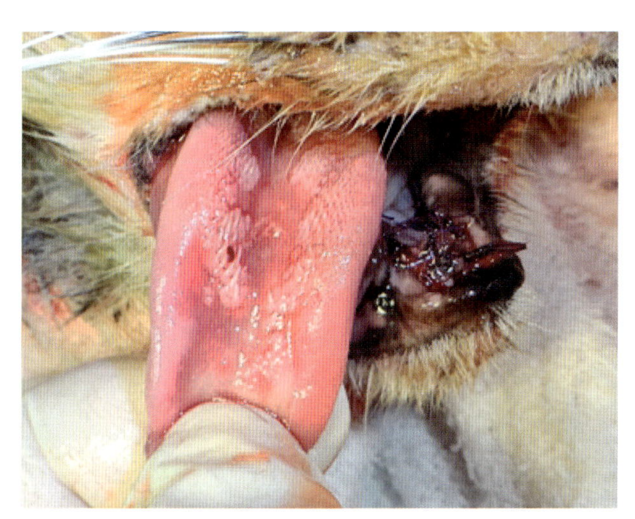

図 12 - 5　舌潰瘍

歯肉口内炎と歯周炎の違いは？

猫の歯肉口内炎と歯周炎との鑑別は重要です。歯の周囲が赤くなっていれば「猫の歯肉口内炎」とは限らないのです。

「歯肉炎」とは？

歯肉にのみ炎症が限局している病態であり、歯槽骨には影響が及んでいない状態です（図 12 -2、12 -3）。つまり、歯肉のみが赤く腫れている状態です。

「口内炎」とは？

口腔粘膜の２カ所以上の部位に炎症がみられる場合をいいます。口唇、歯肉、舌の特定の部位だけに炎症がみられる場合は、それぞれ「口唇炎」、「歯肉炎」、「舌炎（図 12 -6）」と呼んで「口内炎」とは区別しています。歯肉、口唇、舌とは別に口腔粘膜など２カ所以上に炎症が生じている場合を「口内炎」と呼んでいます。

特に猫では、歯肉の範囲が狭く、炎症が周囲の粘膜に波及しやすいため、歯肉炎と同時に口内炎になりやすいのです。

「歯周炎」とは？

歯肉も赤くなる場合もありますが、病気の主体は、歯を支えている歯周組織（歯根膜や歯槽骨）が破壊されている状態をいいます（図 12 -7）。いわゆる歯槽膿漏の状態です。歯周炎の治療は、軽度であれば、歯科予防処置とホームデンタルケアを行うことで維持回復させることができます。中程度から重度になると、徐々に歯周組織の破壊が進行し、最終的には歯を支持する顎が腐り溶けて、歯が脱落する状態となってしまいます。歯周炎の治療は、犬と同様に個々の歯に対して、歯冠と歯周ポケットの歯垢歯石の除去や抜歯が主体となります。

歯周炎の猫に、歯肉口内炎と勘違いして、ステロイド剤（プレドニゾロン）などを投与すると、歯周炎は悪化してしまいます。つまり、**歯周炎と歯肉口内炎は原因も病態も異なり、治療も異なりますので鑑別が重要です。**

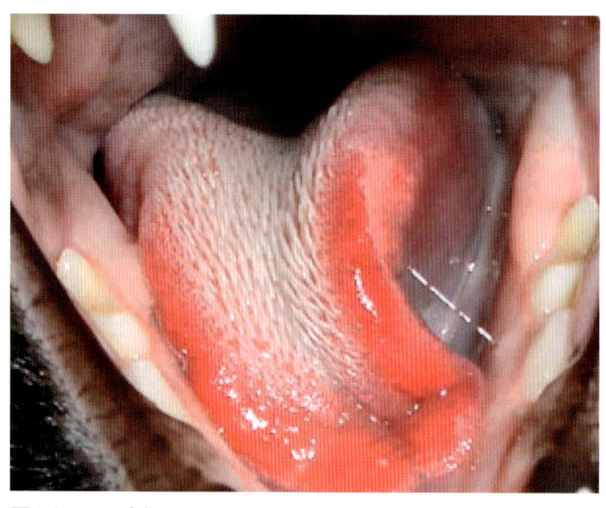

図 12 - 6　舌炎
柔軟剤をなめて舌辺縁にびらんがみられた。歯肉などには炎症はみられなかった。

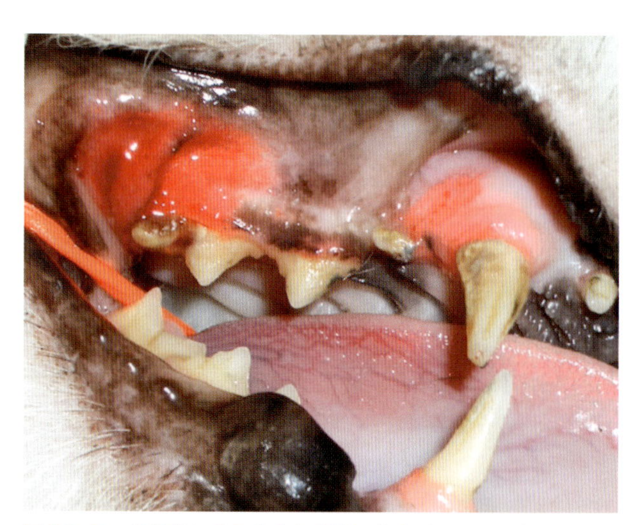

図 12 - 7　歯周炎に伴う歯肉と粘膜の炎症がみられた猫
猫の歯肉口内炎と鑑別が必要。

猫の歯肉口内炎の発生状況は？

●比較的若くて、歯が汚れていない

歯周炎は、一般的に高齢の犬・猫に多くみられますが、猫の歯肉口内炎では、1～3歳などの比較的若い猫にみられることが多いです。歯石の沈着は少なく、歯周病を伴わない場合も多いです（図12-8）。

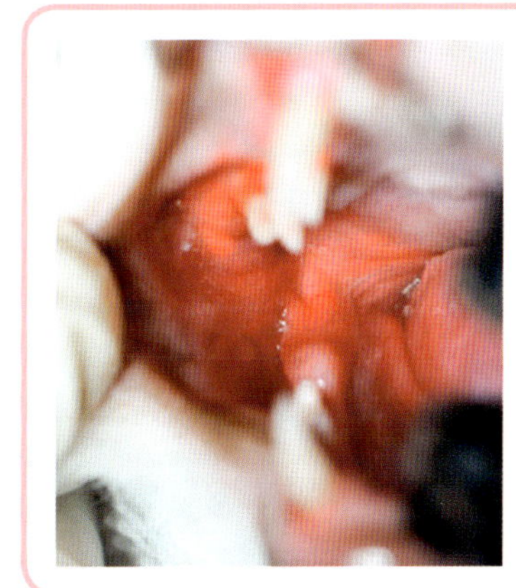
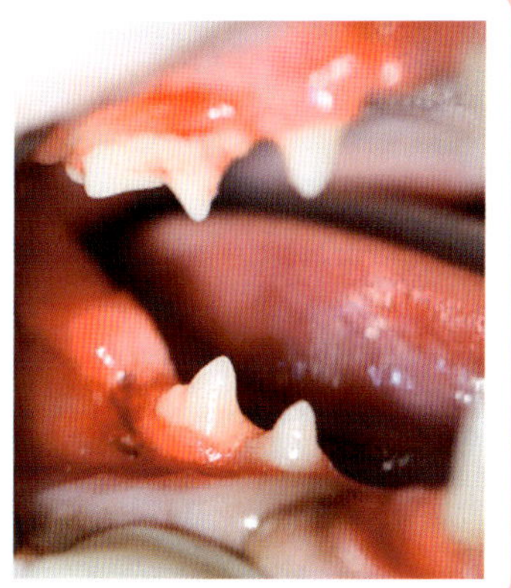

図12-8　歯が比較的きれいな歯肉口内炎
1歳。全顎抜歯を実施。

猫の歯肉口内炎の原因は？

ウイルスや細菌による感染が直接の原因ではないようです。複数の要因によって発生している可能性も高く、現在のところ詳しいことは不明です。

●細菌

歯肉口内炎の猫からはさまざまな菌が検出され、多様な細菌が猫の歯肉口内炎を起こしていると考えられ調査研究が行われました。しかし、口腔内の細菌は、歯肉口内炎の悪化要因の1つであると考えられていますが、直接の原因ではありませんでした。

●ウイルス

・FeLV、FIV

FeLV（猫白血病ウイルス）感染症、FIV（猫免疫不全ウイルス）感染症のどちらか、もしくは両方に感染した猫では、しばしば慢性の歯肉炎や口内炎がみられますが、歯肉口内炎の治療のために来院した猫の多くはFeLV・FIV陰性です。

ウイルス陽性の個体では、ウイルス陰性の個体よりも、通常は激しい慢性の口内炎がみられる傾向にあります（図12-9）。しかし、ウイルス陽性でも歯肉口内炎がみられない場合もあります。したがって、ウイルス感染が直接猫の歯肉口内炎の原因とはなっていません。

・FCV単独

猫の歯肉口内炎のほとんどの症例で、FCV（猫カリシウイルス）の抗体価が高いことから、FCVの関与が疑われています。しかしながら、カリシウイルス抗体価と歯肉口内炎の程度との相関はみられないようです。つまり、歯肉口内炎を引き起こす原因は、FCV

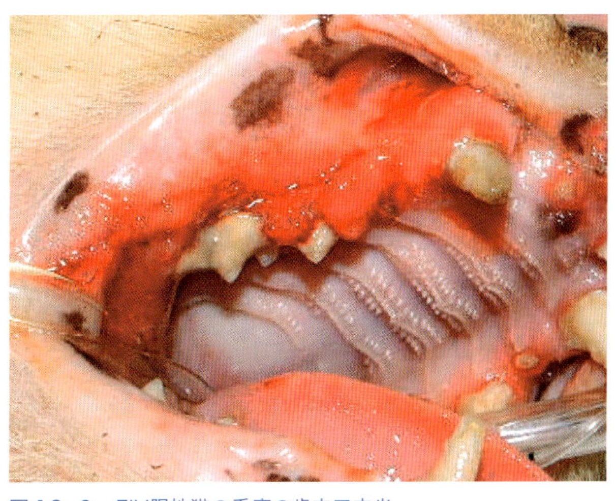

図12-9　FIV陽性猫の重度の歯肉口内炎
歯肉増生と激しい口内炎がみられた。

感染だけではありません。

●高γグロブリン血症

歯肉口内炎の猫のほとんどに高γ（ガンマ）グロブリン血症がみられます。正常時には、口腔内の免疫は唾液、歯肉溝滲出液、口腔粘膜上皮、リンパ節などにより維持されています。唾液中の抗体や酵素が、細菌からの攻撃を防御しています。

いったん歯肉口内炎になると、侵入した有害な細菌などに対し免疫応答を起こし、T・B両方のリンパ球が活性化されます。Tリンパ球は多数のサイトカインを産生し、炎症を引き起こし、Bリンパ球は免疫グロブリンを分泌します。そのため、高γグロブリン血症になるのです。

現在は、猫の歯肉口内炎の主たる原因は、歯垢内の細菌に対する過剰な免疫反応による慢性炎症と考えられています。

歯垢歯石除去や抜歯により、菌の生息場所をなくすことで、症状が治癒もしくは軽減がみられることや、抗菌薬に反応が悪い一方で、ステロイド剤（プレドニゾロンなど）に反応が良いことも、このことの裏付けになります。歯肉口内炎は、免疫不全あるいは悪化した免疫反応によってもたらされており、**歯垢内の細菌や細菌の分泌する物質に対する過剰反応が原因と考えられています。つまり、「歯垢不耐性」状態であると予測されています。**

猫の歯肉口内炎の治療とは？

根本的な考え方

猫の歯肉口内炎の病態と治療のポイントを飼い主に説明し、より早期に適切な治療を行うことが重要です。

治療のポイントは、その猫の状況や病態に合わせて、治療計画を飼い主に説明する必要があります。

前述のように、猫の歯肉口内炎は口腔内細菌に対する過剰な免疫反応が主体ですから、治療の根本は、**A：歯垢（口腔内細菌）を減少させる対策、B：過剰な免疫反応を抑える対策の2つ**を、状態に応じて組み合わせることです。

主な対策

●A：歯垢（口腔内細菌）を減少させる対策

歯垢つまり口腔内の細菌の増殖を抑え、減少させることが重要なポイントです。スケーリングなどで外科的に歯垢歯石を除去する方法は手っ取り早い方法ですが、すぐに歯垢は再付着するため、現実的ではありません。継続して歯垢の発生場所をなくす「抜歯」が、最も有効な治療です。抜歯以外には、口腔内用のサプリメントなどを併用し、善玉菌を増やし、口腔内環境を改善することも重要です。

●B：過剰な免疫反応を抑える対策

猫の歯肉口内炎は、悪化すると完治させることが難しいため、軽症のうちに対処することが重要です。ステロイド剤の投与により、一時的に痛みや炎症が収まってしまうため、やむなく長期に連用されている場合もありますが、逆に猫の歯肉口内炎が重度に進行し、治癒が厳しい状態まで悪化するケースも多いです。

また、抜歯後に猫の歯肉口内炎が継続する場合には、ステロイド剤は使わず、免疫抑制剤などの投薬や、非ステロイド系の消炎剤や補助のサプリメントなどを併用すると良いと思います。

程度による治療計画

猫の歯肉口内炎は、その程度によって治療方法を選択します。猫の歯肉口内炎の程度が軽度であれば抜歯以外の治療方法が受け入れられるでしょうし、重度であれば、全臼歯抜歯や全顎抜歯が適応となります。また、飼い主が何を希望するのかによって治療計画が変わります。

a：軽度の場合

歯垢の除去と再付着の予防を主体とし、口腔内の衛生状態を良好に保つ維持治療を行うことで改善できる場合も多いです。麻酔下でのスケーリングも有効です。同時に口腔内善玉菌や犬インターフェロンα製剤の投与、口腔内の洗浄を行うと良いです。

b：中程度の場合

この時点でステロイド剤の投与を行うと、投与初期には有効性がありますが、連続投与すると、徐々に効かなくなり悪化していく場合がほとんどです。できるだけ早期に全臼歯抜歯や全顎抜歯を行うことをお勧めしましょう。この時点で抜歯をお勧めすることで、抜歯処置も難しくなく、辛い症状も早期に治る可能性が高まります。

c：重度の場合

重度の猫の歯肉口内炎に陥った場合には、飼い主を十分に説得して、できるだけ速やかに全顎抜歯を行うべきです。そうでなければ、猫が辛く苦しくなるだけです。

治療法の各論

治療のポイントとして、中程度と重度の猫の歯肉口内炎の治療は、全臼歯抜歯がベターで、全顎抜歯がベストです。また、ステロイド剤の単独投与は、一時的に炎症を抑える効果がありますが、長期連用することで病態を悪化させるため、一時的な使用にとどめるべきです。

表12-1に他の治療法についての概要を示します。

表12-1　猫の歯肉口内炎の治療方法と効果の比較

方法	効果	継続性	猫の負担	費用
❶ 全顎抜歯	◎◎◎	◎◎◎	＊＊＊＊	＊＊＊＊
❷ 全臼歯抜歯	◎◎	◎◎	＊＊＊	＊＊＊
❸ スケーリング	●	×〜▲	＊＊	＊＊
❹ レーザー照射	▲	×〜▲	＊＊	＊＊
❺ 免疫抑制剤（併用）	◎	◎	＊	＊
❻ ステロイド剤	▲〜●	××	＊	＊
❼ NSAIDs（非ステロイド性抗炎症薬）	▲	▲	＊	＊
❽ 猫インターフェロンω（オメガ）	▲	×	＊	＊＊
❾ 犬インターフェロンα（アルファ）	▲	▲	—	＊
❿ 抗菌薬	×	×	＊	＊
⓫ デンタルリンス	▲	●	—	＊
⓬ 口腔内善玉菌	▲	◎	—	＊
⓭ ラクトフェリンなど	●	◎	—	＊

効果、持続性　◎…大変有効　○…有効　▲…効果があるときもある　×…効果がない
猫の負担、費用　＊…数が多いほど負担が重く費用も高い　—…負担がない

［治療各論］

❶ 全顎抜歯・全臼歯抜歯
❷

外科的治療である全臼歯抜歯（前臼歯と後臼歯を全部抜歯する）と全顎抜歯（全部の歯を抜歯する）（図12-1、12-10、12-11）は、多くの報告で最も効果的な治療法です。他の治療法と異なり、治癒率も非常に高い方法です。一度で治癒を目指すなら、全顎抜歯を選択すべきです。全臼歯抜歯と全顎抜歯のどちらかを選択するかは、症例の状態によって判断すべきです。例えば、歯肉口内炎の程度が重度で、切歯と犬歯の周囲から口の奥まで広範囲に炎症が起こっている場合には、全顎抜歯が適応です。また、炎症が口腔尾側に限局しており、軽度から中程度の歯肉口内炎であれば、一旦は全臼歯抜歯で反応をみるのも良いと思います。しかし、全臼歯抜歯を行って改善がみられない場合は、追加で全顎抜歯を検討するべきです。

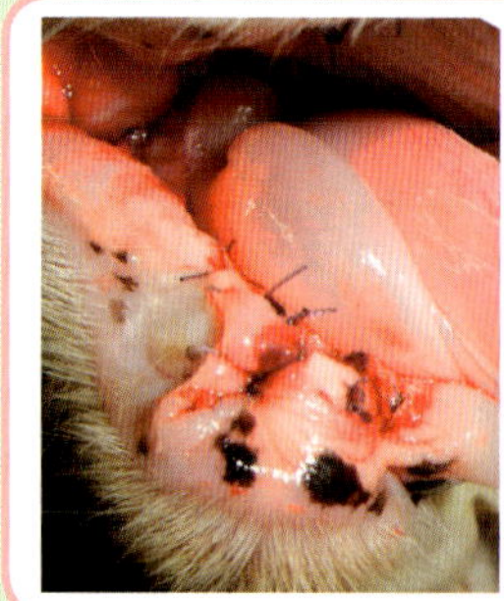
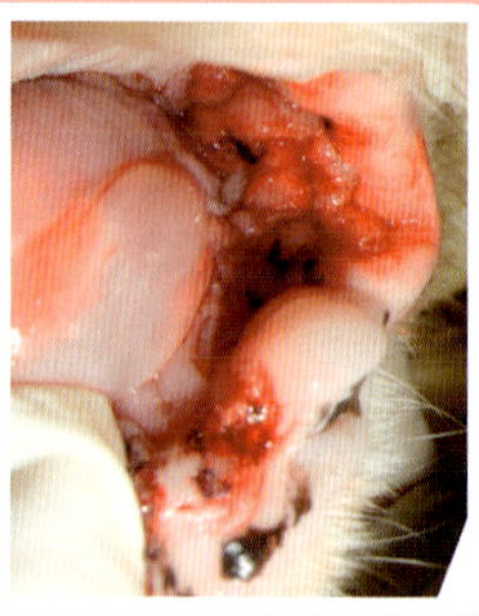

図12-10
図1の猫の全顎抜歯
1歳。全顎抜歯を実施した。

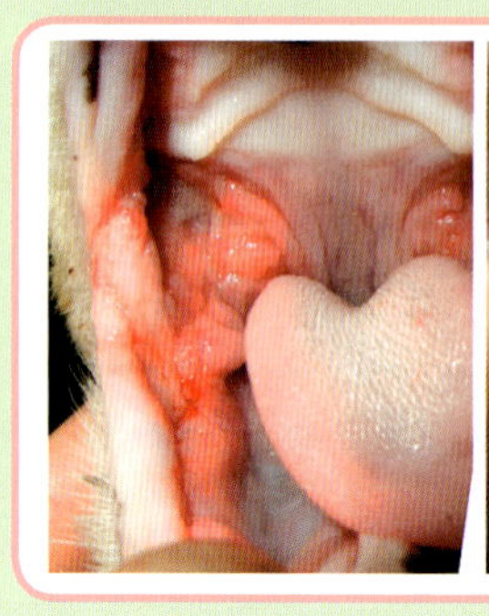
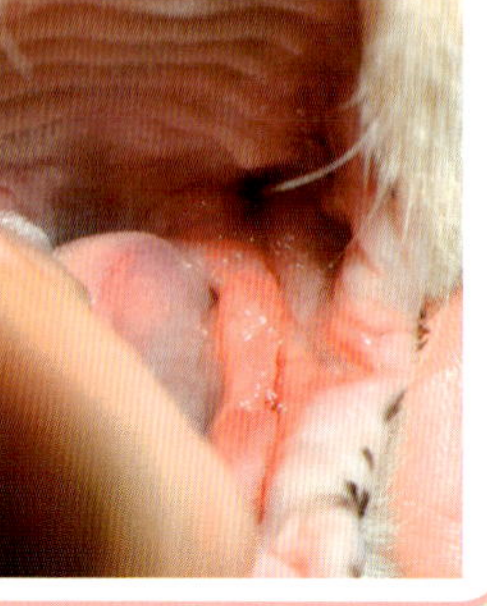

図12-11
図7の猫の6カ月後
口内炎は劇的に改善しており、痛みなども消失した。

❸ スケーリング

スケーリングは、歯肉口内炎の初期には有効です。他の口腔内のケア（❾、⓫、⓬、⓭）と合わせれば、進行を遅らすことは可能だと思います。中期以降では効果が持続しません。

❹ レーザー照射

レーザー照射の効果は限定的です。すぐに再発しますので、お勧めしません。

❺ 免疫抑制剤（併用）

免疫抑制剤（シクロスポリン）は、前述の過剰な免疫反応を抑えるのに非常に有効な薬剤です。この薬剤は、全顎抜歯か全臼歯抜歯を行った後で、十分に完治がみられない場合に補助的に使用されます。

❻ ステロイド剤

ステロイド剤（プレドニゾロンなど）は、強い消炎作用と免疫反応を抑える作用を有するため、短期的には有効な武器です。単独の長期連用投与は、外科的な治療のタイミングを遅らすことにつながるため、予後は悪くなります。手術前の疼痛の激しい状態を一時的に抑える程度に使用すべきです。

❼ NSAIDs（非ステロイド性抗炎症薬）

NSAIDsには一定の消炎効果が期待されますが、ステロイド剤程度の強い効果は期待できません。

❽ 猫インターフェロンω

猫インターフェロンω（インターキャット®）は、カリシウイルスの感染初期には有効ですが、慢性感染に対しての効果は限定的です。猫の歯肉口内炎に対しての単独での治癒効果は期待できません。

❾ 犬インターフェロンα

犬インターフェロンα（インターベリーα®（図12-12））は、猫には適応外の処方ではありますが、外科的な治療ができない猫への単独使用例で、重症例での疼痛緩和など臨床症状の改善がみられています。口内炎がある猫でも、嗜好性が高いため投薬が楽です。しかし、インターフェロン単独では根本治療にはならないため、補助的な使用となります。全顎もしくは全臼歯抜歯後に使用すると効果が高いようです。

図12-12　犬インターフェロンα製剤インターベリーα®（DSファーマアニマルヘルス㈱）。口腔内細菌を抑え、歯肉炎などの炎症を抑える効果が高い。口腔内に容易に塗布可能。嗜好性が高い。

❿ 抗菌薬

抗菌薬は、口腔内細菌を有意に減少させることができますが、耐性菌の問題があり、長期的な投与が難しいです。また、単独での治癒効果はみられません。そのため、外科的な治療の前後に投与することが望ましいと思います。

⓫ デンタルリンス

デンタルリンスやデンタルスプレーは、術後の管理に有用です。
単独での効果は弱いうえに、猫が嫌がる場合が多く、使いにくい製剤です。

⓬ 口腔内善玉菌製剤

口腔内善玉菌（ペロワン、デンタルバイオ®（図12-13））など）は、口腔内環境の改善に有効です。単独での効果は限定的ですが、臨床症状の改善は期待できます。嗜好性が高いため、投薬が楽で長期的な補助治療となり得ます。

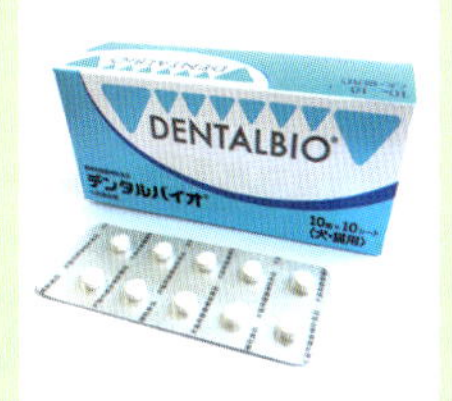

図12-13　口腔内善玉菌製剤の例「デンタルバイオ®」（共立製薬）。プロバイオティクスの製品もある。口腔内環境の改善が期待できる。

⓭ ラクトフェリンなど

ラクトフェリンなど（ペロワン（図12-14）、オーラティーン・デンタルジェル（図12-15）など）はジェル状の製剤です。口腔内の環境を改善でき、炎症を抑える効果が期待できます。単独使用でも効果はみられ、術後の管理にも有効です。少し甘味のある製剤が多く、投与も容易であり、長期的な使用にも問題はみられません。通常のデンタルホームケアとしても非常に有効です。

図12-14　デンタルジェルの例「ペロワン」（メニワン）。甘みがあり、嗜好性が高く、猫でも投与しやすい。口腔内善玉菌、ラクトフェリン、歯周病菌抗体の三つの成分で抗炎症作用、口腔内細菌の減少が期待できる。

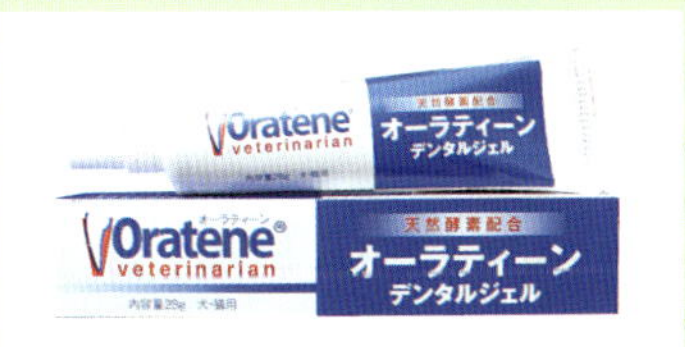

図12-15　デンタルジェルの例「オーラティーン・デンタルジェル」（PKBジャパン）。ラクトフェリンなどの消炎効果が期待できる。甘みがあり、嗜好性が高く猫に投与しやすい。

飼い主への説明のポイントは？

十分な説明を

治療を行ううえで重要なポイントは、猫の歯肉口内炎の程度に応じた病院での治療とホームケアについて、飼い主へ十分な説明を行い理解してもらうことです。

治療を決めるにあたり、飼い主側の理解度も重要な要因です。ほとんどの飼い主は、麻酔をかけて多くの歯を抜くこと（外科的治療）への強い抵抗感があります。さらに、麻酔に対して強い不安を抱えています。例えば、「ほとんどの歯を抜いたら食べられなくなるのではないか？」、「痛い治療でかわいそうだ」、「麻酔のリスクが高い？」、「高額な治療よりステロイド剤などの薬でどうにかならないか？」などと考えているようです。軽度から中程度の猫の歯肉口内炎の場合、内科的な治療で改善をみることができた経験があるため、飼い主はあえて高額で麻酔のリスクが高い外科的治療を選びたがりません。

しかし、徐々に悪化してくる病気であることと、疼痛をもつ猫には内科的治療には限界があることを伝えるべきです。中期以降は、外科的治療により多くの歯を失うことになりますが、術後には猫は痛みから解放され、術後数週間後からドライフードでも快適に食べることができることなどの利点を飼い主に説明し、理解してもらう必要があります。

処置後のケアはどうしたら良いか？

軽度から重度の猫の歯肉口内炎の治療には、しばしば外科的治療だけでは維持管理が不十分な場合があります。全臼歯抜歯の場合には、犬歯や切歯が残るため、家庭でのオーラルケアと病院での定期的な維持管理は欠かせません。

家庭でのオーラルケアにおいても、口腔内の菌の増殖を抑え、減少させることが重要なポイントです。例えば、前述の❾の犬のインターフェロンα、⓬の口腔内善玉菌などのサプリメントを口腔内に投与することにより、善玉菌を増やし、悪玉菌の繁殖を抑え、口腔内の免疫状態を改善することが期待できます。それでも悪化する場合には、全顎抜歯する必要があります。

全顎抜歯を行った6～7割の症例で、オーラルケアが不用になります。全顎抜歯を行った症例のうち、猫の歯肉口内炎の改善はみられますが、口腔後部に口内炎が残る場合があります。そのような症例には、❺の免疫抑制剤の投与、❾の犬のインターフェロンα、⓬の口腔内善玉菌製剤などを組み合わせて維持管理する場合があります。

猫の歯肉口内炎のまとめ

●歯が比較的きれいなのに、歯肉と口腔粘膜に燃え上がるような激しい炎症が起こる難治性の疾患。
●猫に多くみられる。
●歯肉・粘膜の慢性増殖性の病態。
●歯垢内の細菌に対する過剰反応と考えられている。高γグロブリン血症がみられる。歯周炎とは異なる。
●一番効果的な治療は「全顎抜歯」、次に「全臼歯抜歯」。ステロイド剤の有効性は一時的。
●処置後のケアも重要。

皮膚

犬の膿皮症

学習目標
- 膿皮症の原因を理解する。
- 膿皮症の症状をイメージできるようになる。
- 検査方法を整理する。
- 治療方法を説明できるようになる。

執筆・森　啓太（犬と猫の皮膚科）

皆さんはじめまして。犬と猫の皮膚科という動物病院に勤務している森　啓太といいます。よろしくお願いします。

私が新人のころの話です。検査中の先輩獣医師に付いていたとき、「ラ○○○○ 1cc 吸って持ってきて！」といわれたのですが、よく聞こえなくて「（ラクツロースって言ったよな？）了解です！」と急いでラクツロースを 1cc シリンジに用意して持っていったところ、「これは何？ ラシックスって言ったよね？」と静かに怒られました。

今考えれば心臓のエコー中にラクツロースが必要であることはないのですが、当時の私はテンパっていて聞き返そうとしませんでした。思い出すと今でも恥ずかしくて死にそうです。「聞くは一時の恥、聞かぬは一生の恥」なんて言いますし、ヒトに聞くことの難しさは昔から永遠の課題なのでしょうね。「今さら聞けない」と思わずに、どんどん聞いていきたいものです。

さて、本項では「膿皮症」がテーマです。まさに今さら聞けない、皮膚病のなかでも最も多い疾患の一つです。この機会に知識を整理しておきましょう。「膿皮症、正直、なんだかよくわかんないんだよね…」という方も、「膿皮症なんて今さら…」という方も、騙されたと思ってしばしお付き合いください。それでは参りましょう。

膿皮症とは？

そもそも細菌、真菌、ウイルスの違いは何？

膿皮症とは一言でいえば、「細菌による皮膚感染症」です。

ところで「細菌」ってなんのことか、説明することはできますか？　細かいことは置いておき、ここでは「真菌（カビ）」と「ウイルス」との違いについて着目してみましょう。

まず細菌と真菌は、自己複製できます。細胞分裂によって、自分の力だけで増殖することができるということですね。反対に、ウイルスは自己複製できず、他の生き物の細胞を利用して増殖します。また、細菌と真菌は細胞からなりますが（細菌は単細胞、真菌は多細胞生物）、ウイルスは細胞をもちません。もっとざっくりいうと、細菌と真菌は（光学）顕微鏡でみえますが、ウイルスはみえません（**表 13 - 1**）。

ちなみに、バイキンは漢字で書くと「黴菌」、「黴」はカビのことです。「バイキン」という言葉は定義があいまい（ヒトにとって有害、という意味を含んでいます）なので、あまり使わない方が良いかもしれません。もちろん、飼い主にお話するときにその方が理解しやすそうなら、使っても問題はないでしょう。

以上の違いは頭に入れておきましょう。それでは膿皮症に話を戻します。

表13-1　細菌、真菌、ウイルスの違い

	細菌	真菌（カビ）	ウイルス
自己複製	できる	できる	できない
細胞	単細胞	多細胞	ない
光学顕微鏡下での観察	みえる	みえる	みえない

膿皮症の原因は？

原因となる細菌は、主にブドウ球菌（スタフィロコッカス）です（図13-1）。ブドウ球菌は、顕微鏡でみると、実際にブドウの房状にみえます。グラム染色で青く染まる（陽性）丸い菌なので、グラム陽性球菌と呼ばれます。

ブドウ球菌は皮膚の常在菌なので、健康な犬の皮膚にも生存しています。このブドウ球菌がなにかのきっかけで増殖し、皮膚で炎症が起こっている状態のことを、膿皮症といいます（図13-2）。

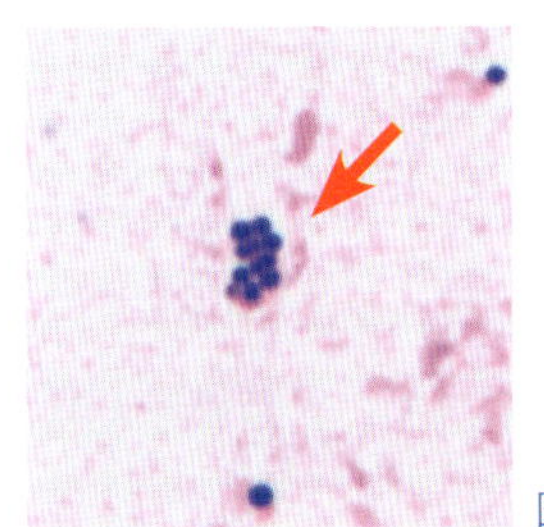
図13-1　ブドウ球菌

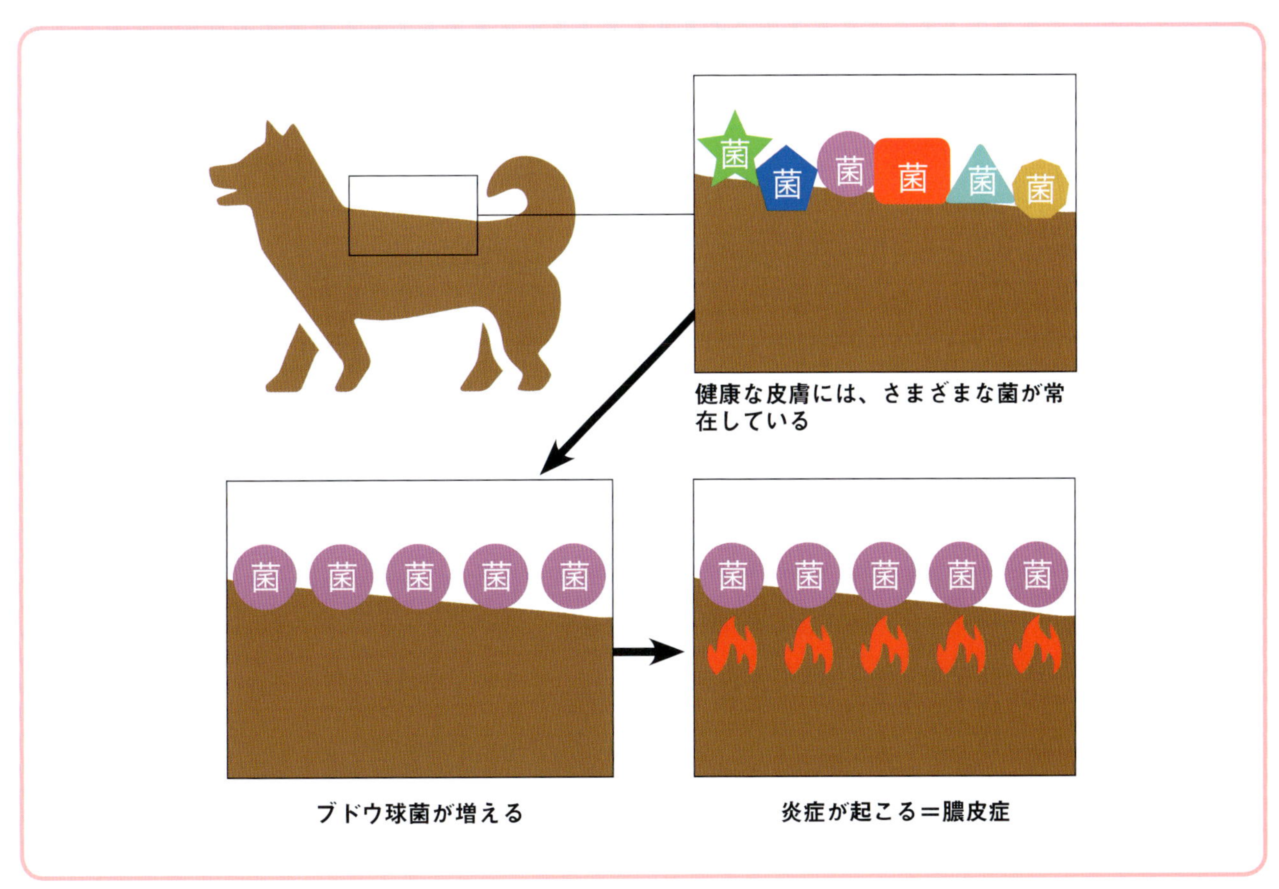

図13-2　膿皮症の発症のしくみ

どんな症状？

膿皮症の症状は多様です（図 13-3）。しかし、基本的には「増殖した細菌に対する炎症」が目にみえている状態のことですので、それを考えるとイメージが湧きやすいかもしれません。炎症があるので、痒みも出てくることが多いです。具体的に言葉に落とし込むと、「最近皮膚が赤くなってきた」、「急にブツブツがでてきて痒そう」、「かさぶたができてる」などの主訴が多いかと思います。飼い主がこういうことを言っていたら「もしかして…膿皮症？」と考えても良いかもしれません。

紅斑

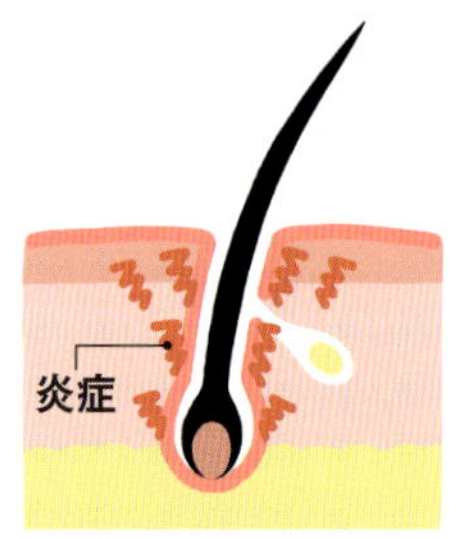

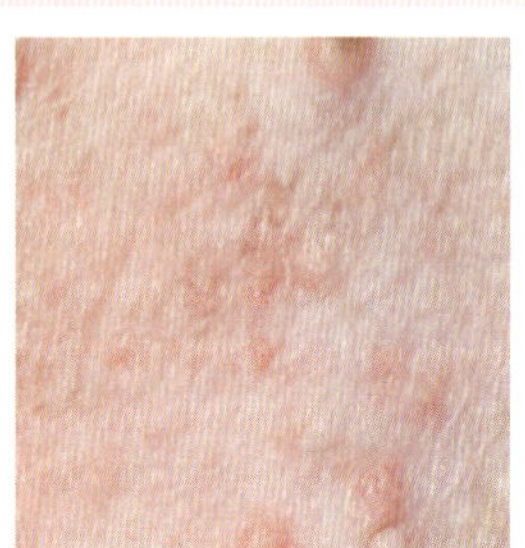

炎症や毛細血管の拡張によって、皮膚が赤く変化することを紅斑といいます。

膿疱

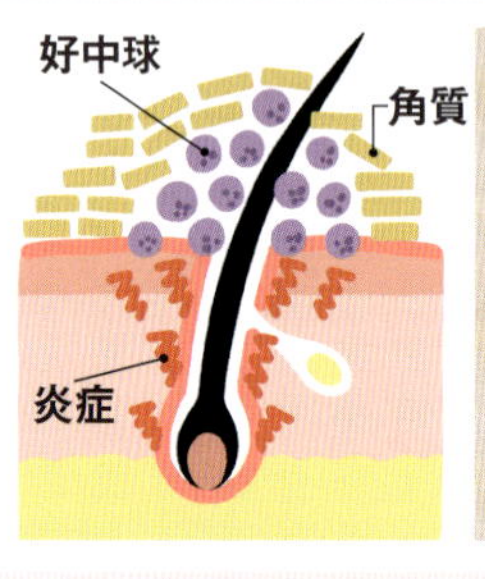

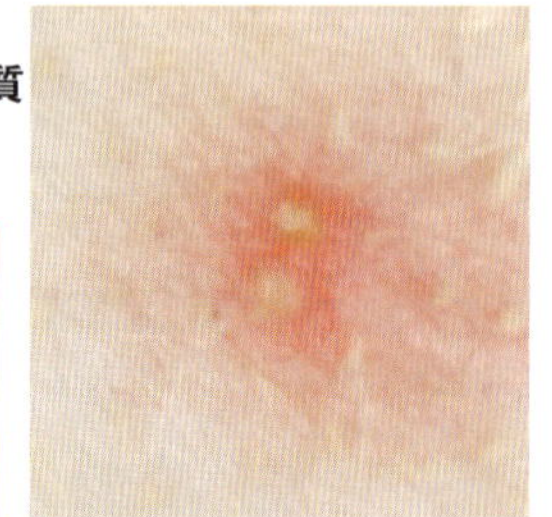

膿（好中球や細菌などからなる）がふくろ状に満たされている状態を膿疱といいます。

表皮小環

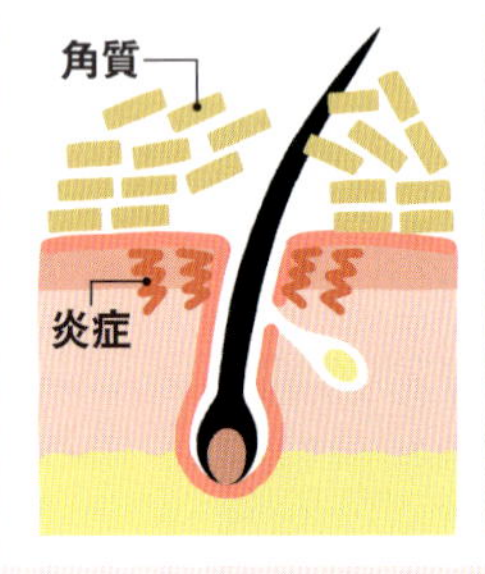

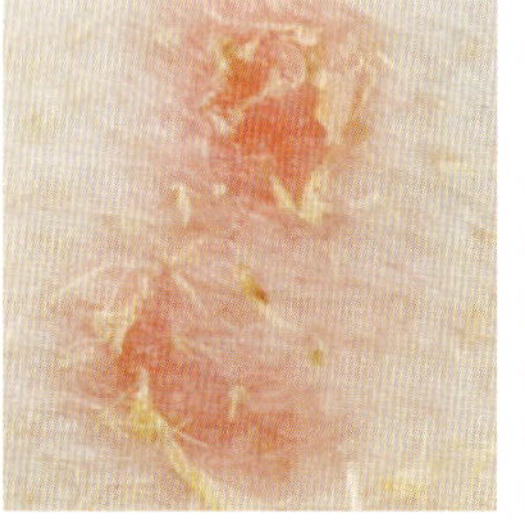

環状の紅斑の周囲をはがれかけの鱗屑（フケ）が囲んでいる状態を表皮小環といいます。

痂皮（かひ）

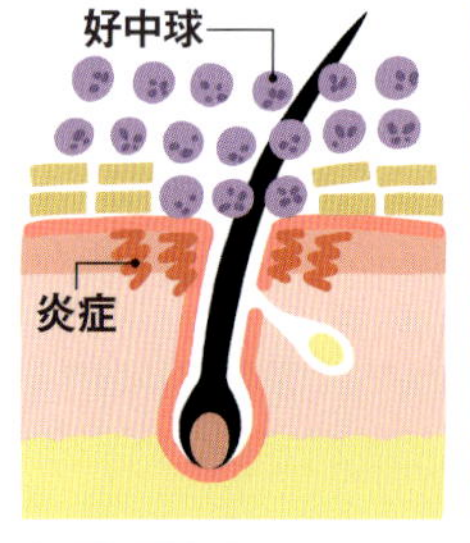

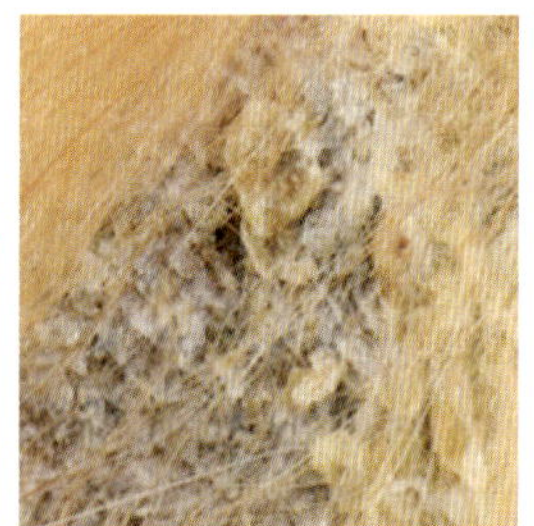

膿や出血、浸出液などが乾燥して皮膚の表面にくっついているものを痂皮といいます。いわゆるかさぶたです。

図 13-3　膿皮症の症状

感染症ってことは、うつるの？

膿皮症はうつりません。他の犬にも、もちろんヒトにもうつりません。問題は常在菌が悪さをしていることなので、その犬の皮膚や環境に発症のきっかけがあります。多頭飼いの飼い主によく聞かれることなので、きちんと答えてあげましょう。

ちなみに皮膚糸状菌症（カビ）や疥癬（ヒゼンダニ）はバッチリうつるので気を付けましょう！

湿疹？　じんま疹？

膿皮症の症状をみて、「湿疹」や「じんま疹（蕁麻疹）」といった言葉で説明される飼い主もいます。正確には、これらは膿皮症とは別の病気です。湿疹は感染を伴わない皮膚の炎症を、じんま疹はアレルギーによるむくみを指します。

「うちの子じんま疹がでちゃって」と言われても、飼い主が何を表現したいのかを考えて、落ち着いて話を聞けると良いですね。

膿皮症の検査ってどうするの？

グラム染色

なんといってもブドウ球菌を捕まえてくるのが、診断の近道です。そしてブドウ球菌を捕まえるためによく行われる検査が、グラム染色による皮表細胞診です（図 13-4）。

膿疱があれば膿疱の中身を、ジュクジュクした紅斑があればジュクジュクを採材するのが王道です。よく風乾し火炎固定した後に、染色を行います。ざっとやり方をおさらいしておきましょう。

お気付きの方もいるかもしれませんが、信号機の順番です。青→黄→赤の順に１分間ずつ載せておくだけです。他にもバーミー法などのやり方もありますが、基本は一緒です。

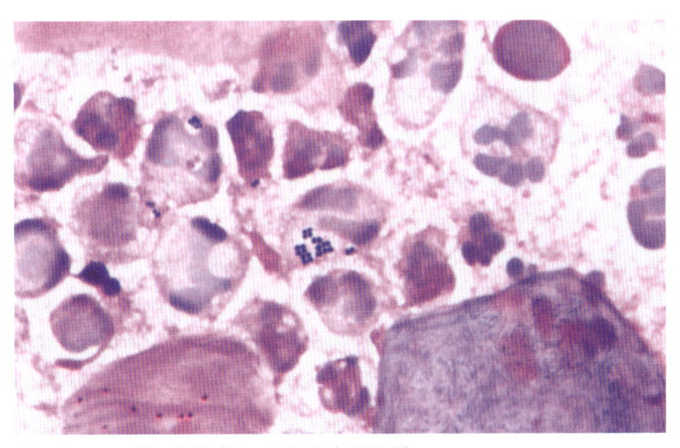

図 13-4　グラム染色による皮表細胞診

グラム陽性菌（ブドウ球菌など）は細胞壁が厚いので、❶で染めた後、❷で脱色しても青色が細胞壁に残

基本的なグラム染色の方法（西岡法）

❶（青）ビクトリアブルー液をスライドグラスに満載し、1分後に水洗する。

❷（黄）ピクリン酸エタノールを満載し、青色が抜けたら（30秒〜1分）水洗する。

❸（赤）サフラニンもしくはフクシン液を満載し、1分後に水洗、乾燥し封入する。

るため、青く見えます。グラム陰性菌（大腸菌など）は細胞壁が薄いので、❷の脱色で青色が抜け、❸で赤色が入るため、赤く見えるという理屈です（図13-5）。

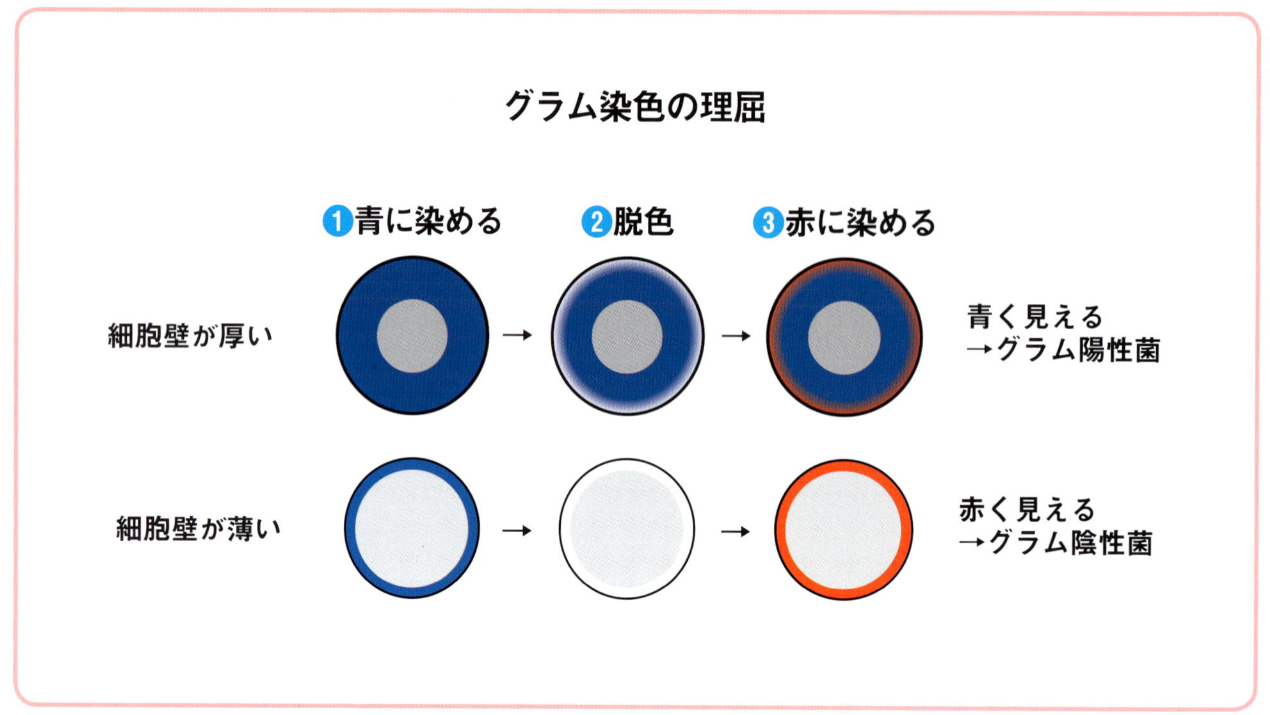

図13-5　グラム染色の理屈

グラム染色の注意点

簡単で便利なグラム染色ですが、調子にのって染めていると手指やシンクが素敵なカラーリングになってしまいます。しかも、グラム染色液って結構落ちないんです。シンクに付いたら院長にバレる前に掃除しましょう。特に青色はアルコールでよく落ちます。グラム染色の理屈がわかっていれば、その理由は察しがつきますね？

ちなみにデートの前に染色しなきゃいけないときは、グローブを着けるのがお勧めです。

細菌培養検査

膿皮症の診断というよりも、抗菌薬の選択のために行う検査です。医学領域でも獣医学領域でも耐性菌が問題となっているため、適切な抗菌薬を選択し、適切な期間投与することが非常に重要となっています。

血液検査、甲状腺検査などのスクリーニング検査

再発性や難治性の膿皮症では背景疾患が隠れている場合があります。皮膚科検査ではなく、全身の精査も行うことも多いので、その準備もしておきましょう。

膿皮症の治療は？

治療は大きく２つに分けられます。抗菌薬による治療と、外用薬（シャンプー）による治療を使い分けていきます。

抗菌薬

膿皮症ではブドウ球菌が主な原因となるため、セファレキシンなど、グラム陽性菌に効果のある第一世代のセフェム系が第一選択薬として使用されることが多いです。しかし近年では、メチシリン耐性ブドウ球菌が増加しているので、効かないこともしばしばあります。そこで薬剤感受性試験を踏まえて、効く薬を使っていきましょう、ということになります。

ただし、せっかく効いている抗菌薬を処方しても、中途半端にやめてしまうとまた再発してしまいます。一般的な膿皮症の治療期間は３～４週間、もしくは症状がなくなってから１週間といわれています。飼い主には、薬が効いていたとしても最後まで飲み切るように、途中でやめないようにお話しておくと良いかもしれません。

また、一般的な抗菌薬の副作用として消化器症状を起こすことがあります。「便がゆるくなる」、「吐き気をもよおす」などの可能性を伝えておくと、飼い主の不安も和らぐかと思います。

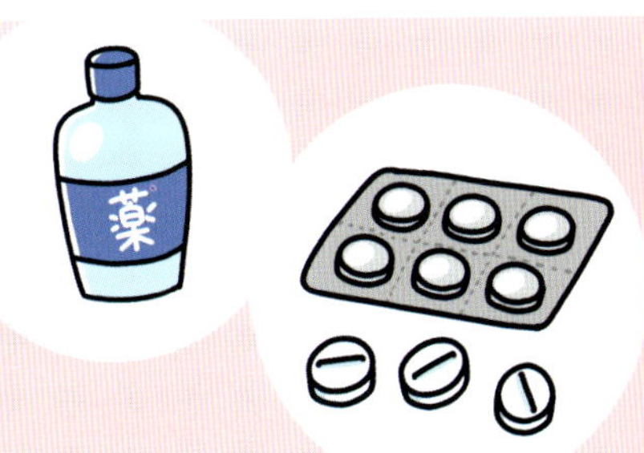

薬は最後まで！

症状がなくなっても、処方された薬は飲み切るように伝えましょう！途中でやめるとぶり返すかも……。

抗菌薬？　抗生物質？

抗生物質と抗菌薬は厳密にいうと意味が少し違いますが、実際には、抗生物質、抗菌薬、抗生剤、抗菌剤、化膿止め、このあたりはほとんど同じ意味で使われているので、あまり気にしなくて良いと思います。飼い主もこのあたりは「？」となっている方も多いので、困惑していたら説明してあげてください。

外用薬（シャンプー）

さまざまなシャンプーが市販されていますが、今のところ膿皮症に対する高い治療効果が報告されているのは、クロルヘキシジンと過酸化ベンゾイルです。特に論文にもなっている２％酢酸クロルヘキシジン製剤（ノルバサン®サージカルスクラブ）は私もよく使用しています。以下の使用方法を確認しておきましょう。

ノルバサン®サージカルスクラブの使用方法のポイント

- 濃度が大事なので、水で薄めずそのまま使いましょう。泡立てるために薄めたりすると効果が落ちてしまいます。
- 使用する量も大事です。500円玉大に取ったシャンプーで、手のひら２枚分の面積の皮膚を洗浄するのが理想的です。
- ３～５分間程度おいてから洗い流すようにしましょう。時間はきっちりとしなくても良いので、症状の強い場所から順番に洗ってもらうと良いかもしれません。
- １日おき～週２回洗うことにより治療効果を発揮します。もしかするとそんなに頻繁に洗えていないかもしれないので、飼い主に「実際どのくらい洗えそうですか？」と聞いてしまっても良いでしょう。
- もともとは外科用の消毒薬なので、シャンプーと思って使うと泡立たなくて使いづらいと感じると思います。「塗り薬と割り切ってください」と一言添えると、うまく使用していただきやすくなります。

猫は小さな犬ではない

イケていない英語の例文のようですが、「犬の病気を猫に当てはめて考えてはいけない」という、小動物に携わる獣医師の間ではよく知られている言葉です。犬と猫の身体の構造や機能はまったく違うので、現れる症状や病気も当然違ってきます。

例えば、「ヒトは大きな犬ではない」とか、「キリンは首の長いウマではない」という言葉がナンセンスであることは、誰が聞いてもわかりますね。普通に考えれば当たり前のことです。しかし忙しい診察のなかで、犬でみられる異常や病気を猫に当てはめてしまいそうになることが時々あります。これは、日々忙殺されている獣医師にとっての戒めの言葉なのです。

本稿で取り上げた膿皮症も、犬の皮膚病です。**猫には膿皮症はありません**。不思議ですね。猫で同じような皮疹がみられるようなら、まずは皮膚糸状菌症（カビ）を考えたほうが良いでしょう。ちなみにヒトには犬の膿皮症に相当する皮膚病があります。代表的なものが伝染性膿痂疹、いわゆる「とびひ」です。犬と違い、伝染性膿痂疹は接触により他人にうつってしまいます。気を付けましょう。

膿皮症＋○○疾患の皮疹

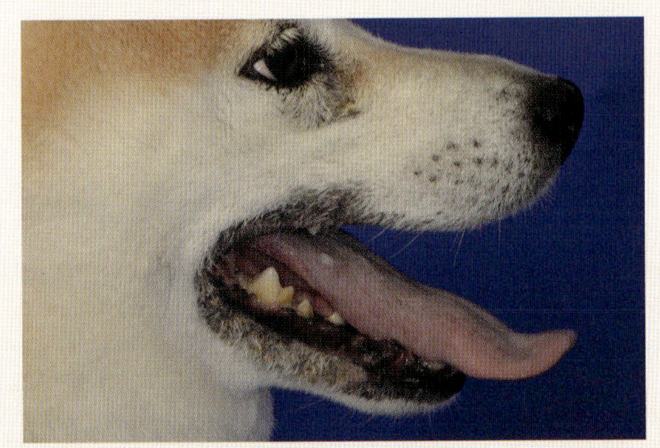

図 13-6　膿皮症＋犬アトピー性皮膚炎

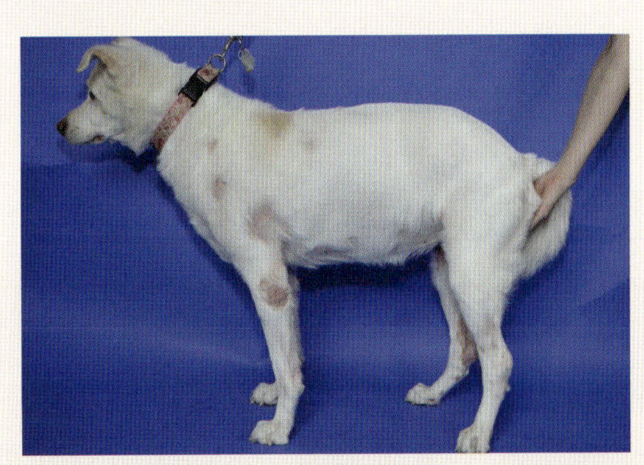

図 13-7　膿皮症＋甲状腺機能低下症

図 13-8　膿皮症＋ニキビダニ症

図 13-9　膿皮症＋カラーダイリューション脱毛症

疾患編 14　皮膚

脂漏症

- 皮膚の構造を理解する。
- 脂漏症の原因と症状を理解する。
- 脂漏症に効果的なシャンプーの方法を知る。

執筆・野矢雅彦（ノヤ動物病院）

犬も猫もヒトも汗をかきますが、犬･猫とヒトでは汗の出る汗腺の種類と数に違いがあります。ヒトではさらっとした汗を出すエクリン汗腺という汗腺が主で、犬・猫ではエクリン汗腺は肉球にしか発達しておらず、その他の皮膚のエクリン汗腺は通常は機能していません。犬・猫の主な汗腺はアポクリン汗腺という汗腺で、脂肪分の多いべたついた汗を少量ずつ出しています。この脂が酸化することで犬臭くなるのですが、性フェロモンの役割も果たしているといわれています。また、犬・猫の皮膚は被毛で保護されているため毛のないヒトの皮膚よりも角質層が薄く、そのため皮膚自体は弱く外部からの影響も受けやすくなっています。また、内部からの影響も受けやすいため、内外両者からの刺激によって角質細胞とそれを取り巻く環境に変化が起きることで、角化異常という現象が起こります。このように、アポクリン汗腺と弱い皮膚がさまざまな原因と相まって、異常にフケの多い乾燥した皮膚になったり、過剰な皮脂の分泌により油性のべたついた皮膚になるのが脂漏症です。しかも、強いかゆみと独特の悪臭を放つ煩わしい病気です。

ここでは、よくみるがよくわからない脂漏症について、少しでも興味をもっていただければと思います。

皮膚の構造はどうなっているの？（図14-1、14-2、14-3）

皮膚は表皮と真皮に分けられ､表皮はさらに角質層、顆粒層、有棘層、基底層の４層に分けられます。しかし、ヒトと違うのは角質層がヒトの20％くらいの厚みしかないことです。ただ、角質層が薄いことによって、皮膚はしなやかになりよく伸びるので、外敵に襲われて咬まれたり引っかかれたりしたときに、皮膚が裂けにくいという利点があります。加えて、全身に密に生えた毛はクッションとなり、外部の刺激から皮膚を守っています。角質層の細胞と細胞の間には、「セラミド」という脂質が満たされており、外部からの刺激を抑制したり体内からの水分の蒸発を防いでいるのですが、角質層が薄いということはセラミドが少ないということですから、細菌やアレルゲンなどに対する防御力はその分弱いということです。

皮膚にある毛穴（毛包）の中にアポクリン汗腺とその成分となる脂を分泌する皮脂腺があります。皮脂腺から分泌される皮脂は、汗と混じり合って皮膚の潤いを保っています。また、皮膚のpHはヒトの弱酸性（4.5～5.2）に比べて、犬は中性から弱アルカリ性（6.5～7.2）と異なります。犬に弱酸性のヒト用シャンプー剤を使わない方がよいというのは、このpHの違いと角質層が弱いということからです。

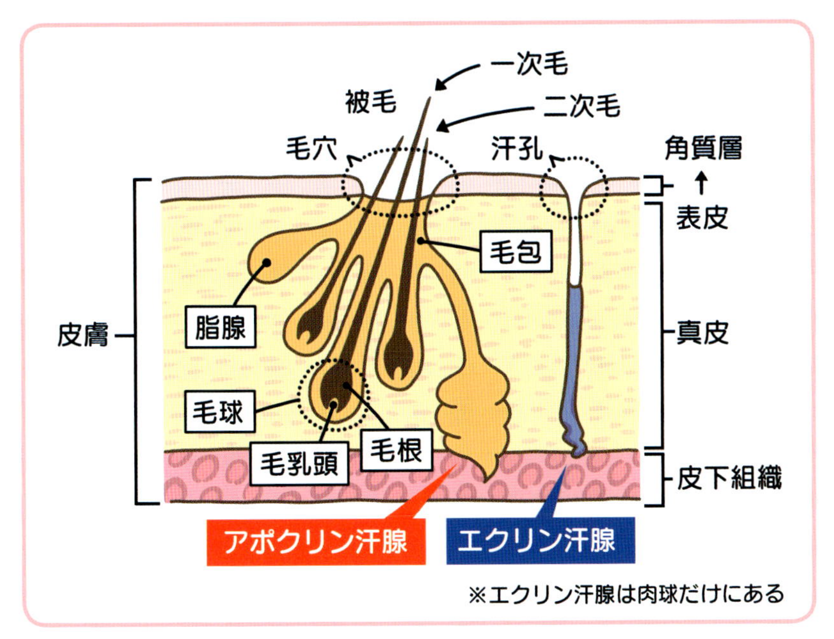

図 14-1　皮膚の構造図

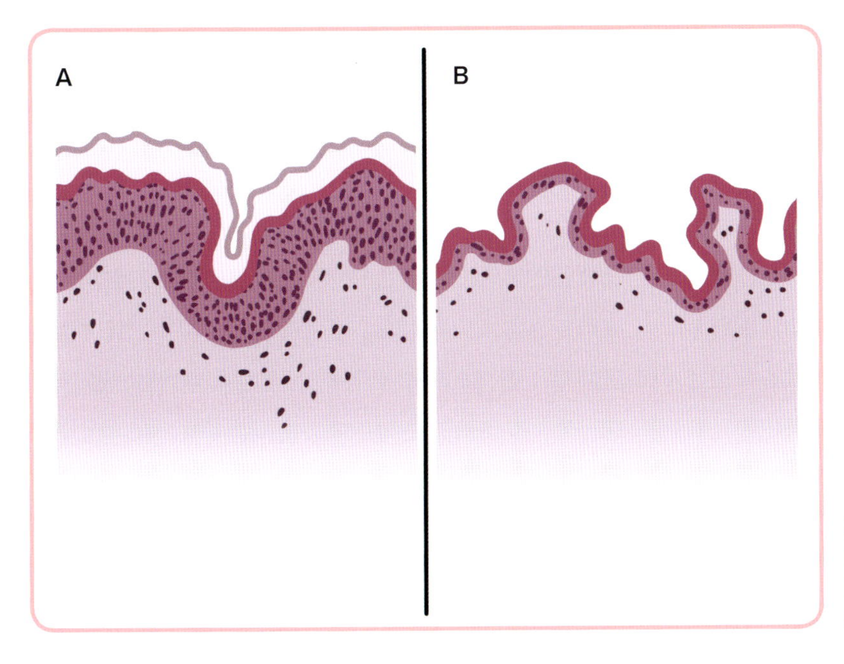

図 14-2　ヒトとの角質層の厚さの違い
(A) ヒト： 10～15層 (0.2 mm)
(B) 犬： 2～3層 (被毛部： 0.05～0.1 mm、鼻鏡・肉球 1.5 mm)

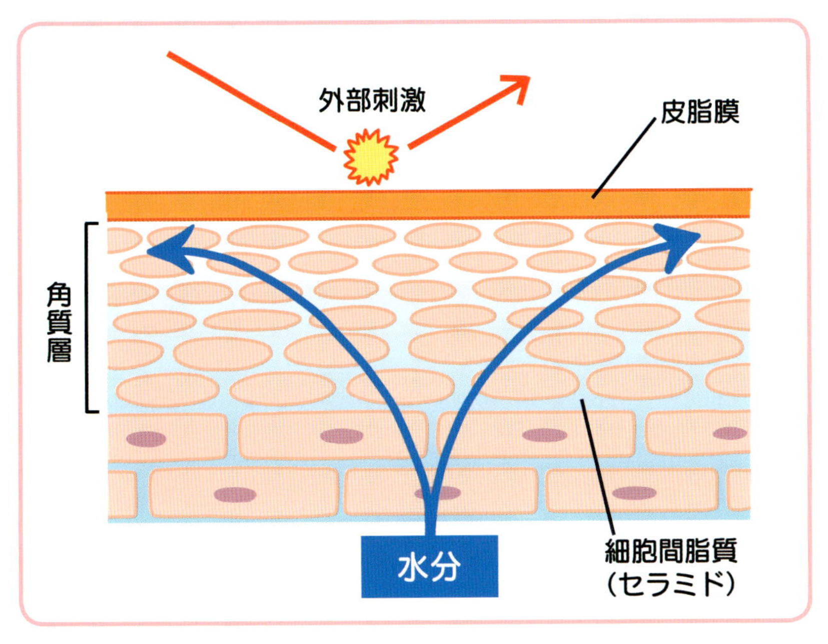

図 14-3　セラミドの役割り

どのようにして脂漏症になるの？（図14-4）

表皮の表皮細胞は最下層の基底細胞層でつくられ、一定の周期で角質層に押し上げられて細胞の入れ替わりが行われます。これをターンオーバーとよび、古い角質は押し上げられてフケになります。正常な犬のターンオーバーは約20日周期（ヒトは約28日）なのですが、なんらかの原因によってターンオーバーが5～10日と短くなってしまうことがあります。すなわち、それだけ古い角質が押し出され、フケの量が増えるということです。脂漏症には脂がべたつく油性脂漏症と脂がなく肌がカサカサしてフケの多い乾性脂漏症、そしてマラセチアという酵母菌が絡んで症状の重くなる脂漏性皮膚炎があります。乾性脂漏症は脂の分泌が極端に少なくなるために、皮膚の潤いがなくなってしまいます。しかし、ターンオーバーは早いため、フケが大量につくられます。油性脂漏症には、皮脂腺の数が異常に多い場合と、アポクリン汗腺や皮脂腺が過剰に刺激されて脂の分泌量の調節ができなくなることで大量に分泌される場合があります。単純に考えれば、油性脂漏症の場合、ターンオーバーの速さからみて健康な犬の2～4倍のフケや脂がつくられているということです。しかも、フケは脂と混ざるため、身体から離れにくく、放っておくと毛と毛の間にさらに蓄積していって、症状はさらに悪化していきます。

油性脂漏症の中には、例えば食事の脂肪バランスが悪いジャーキーなどを多く食べている犬ではフケがさほどみられず、脂だけが多く分泌されるものもあります。これらの犬でも、皮脂の分泌量が増えて一時的な油性脂漏症になることがあるため、犬では油性脂漏症が多くみられます。

原因

原因は、先天性脂漏症と続発性脂漏症の大きく二つに分けられます。先天性脂漏症は、1歳未満で発症する遺伝的要因によるものです。表皮の角質の異常や生まれつき脂腺の数が多いことで発症します。続発性脂漏症は、身体の内外からのさまざまの刺激が要因となって、1歳以降に発症する脂漏症です。続発性脂漏症はいくつかの刺激要因が重複していることもあり、原因を追究するのに時間を要することもあります。そ

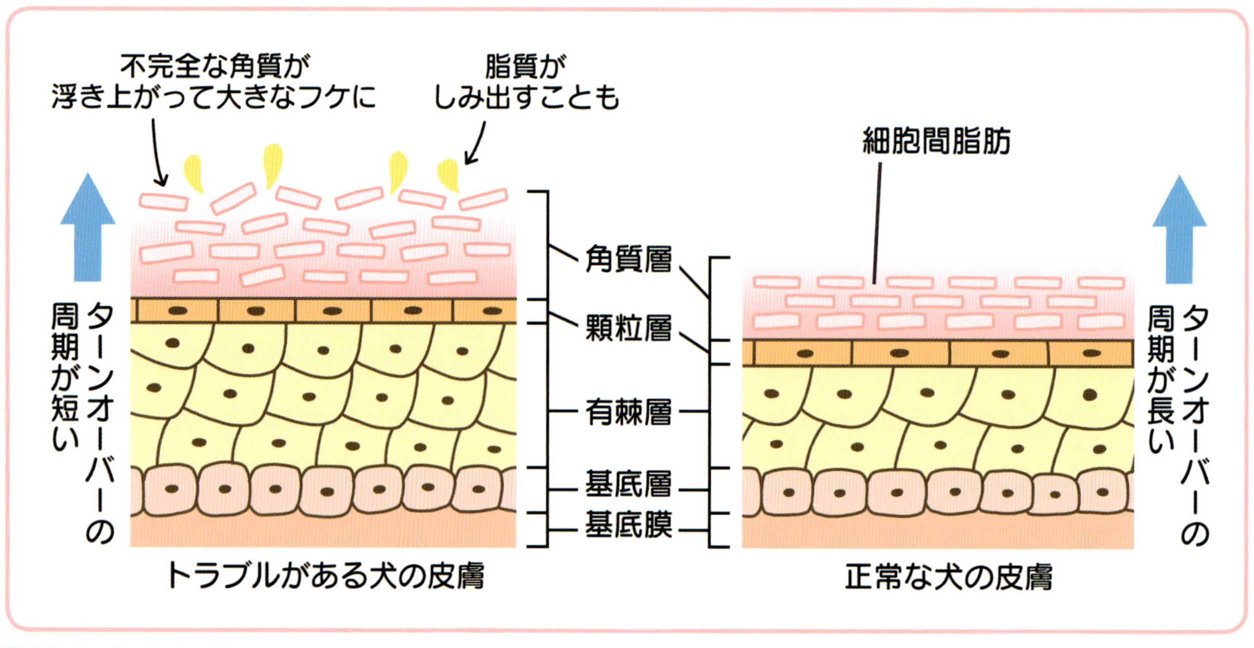

図14-4　ターンオーバー

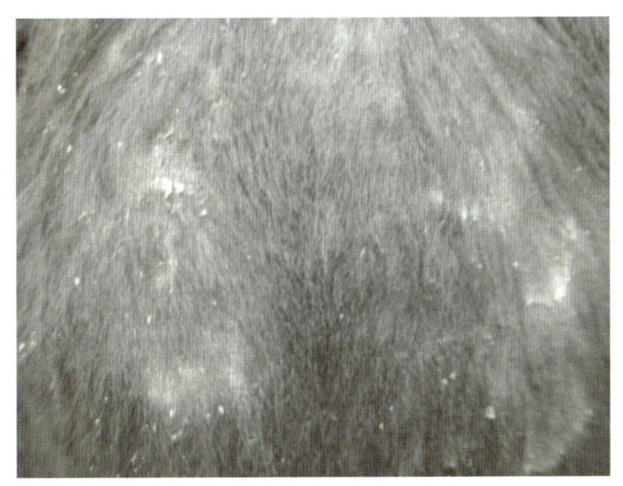

図 14-5　乾性脂漏症

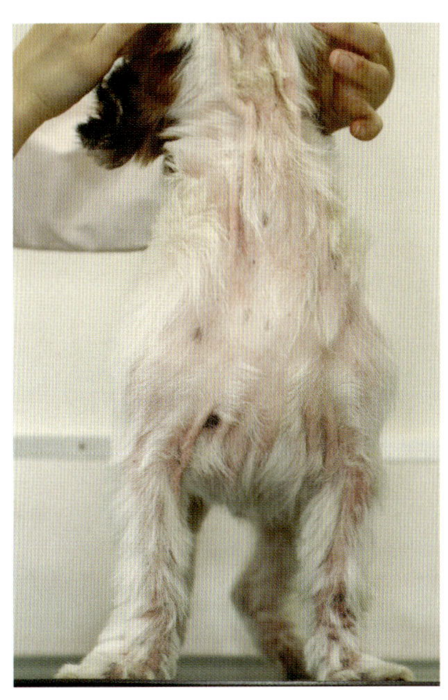

図 14-6　油性脂漏症

の要因としては、アレルギーやアトピー性皮膚炎をはじめとする長期に及ぶ皮膚炎、甲状腺機能低下症など内分泌障害による代謝異常、寄生虫感染や細菌感染、食事中のビタミンAや亜鉛の不足、過剰な脂質や糖質の摂取などがあります。そして、脂漏症の症状をさらに悪化させる原因として、高温多湿の環境と適していない食事内容などがあります。

脂漏症での来院症例は、5～9月の暑い時期と12～2月の冬に増えます。冬に来院するのは、こたつに潜る犬やストーブのそばから離れない犬です。高温多湿になると暑さの刺激で皮脂の分泌量が増えること、増殖条件がそろうことで常在菌であるマラセチアが増えるため、脂漏症が悪化するのです。食事で悪化するのは、高温多湿は関係せず、粗悪なドッグフード、年齢や体質に合っていないフード、おやつしか与えていないなど偏った成分、保管方法や取り扱いが悪いために酸化したフードを与えている場合です。

すべての犬種が脂漏症になる可能性があるのですが、特に先天性脂漏症がみられる犬種は、油性脂漏症が多いシー・ズー、ウエスト・ハイランド・ホワイト・テリア、アメリカン・コッカー・スパニエルです。脂腺の数が多いとされるのがダックスフンド、プードル、チワワ、ヨークシャー·テリア、ビーグル、バセット·ハウンド、ミニチュア・シュナウザーです。乾性脂漏症が多いのは秋田犬、ラブラドール・レトリーバー、ジャーマン・シェパード・ドッグ、ドーベルマン・ピンシャー、アイリッシュ・セターなどが挙げられます（図 14-5、14-6）。

症状

油性脂漏症は、皮膚のべたつきとかゆみが主な症状です。べたつきの程度はヌルヌルから毛と毛がくっついてゴワゴワしているものまであります。フケの量が多くなるほど皮脂の粘度が高くなり、いっそう皮膚から落ちにくくなることで症状は悪化し、独特の悪臭を放って周囲のヒトに不快感を与えるようになります。皮膚にくっついて簡単にはとれないフケが混ざった皮脂は異物であり、皮膚への刺激物となり、かゆみを誘発するとともに皮膚の抵抗力を弱めます。かゆみを生じた犬は、足で引っ掻いたり身体を強く擦りつけたりするため皮膚炎が生じ、抵抗力の落ちた皮膚には細菌感染が起こり、膿皮症を併発することもあります（図 14-7）。

5月頃から高温になるため､かゆみは強くなります。梅雨に入ると湿度も高くなり、常在菌であるマラセチアも増えてさらにかゆみは強くなります（図 14-8）。秋になり温度も湿度も低くなると、かゆみは少し減りますがなくなりはしません。慢性化した皮膚炎は色素沈着が起きて黒ずみ、皮膚は肥厚して硬くなっていき

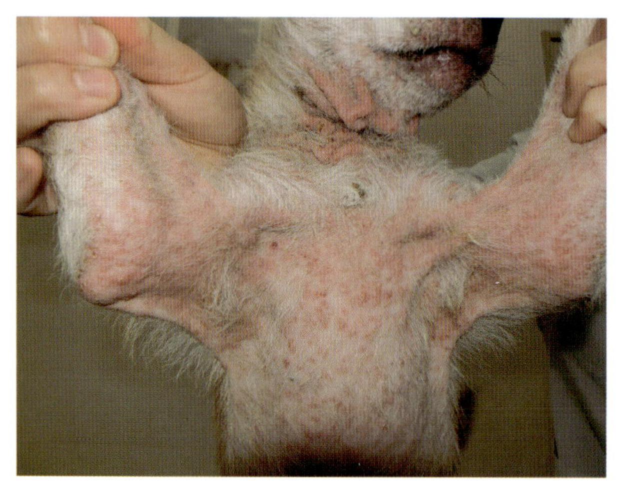

図 14-7　油性脂漏膿皮症

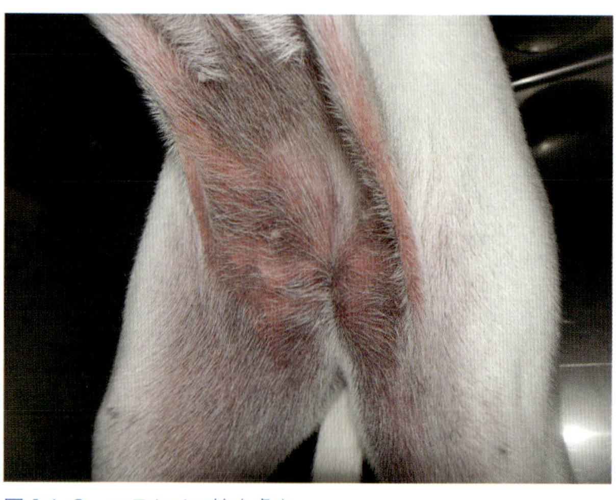

図 14-8　マラセチア性皮膚炎

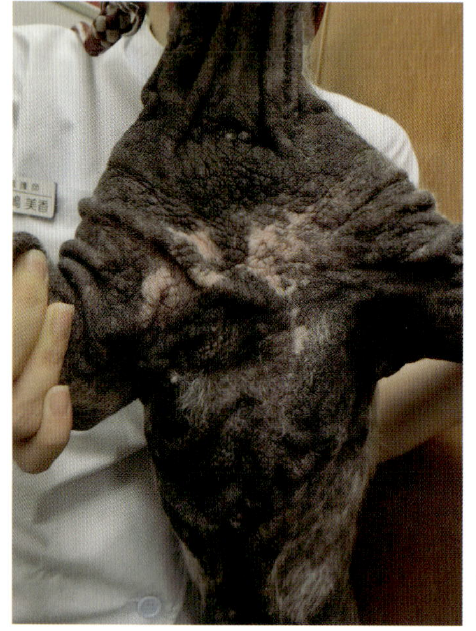

図 14-9
苔癬化

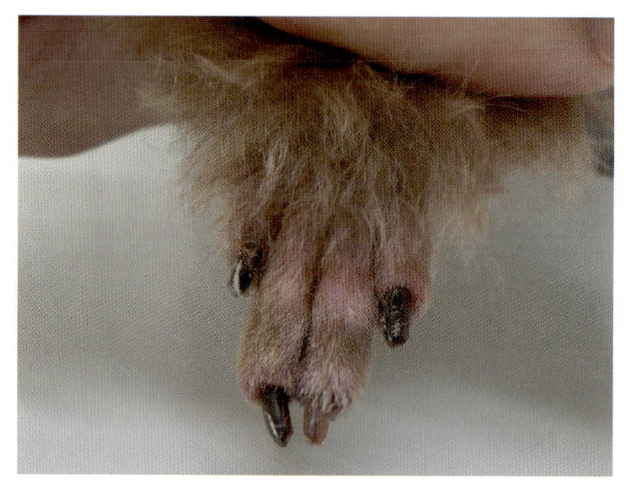

図 14-10　発症部位（指の間）

ます（苔癬化）（図 14-9）。このような症状が続くわけですから、犬には肉体的にも精神的にもストレスが蓄積します。イライラしてよく吠えたり、逆におとなしくなってしまったり、下痢などの胃腸障害を起こすこともあります。発症部位は全身のさまざまな場所に左右対称に現れます。特に、皮膚と皮膚とがこすれ合う脇や股間、首、顔のシワ、尾と肛門の境目、指の間、耳にみられます（図 14-10）。

アトピー性皮膚炎の犬も脂漏症を発症していることが多く、さらに症状を悪化させる要因になっています。プードルなど生まれつき脂腺の数が多いといわれる犬種では、マラセチア性外耳炎や背中だけがべたつくといった症状のみがみられる場合もあります。また、中高齢ではじめて脂漏症を発症する原因で最も多いのは、甲状腺機能低下症です。この場合、脂漏症の症状に加えて体重増加、食欲低下、活動低下、体温低下、寒がるなどの症状がみられます（図 14-11）。

乾性脂漏症の症状は、皮膚の潤いが少ないために乾燥してカサカサすることで毛づやが悪くなるとともにかゆみを生じます。かゆみは湿度の低くなる冬に強くなる傾向があります。また、角質のターンオーバーの異常によってフケが大量に出てきます。油性脂漏症と違いフケを留めておく脂が少ないため、毛と毛の間に埋もれていたフケは緊張や興奮によって体表に浮き出てきたり、床に落ちてフケでいっぱいになることがあります（図 14-12）。特に黒い毛の犬では白いフケが目立つため、異常に気付きやすいものです。

脂漏症のかゆいという感覚は、汗や脂質のミネラル

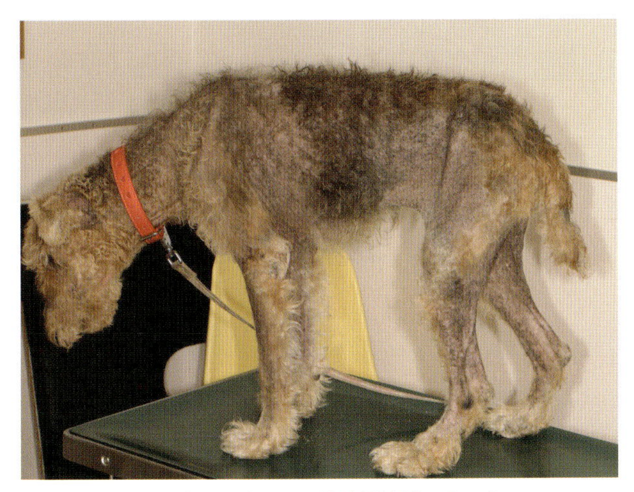
図 14-11　脂漏症を発症した甲状腺機能低下症の犬

図 14-12　床に大量に落ちたフケ

成分が刺激物となり、体内の免疫システムによって分泌されるインターロイキン31（IL31）というサイトカインが関与して誘発されています。かゆみはとても不快ではありますが、反面、生体の異常を知らせるシグナルの一つでもあるのです。

診断

皮膚のヌルヌルやべたつき、大量のフケ、かゆみなどの皮膚症状と発症年齢、犬種、そしてマラセチアの検出などから診断します。

中高齢で脂漏症になった場合は、脂漏症を起こさせた原因を究明するために血液検査や尿検査、超音波検査、ホルモン検査などを行います。

治療

基本は薬浴などによる洗浄とスキンケアですが、原因や合併症にあわせて薬物療法を併用することもあります。食事などが悪化要因となっている場合などには原因を除去します。

洗浄

洗浄は主に抗脂漏効果のある薬用シャンプーを用いて行います。

抗脂漏効果の弱い物から強い物までありますが、例えば、アトピー性皮膚炎に伴う脂漏症では皮膚刺激の少ないシャンプー剤を選択するなど、シャンプー剤の選択、洗う回数、併用療法などは担当獣医師が決めることがほとんどでしょう。

そういった中で、シャンプーの施術法によっていかにすっきりさせてあげられるかが腕のみせどころです。シャンプーのやり方や回数、乾かし方にこうしなくてはならないという決まりはありませんので、自分なりに工夫しても構いません。参考として、私の病院での飼い主向けの洗い方の説明を載せておきます。

●シャンプーの方法

①ぬらす

水温 25～35 ℃のぬるいお湯で皮膚をぬらします。毛だけではなく、皮膚にお湯がなじむまでおおよそ３～５分間ぬらします。

②シャンプー

適量のシャンプーを出し、両方の手のひらでなじませます。まずは患部から洗いはじめます。優しく皮膚に擦り込むように指の腹でマッサージしてください。力を入れる必要はありません。よく擦り込んだらタイマーを用いて５～15分くらいシャンプーを浸け置きするとより効果が出ます。薬用シャンプーの多くは泡立ちにくいので、もし、泡立ちが欲しい方は少しのぬるま湯にシャンプー剤を溶いて、重曹をひとつまみ加えると泡立ちが得られます。

③すすぎ

水温 25～35 ℃のぬるま湯でシャンプー剤を完全

に洗い流します。

④乾かす

基本はタオルドライと扇風機、あるいは冷風ドライヤーですが、ゴシゴシ拭いたり温風のドライヤーを使うのはできるだけ避けてください。もし、温風のドライヤーを使いたい場合は、最低 30 cmは離し、完全に乾かしきるのはやめてください。熱と乾燥のしすぎでかゆみがでることがあります。乾かす時間は動物に負担をかけない範囲で大丈夫です。

⑤その他の注意点

- 洗う間隔は、症状の程度によって変えます。重度の脂漏症では、はじめの10日間は１日おきに洗い、その後症状が軽減したなら週に１～２回洗って状態を維持していきます。軽度から中等度の脂漏症では、週に２回から始めてべたつきが落ち着いたら５～７日ごとに洗って維持していきます。
- 毛が長くて洗うことが大変な場合は、毛を短めにカットすると洗いやすくなります。
- 薬用シャンプーを使っていて、皮膚のトラブルがみられたりご不明な点がありましたら、担当の獣医師にご連絡ください。
- シャンプーによっては、飼い主の手が荒れてしまうこともありますので、必要に応じて手袋やハンドクリームなどをお使いください。

以上が当院でのシャンプーの洗い方の基本です。

この洗い方は 10数年以上前に提唱された洗い方なのですが、上手に洗えると十分に快適にしてあげられるので現在でも利用しています。最近ではさらに進化した洗い方が提唱されています。例えば、アトピー性皮膚炎を伴っている脂漏症は皮膚が敏感であるため、強いシャンプー剤を避けるとともに、皮膚を刺激しないために重曹などでシャンプー剤をよく泡立てて皮膚になじませほとんど擦らない方法です。また、高炭酸水浴も効果的であり、高炭酸水は気泡が小さく皮膚に到達しやすくタンパク質とくっつく性質があり、皮膚から汚れを剥がす効果があるといわれています。糖分の入っていない水分と炭酸だけの炭酸水でも、濃度の高いものであれば、ペットボトルの炭酸水でも効果は得られます。重度の油性脂漏症であれば、抗脂漏シャンプーで軽く洗った後に高炭酸水浴を行いつつもう一度抗脂漏シャンプーで洗い、乾かした後に保湿剤を使うなどの方法をとることもあります。乾性脂漏症であれば、フケを落としやすくするために高炭酸水浴をしてから弱めのシャンプー剤で洗った後、保湿剤を使います。

マイクロバブルやナノバブルを発生するジェットバスを利用することも効果が期待できるでしょう。

保湿

油性脂漏症の場合、リンスをしてはいけないといわれています。しかし、シャンプー後だけではなく、日々の保湿は行った方が良いことが多いです。保湿剤は尿素の入ったものが角質を柔らかくしてくれます。乾性脂漏症の場合、皮膚がすぐに乾燥しないように、脂肪酸を含んだ油性の保湿剤を毎日使うと良いです。

薬物での治療

皮脂の分泌を抑える効果のある薬物に、ステロイドなどの免疫抑制剤と抗真菌剤があります。ステロイドはかゆみを止める効果もあるので良い薬なのですが漫然と使ってしまうと副作用が出現し危険です。抗真菌剤はマラセチアを少なくする効果があります。

甲状腺機能低下症などの内分泌障害がある場合は、ホルモン剤を使用し、膿皮症などの感染症では抗生物質を使用します。

最近、かゆみのコントロールにはオクラシチニブという薬が使われることが多くなっていますが、脂漏症には効きにくい場合があります。

栄養管理と環境管理

ジャーキーなど偏った食事ばかりを与えていたならば、適切な脂質バランスのとれた食事に変更します。どうしても主食を食べずおやつ系しか食べないという場合は、担当医の指導を受けながら徐々に変更していきます。ほとんどの場合、犬よりもおいしいものを食べさせたいといった、家族の気持ちに原因がありますので、家族の気持ちをいかに柔らかく改善させていくかです。そういった家族の多くは、「先生の言っていることはわかるんだけどね〜、でもね〜、」と言いますので、うまく獣医師の方針へと導いていくアシストをしていくのが愛玩動物看護師の役割です。

飼い主は、「獣医師にいわれたことは緊張してよくわからなかった」というのが実情のようです。しかし、愛玩動物看護師はなぜか身近に感じるようで、内容的には獣医と同じことをいっても、愛玩動物看護師と話すと納得してくれることが多いのです。そのためには、日々食事の勉強をしていないと、適切な指導をすることができません。

部屋の温度はできれば、室温25〜28℃、湿度60〜70％に保つのがよいでしょう。

猫の脂漏症

猫の脂漏症は犬ほど多くはみられませんが、時にフケが多いとか外耳炎が治らないという主訴で転院あるいは来院されます。おそらく、猫には脂漏症はないと思われている獣医師も少なくないのではないでしょうか。

主な症状は、犬と同様フケが多い、脂で毛がしっとりしている、皮膚炎が治りにくい、外耳炎を繰り返すなどですが、その多くは局所性であるなど犬ほど重症化しないので脂漏症だと思えないのです。犬の油性脂漏と同じく全身が脂でべったりとした皮膚になる疾患としては脂腺過形成があり、ペルシャ種やデボンレックス種などにみられることがあります。通常かゆみはないのですが、マラセチアが関与するとかゆくなることがあります。生後6カ月頃から発症するので遺伝が関与しているといわれています。また、フケ、全身性脱毛、乾燥した皮膚そして粗剛な毛質を症状とする脂腺異形成という疾患があります。やはり若齢で発症するので、遺伝が関与しているといわれています。しかし、これらの疾患は非常にまれな病気です。

猫の脂漏症の多くは、粗悪な食事内容や生活環境にはじまり食事を含めたなんらかのアレルギー性皮膚炎や腫瘍関連性皮膚炎、FeLV・FIV感染症に伴う膿皮症やマラセチア過剰増殖によって症状が悪化します。例えば、猫の下顎によくできるアクネまたは顎ニキビとよばれる皮膚炎がありますが、食事アレルギーに関連した脂漏症によって細菌やマラセチアが異常増殖し、アクネが悪化することがあるといわれています。マラセチア性外耳炎を繰り返す猫も脂漏症が関与しています。猫の耳道は元来脂質が多めなのですが、にもかかわらずマラセチア性外耳炎はほとんどみられません。ところが、時にマラセチアが過剰増殖してかゆみを訴える猫がいます。どこに違いがあるのでしょう。違いは耳道のバリア機能にあり、それを左右するのはその猫の免疫力です。したがってマラセチア性外耳炎やマラセチア性皮膚炎がみられたときは、その猫のもっているかもしれない背景を調べる必要があります。すなわち、猫は遺伝性脂漏症よりも続発性脂漏症が多いのですが、犬の脂漏症に比べると症状は軽く全身に及ぶことは少ないといえます。

治療は、原疾患を究明しその治療を行うことです。猫は薬浴が困難なことが多いので、塗り薬や投薬が主な治療となることが多いでしょう。

参考文献
1. Gross TL, Ihrke PJ, Walder EJ, Affolter VK. 日本獣医皮膚科学会 監訳 . 犬と猫の皮膚病 第2版 臨床的および病理組織学的診断法 . インターズー . 2009.
2. 米倉督雄 . 小動物皮膚病カラーアトラス . インターズー . 1998.
3. 大草 潔 , 伊従慶太 , 大森啓太郎 , ほか . カラーアトラス BOOKS 犬と猫の皮膚病 . インターズー . 2019.
4. 永田雅彦 . 犬と猫の皮膚科臨床 . ファームプレス . 2008.
5. 村山信雄 . 伴侶動物の皮膚科・耳科診療 . 緑書房 . 2019.

疾患編 15 関節

犬の膝蓋骨脱臼

●膝関節の構造と膝蓋骨の役割を知り、膝蓋骨脱臼の特徴を理解する。
●注意するべき膝蓋骨脱臼の症状を理解する。
●保存療法、外科手術後の注意点を説明できるようになる。

執筆・佐々木亜加梨（東京大学大学院 農学生命科学研究科 獣医学専攻高度医療科学研究室）
監修・本阿彌宗紀（東京大学大学院 農学生命科学研究科附属動物医療センター 整形外科）

膝蓋骨脱臼とは、膝蓋骨（膝のお皿）が大腿骨滑車（膝蓋骨が収まる溝）から外れることをいいます（図15-1）。通称“パテラ”として知られていますが、本来“パテラ”とは解剖学用語で膝蓋骨のことを指していますので、病気の名前ではありません。

膝蓋骨脱臼は５頭に１頭の犬で認められるともいわれ、罹患数の非常に多い病気です[1]。飼い主からの関心も高い病気ですから、正しい知識をもつことが重要です。

ここでは、膝蓋骨脱臼の病態、治療、管理について解説します。

膝蓋骨脱臼って何？

膝関節における膝蓋骨の役割

膝関節は、大腿骨と脛骨、そして膝蓋骨から構成されています。膝蓋骨の近位側には大腿四頭筋が付着し、遠位側には膝蓋靭帯が付着します。膝蓋骨から始まった膝蓋靭帯は脛骨粗面に付着しています（図15-2）。正常な膝蓋骨は大腿骨の正面にある大腿骨滑車というくぼみに収まり、このくぼみをまっすぐ滑走することによって膝関節をなめらかに、そしてまっすぐ伸展させることができます。この膝蓋骨の役割は、ヒトが滑車にかけたひもを引っ張ることで、重い荷物を軽々持ち上げる様子とよく似ています（図15-3）。膝関節においては大腿四頭筋がヒト、大腿骨滑車が滑車、脛骨が重い荷物の役割を果たしています。膝蓋骨は滑車の中をなめらかにまっすぐ動くことにより、大腿四頭筋の力を脛骨に伝える働きをします。膝蓋骨が滑車から外れると、脛骨をまっすぐに引っ張ることができず、膝関節を伸ばせなくなります。

膝蓋骨脱臼の状態とは？

膝蓋骨脱臼とは、本来収まっているべき滑車から膝蓋骨が外れてしまった状態です。外れる方向によって、内方脱臼、外方脱臼、両方向性脱臼に分けられます（図15-4）。特に内方脱臼の割合が最も高く、全体の約80％を占めます[2]。片方の足だけに生じる場合もありますが、約50％の症例では両方の足に脱臼が認められます[2,3]。すべての犬種で起こり得る疾患ですが、特に小型犬で多く、好発犬種としてトイ・プード

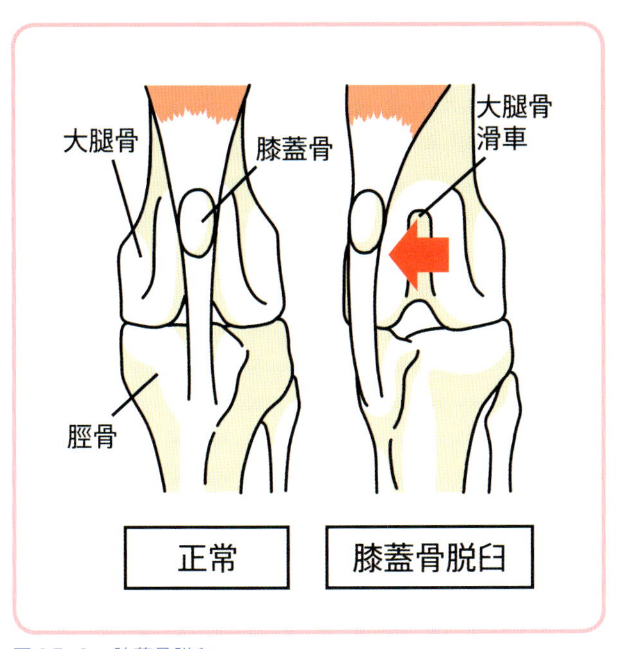

図 15-1　膝蓋骨脱臼

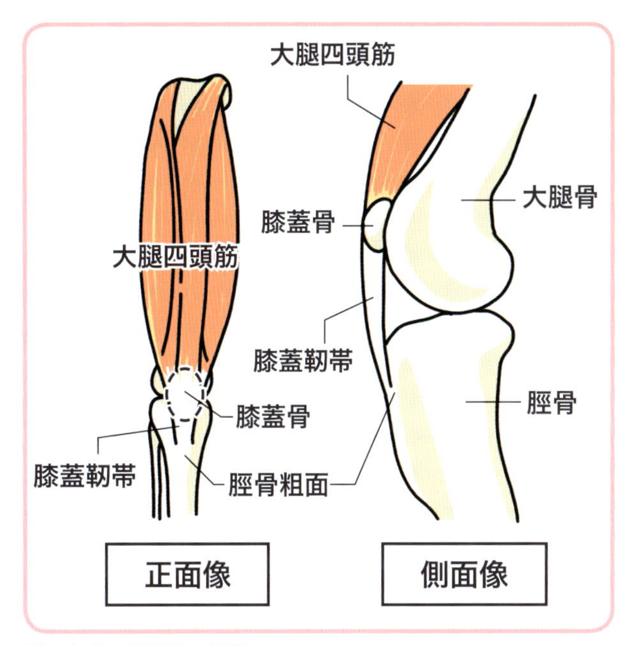

図 15-2　膝関節の解剖

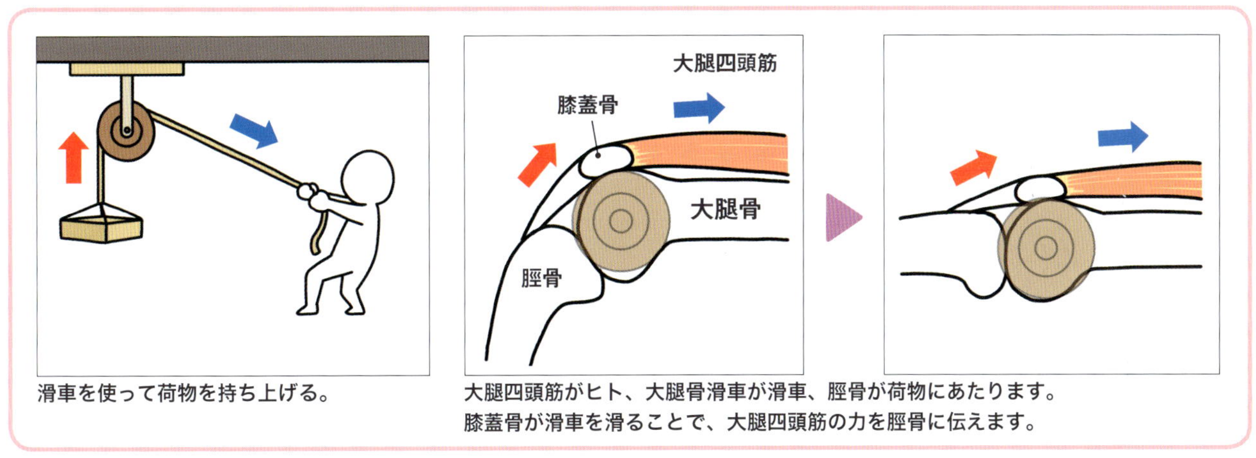

図 15-3　膝蓋骨と滑車溝の役割

ル、チワワ、ポメラニアン、ヨークシャー・テリア、マルチーズ、柴犬などが挙げられます。

原因には先天性と外傷性があります。膝蓋骨脱臼のほとんどは、先天性に筋肉や骨格のバランスが崩れることで発症すると考えられています。そのため、多くは生後間もない頃から３歳以下の若い犬で認められます。外傷性の膝蓋骨脱臼は、激しい運動や事故などで膝に大きな力が加わることによって生じますが、非常にまれです。

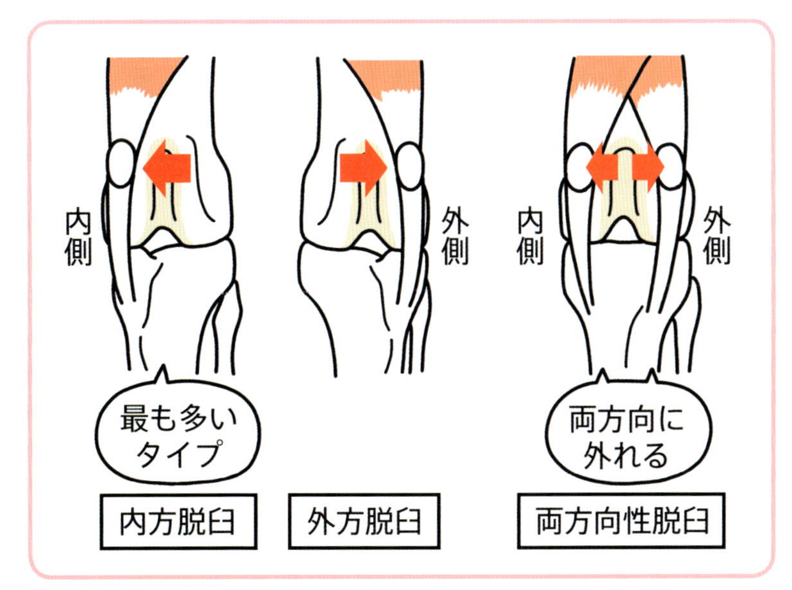

図 15-4　脱臼の方向

膝蓋骨脱臼はどんな症状になるの？

膝蓋骨脱臼の症状は個体によってさまざまです。多くの場合は痛みがなく無症状であり、飼い主がその異常に気付けない場合があります。

症状が出る場合は、姿勢や歩き方に異常が認められることが多く、時に痛みを伴うこともあります。以下のような症状が認められます（図 15 -5）。

姿勢や歩き方の異常は、膝蓋骨の脱臼によって膝関節を正常に伸ばせなくなることにより起こります。膝が伸ばせなくなるのは痛みではなく機能的な理由のため、本人は平気な様子をしていることが多く、また脱臼の頻度もさまざまなので、症状を見つけにくい場合があります。成長とともにゆっくりと進行していくこともあるため、飼い主は「この子の個性なのかしら？」と、問題と思わないことも少なくありません。飼い主の話や院内の歩行の様子に注意し、いち早く異常に気付いてあげましょう。

- 後ろ足をあげることがある　● スキップをする

- 腰を落として、膝を曲げたまま歩く（両側の膝蓋骨脱臼で、両方の膝関節が伸ばせない状態）

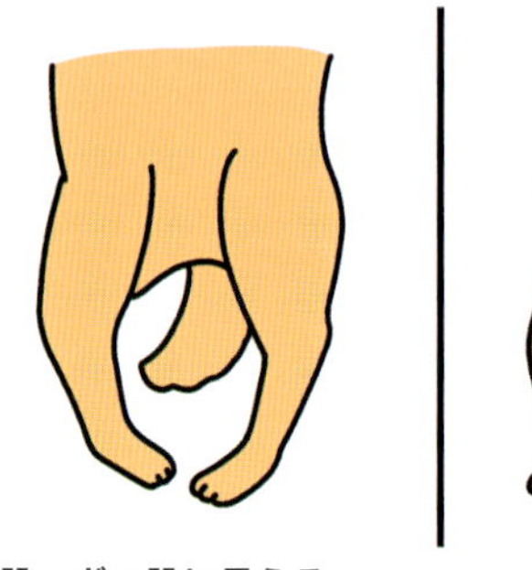

- 内股・ガニ股に見える

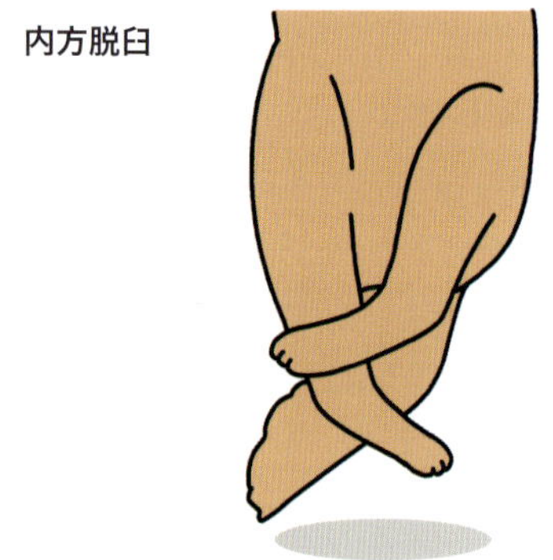

- 抱き上げたときに後ろ足がクロスする

- 歩いている途中で後ろ足を伸ばす仕草をする（脱臼を自分で戻そうとする行為）

他にも
- 膝を動かすと「パキッ」、「コリッ」と音がする（脱臼のときに鳴る音）
- 歩いていて突然「キャン」と鳴き後ろ足を気にする（脱臼の衝撃や違和感、脱臼に伴う関節症、膝周囲の痛みなどによる）

図 15 -5　膝蓋骨脱臼の症状

膝蓋骨脱臼の検査とその補助のポイントは？

1．触診

膝蓋骨脱臼は触診で診断します。立位の検査に続いて、横臥位の検査で重症度を判定します。

●立位の触診

動物の後ろから両後肢を同時に触って、膝蓋骨脱臼の有無、筋肉量の左右差、関節の腫れなどを検査します。身体が傾いていると筋肉量を正確に判定できませんので、動物がまっすぐ立つよう支えましょう（図 15 -6）。

●横臥位の触診

動物を横臥位にしたほうが、より正確な評価ができます。膝蓋骨脱臼には４段階のグレードがあります（図 15 -7）[4]。保定は両前肢と、床についているほうの後肢をおさえます。検査中、膝を屈伸させることがあるので、後肢は動物の尾側から持つと良いでしょう（図 15 -8）。

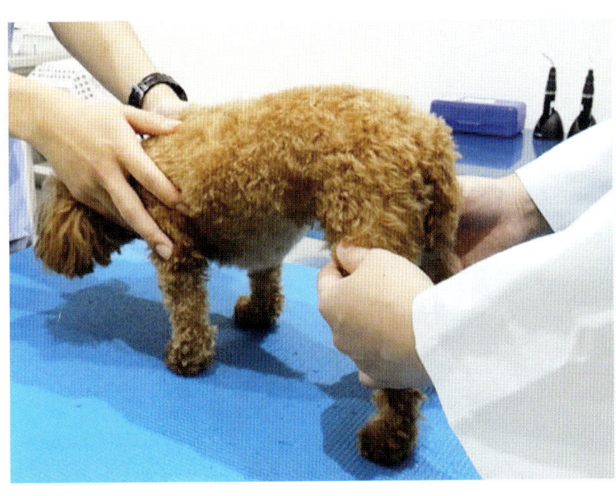
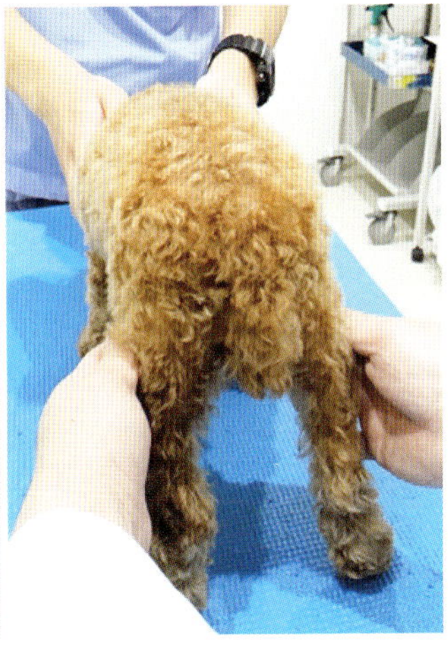

図 15 -6　立位の触診
保定者は動物の正面に立ち、身体が傾かないように支えます。
検査者は両後肢を同時に触診し、膝蓋骨脱臼の有無、筋肉量の左右差、関節の腫れなどを検査します。

グレード1	膝蓋骨が自然に脱臼することは少ない 用手にて脱臼させられるが、手を離すと正常な位置に戻る
グレード2	膝蓋骨は正常な位置にあることが多いが、時に自然に脱臼する 用手で脱臼させたとき、手を離しても脱臼したままであるが、 膝の屈伸や手で膝蓋骨を押し戻すことにより正常な位置に戻る
グレード3	膝蓋骨は常に脱臼しているが、用手で正常な位置に戻すことができる
グレード4	膝蓋骨は常に脱臼し、用手で正常な位置に戻すことができない

図 15 -7　膝蓋骨脱臼のグレード分類

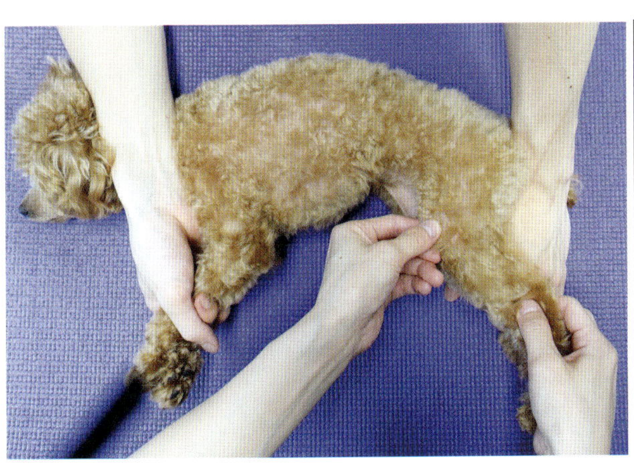
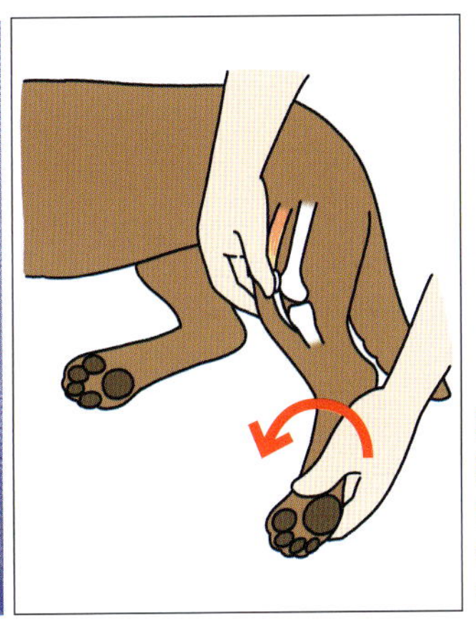

図 15 -8　横臥位の触診
膝関節を伸ばした状態で、足先を内側に回転させながら膝蓋骨を内側に押すことで、内方脱臼を確認できます。

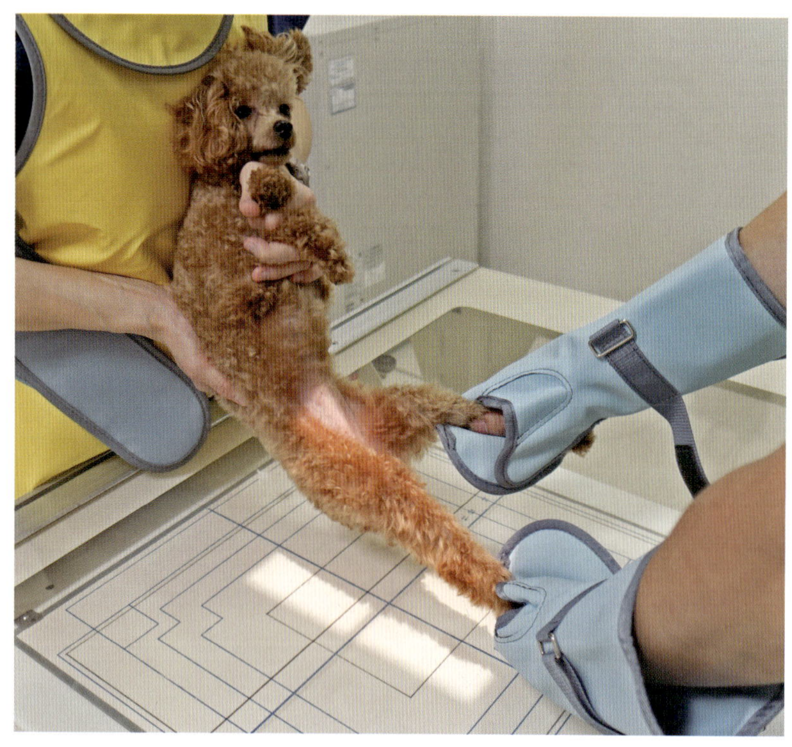

図 15-9　頭尾側像の撮り方
大腿骨が床と水平になるよう意識し、腰を少し起こして撮影します。

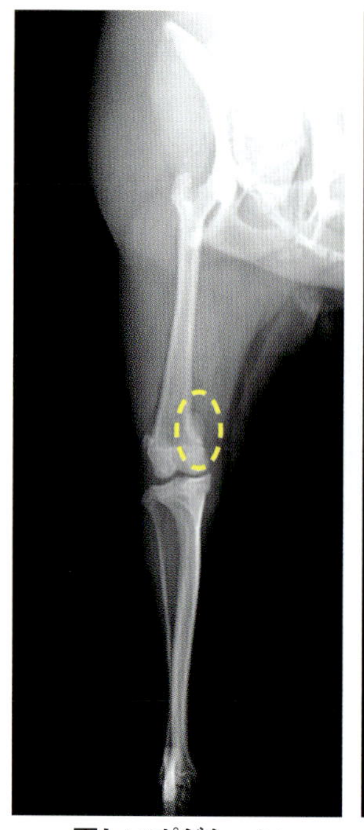

正しいポジション

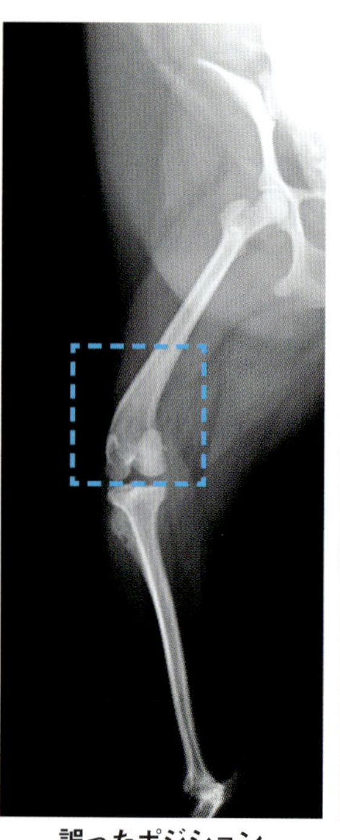

誤ったポジション

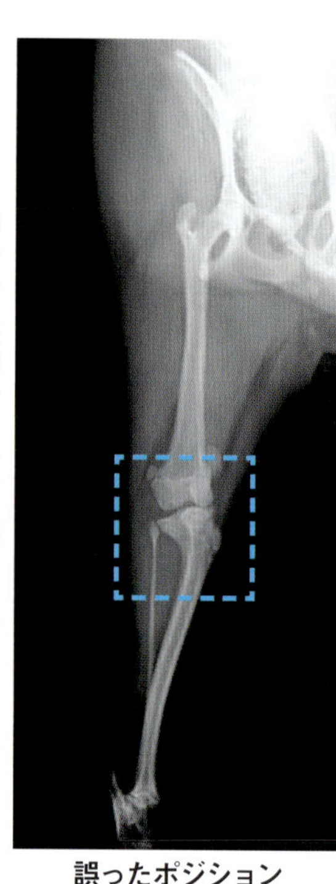

誤ったポジション

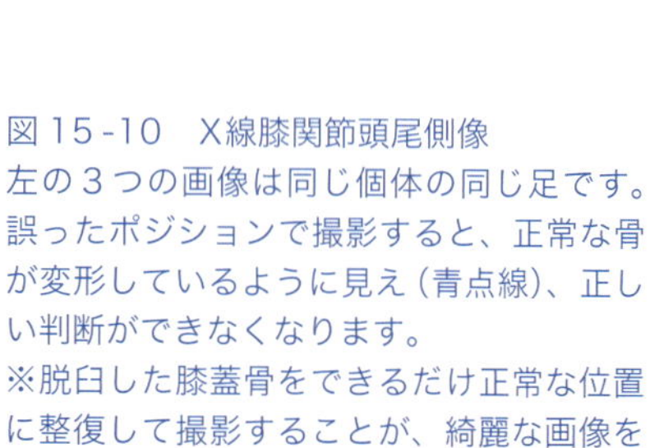

図 15-10　X線膝関節頭尾側像
左の３つの画像は同じ個体の同じ足です。誤ったポジションで撮影すると、正常な骨が変形しているように見え（青点線）、正しい判断ができなくなります。
※脱臼した膝蓋骨をできるだけ正常な位置に整復して撮影することが、綺麗な画像を撮るコツです。整復できない場合は大腿骨が回旋しやすいので、ポジションにより注意が必要です。いずれの場合も大腿骨を正面から撮影できるよう調整します。
黄点線：脱臼した膝蓋骨

2．X線検査

骨の変形の有無や関節の異常を調べるため、X線検査を行います。頭尾側像と内外側像の２枚を撮影します。正確なポジションで撮影できていないと、正常な骨でも変形があるように見えることがあるため、関節の向きをイメージしながら保定するようにしてください。

また、頭尾側像を撮る際には、大腿骨が床と水平になるように少し動物の腰を起こすのが綺麗なX線写真を撮るコツです（**図 15-9**、**15-10**）。側面像は、撮りたい足を下側にした横臥位で撮影します。側面像も、大腿骨が床と水平になるよう、腰を持ち上げるなどして調整すると良いでしょう（**図 15-11**、**15-12**）。いずれも膝関節を照射野の中心に置き、股関節から足根関節までが含まれるように撮影します。

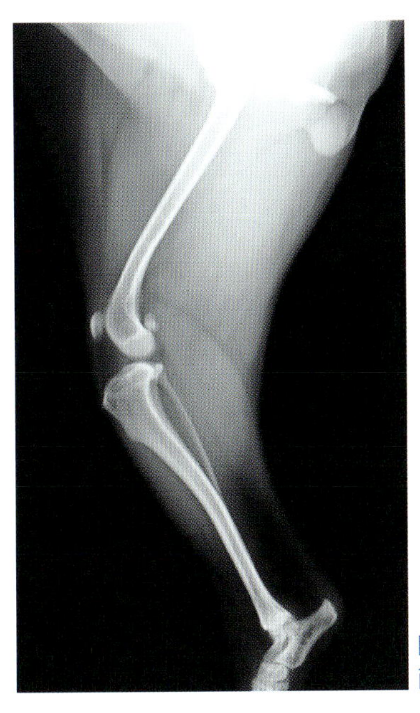
図15-11　X線膝関節側面像

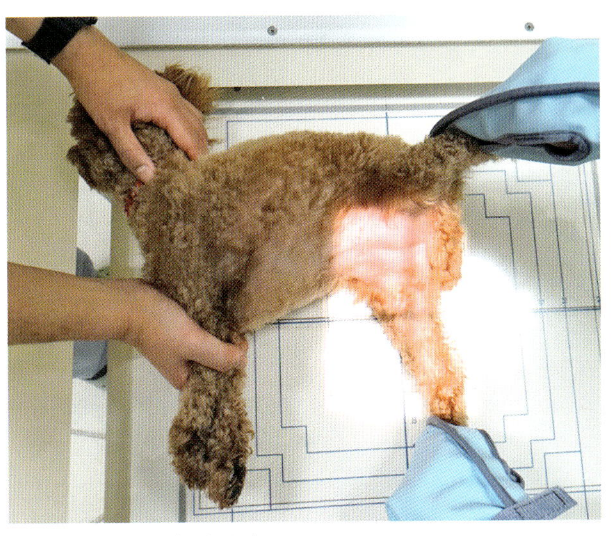
図15-12　側面像の撮り方
撮影者（または余裕のある場合は保定者）が少し腰を持ち上げるなどして、大腿骨が床と水平になるよう調整します。

膝蓋骨脱臼の治療は何をするの？

手術か、保存療法か？

膝蓋骨脱臼の治療には保存療法（経過観察）と外科手術があります。その判断は、単純にグレードや症状だけで決まるものではなく、年齢や活動性なども考慮し、個々の状況に応じて獣医師と飼い主との間で十分に相談しながら決めていきます。膝蓋骨脱臼を根本的に整復する方法は外科手術しかないのですが、健康診断で偶然発見されるような無症状の場合や、脱臼頻度が低く動物があまり気にしていない場合、他に優先して治療すべき疾患がある場合などには、経過観察も選択肢の一つとなります。特に骨格の成長が盛んな時期では、膝蓋骨脱臼があることで骨格の変形や筋肉の拘縮が進行していく可能性があるため、手術を積極的に勧める場合もあります。

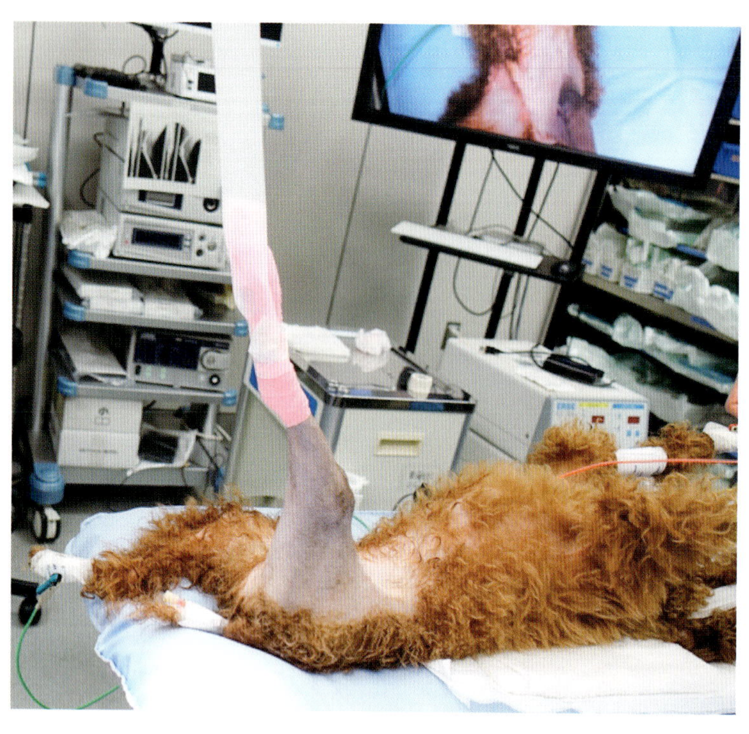

図 15-13　手術準備
股関節から足根関節まで毛刈りをし、足根関節から足先までは手袋、テープ、自着性包帯で覆います。
患肢は吊り上げて消毒し、手術まで清潔な状態を保ちます。

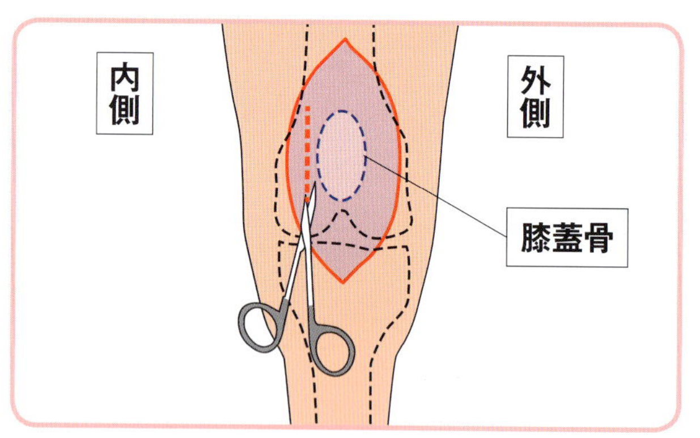

図 15-14　内側支帯の開放
膝蓋骨を内側に引っ張る組織を切り離します。

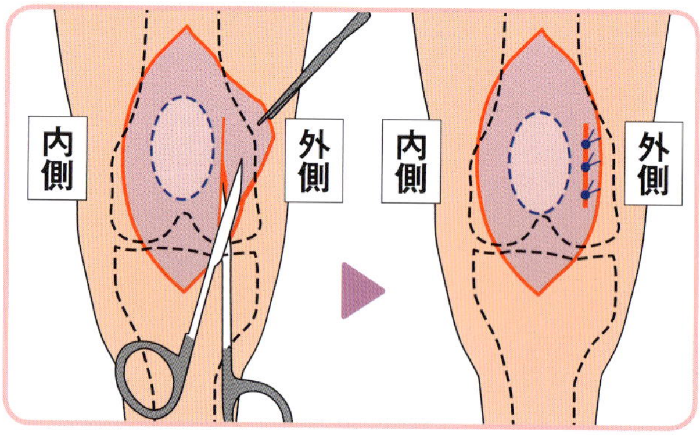

図 15-15　外側支帯の縫縮
外側の伸びて余った組織を切り取り、縫い縮めます。

膝蓋骨脱臼の外科手術

術中に膝関節の動きや大腿骨・脛骨との位置関係を確認するため、毛刈りは股関節から足根関節まで行います。足先は手袋、テープ、自着性包帯で覆いましょう。動物は仰向けに寝かせ、患肢はポールとテープなどで吊り上げます（図 15-13）。

膝蓋骨脱臼の手術の目的は、膝蓋骨を滑車に戻し外れなくすること、大腿骨・大腿四頭筋・膝蓋骨・脛骨がまっすぐ並ぶよう配列を正すことです。多くの術式があり、そのうちのいくつかを組み合わせて行うことが一般的です。

最もよく行われるのは、次に挙げる基本的な４つの術式です。

●内側支帯の開放

膝蓋骨内方脱臼の多くの場合、内側広筋（大腿四頭筋の内側に位置する筋肉）や内側の関節包やその周囲組織が拘縮し、膝蓋骨を内側に引っ張る力が生じています。内側に引っ張っている組織を膝蓋骨から切り離すことにより脱臼しにくい状態をつくります（図 15-14）。

●外側支帯の縫縮

膝蓋骨内方脱臼では、拘縮する内側とは逆に、外側の関節包やその周囲組織が弛緩しています。伸びて余ってしまった組織を縫い縮めることで、内側への脱臼を防ぎます（図 15-15）。

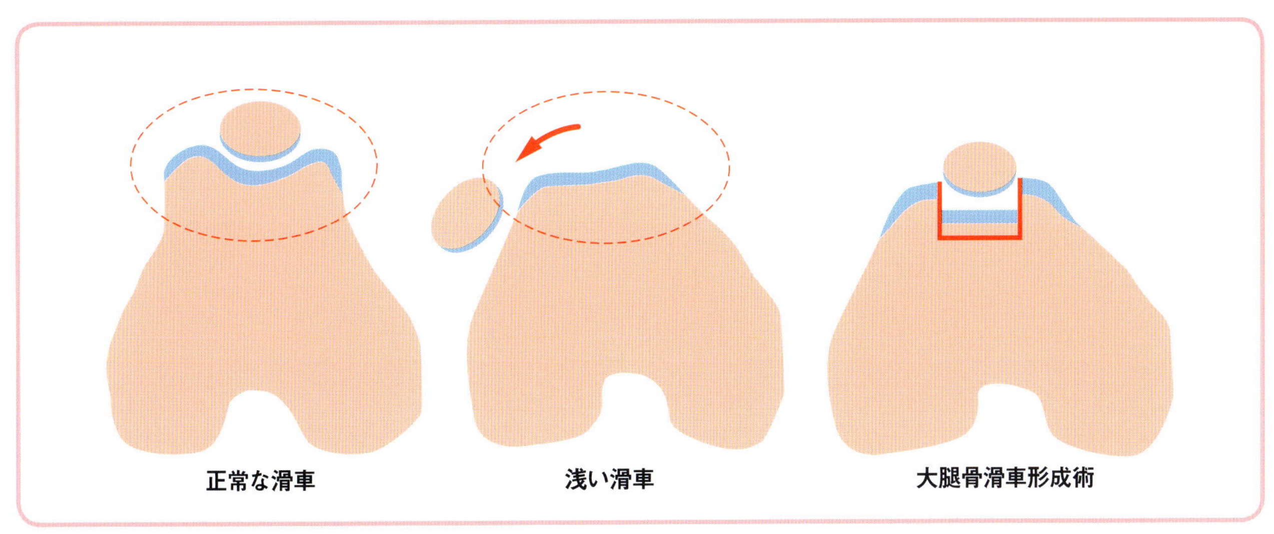

図 15-16　大腿骨滑車形成術
滑車が浅い場合、膝蓋骨が収まる溝を手術で形成します。

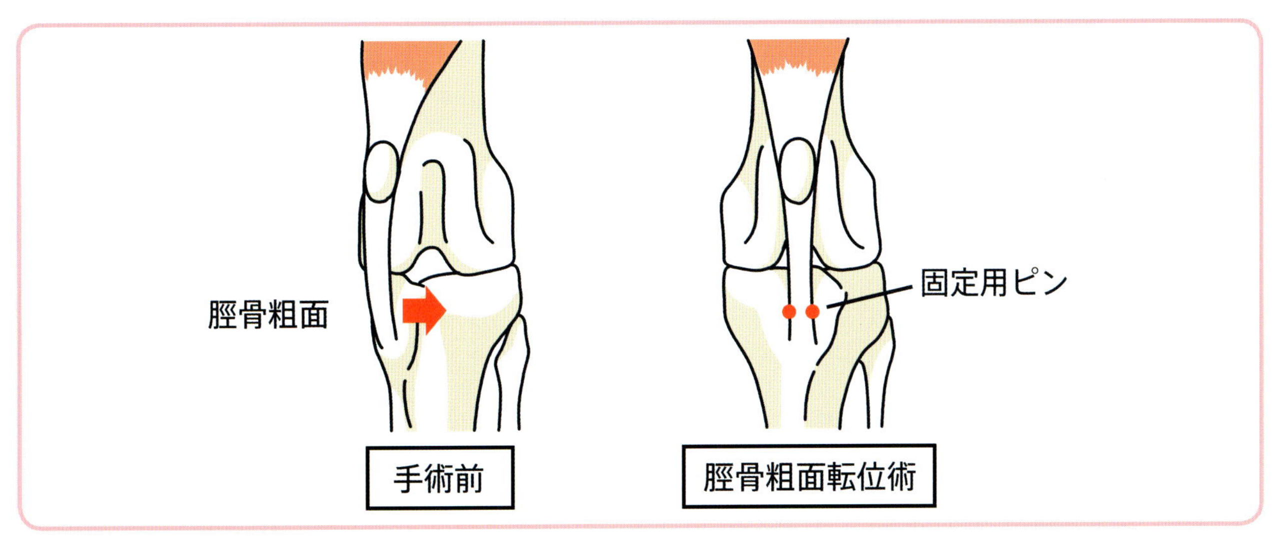

図 15-17　脛骨粗面転位術

●大腿骨滑車形成術

膝蓋骨脱臼の動物では、滑車が極端に浅い場合があります。滑車を深くする手術を行うことで、膝蓋骨が滑車にしっかりとはまるようになります（図 15-16）。

●脛骨粗面転位術

膝蓋骨から始まる膝蓋靭帯は、脛骨の一部分である脛骨粗面に付着します。膝蓋骨が脱臼すると、膝蓋靭帯で引っ張られて、脛骨粗面が脱臼している側にずれている場合があります。膝蓋骨が正常な位置に保たれるよう、脛骨粗面を骨切りして脛骨の正面に移動し、ピンなどを使って固定します（図 15-17）。

術後管理と予後のポイントは？

術後管理と注意点

術後数日から２週間程度、関節の腫れの予防と関節の動きの制限のために補助的にロバート・ジョーンズ包帯を装着することもあります。包帯を装着しない場合は、術後３～５日間は、１日２～３回、１回10～15分程度、氷嚢などを用いて手術部を冷やすと、手術による腫れや痛みを和らげることができます。

術後すぐから歩いても構いませんが、少なくとも術後の１カ月間は安静とし、走る·回転を伴う運動·引っ張り遊び・ジャンプ・段差の上り下りなどは避けるように飼い主に指導します。安静期間中は段差のない環境、特にサークル内などの限られた空間を用意することが望ましいです。

その後は２カ月間くらいかけて、段階的に運動を増やすようにしていきます。

また、術直後の転倒は膝蓋骨の再脱臼を招く可能性があるので、動物が足を滑らせないよう次のような対策をしてもらいましょう。

・定期的に足裏の毛刈りや爪切りを行う
・フローリングの床には滑りにくいマットを敷く
・術後のシャンプーやトリミングは獣医師に許可をもらってから再開するようにし、再開してからも滑らないよう注意してもらう

また、肥満は関節にかかる負荷が大きくなります。特に関節の問題を抱える動物では体重管理を徹底し、適切な体重を維持してもらうように日頃から指導することが大切です。

通常は術後３カ月以内に正常な歩き方に戻りますが、術前に患肢を挙上している期間が長かった個体では、術後も患肢をうまく使えない場合があります。恐怖心が原因のこともありますから、このようなケースでは焦らずじっくり、楽しませながら、足を使って良いことを覚えさせましょう。

飼い主への指導

術後１～３カ月間で避けること

- 走る
- 回転を伴う運動
- 引っ張り遊び
- ジャンプ
- 段差の上り下り　など

日頃の対策

- 足裏の毛刈りや爪切りを行う
- フローリングの床には滑りにくいマットを敷く
- 術後のシャンプーやトリミングは獣医師に許可をもらってから再開するようにし、再開してからも滑らないよう注意してもらう
- 体重管理を徹底し、関節に負担をかけないようにする

保存療法の注意点

保存療法を選択した場合、そのまま症状が悪化せず一生快適に過ごせることも少なくありませんが、中には脱臼の程度や頻度が上昇したり、関節の痛みが出てきたりすることもあります。また、膝蓋骨脱臼のある動物では、前十字靱帯損傷を発症しやすいといわれています。

症状の悪化をなるべく防ぐためには、外科手術後の注意点と同様に滑りにくい環境で過ごさせること、体重管理に気を付けておくことが重要です。

飼い主には自宅での歩行の様子をよく観察していただき、「足をあげる頻度が増えた」「歩きたがらなくなった」「痛みを訴えるようになった」など症状の悪化があれば来院するよう、お伝えしましょう。

起こりやすい術後合併症

膝蓋骨脱臼の手術後に最も起こりやすい合併症は膝蓋骨の再脱臼です。約10頭に1頭の割合で再脱臼するという報告もあり、確実な手術を行っても起こり得る合併症です[2, 5]。その他には、脛骨粗面転位術で用いたピンの破綻などもまれにみられます。このような合併症が生じた場合には、術後しばらくして足の挙上や跛行が突然再開した、強い痛みを訴えるようになった、などの症状が認められます。このような症状がみられたら、飼い主にすぐに来院していただくようお伝えしましょう。

参考文献

1. Wangdee C, Leegwater PA, Heuven HC, et al. Prevalence and genetics of patellar luxation in Kooiker dogs. *Vet J* 201(3). 333-337. 2014.
2. Bosio F, Bufalari A, Peirone B, et al. Prevalence, treatment and outcome of patellar luxation in dogs in Italy. A retrospective multicentric study (2009-2014). *Vet Comp Orthop Traumatol* 30(5). 2017. 364-370.
3. Alam MR, Lee JI, Kang HS, et al. Frequency and distribution of patellar luxation in dogs. 134 cases (2000 to 2005). *Vet Comp Orthop Traumatol* 20(1). 2007. 59-64.
4. Singleton WB. The surgical correction of stifle deformities in the dog. *J Small Anim Pract* 10(2). 1969. 59-69.
5. Cashmore RG, Havlicek M, Perkins NR, et al. Major complications and risk factors associated with surgical correction of congenital medial patellar luxation in 124 dogs. *Vet Comp Orthop Traumatol* 27(4). 2014. 263-270.

疾患編 16 神経

てんかん

- てんかんとはどのような病気であるのか（定義）を理解する。
- てんかんの原因による分類を理解する。
- てんかん発作の種類を理解する。
- てんかん診療（診断と治療）の流れを理解する。
- てんかんの動物の飼育管理で注意すべき点を理解し、飼い主へ伝えられるようにする。

執筆・長谷川大輔（日本獣医生命科学大学）

「てんかん」とは「てんかん発作」を主徴とした代表的な脳の病気で、犬でも猫でも最もよく遭遇する神経病です。てんかん発作は飼い主にとって、みていて非常に心苦しい症状で、「何とかしたい」病気です。これから解説していきますが、基本的には治らない病気なので、てんかんにかかった動物は、一生涯この病気と付きあっていかなくてはなりません。またてんかんは、その診断・治療には飼い主からの全面的な協力が必要になる病気です。このことから飼い主とのコミュニケーションが重要で、本書の読者である愛玩動物看護師の皆さんにも正しい知識が必要とされます。

「てんかん」って何だろう？

てんかんの定義

「てんかん」は古くから知られていて、その記述は紀元前からあり、昔は神だとか霊だとかの仕業とされていました。現在、最も一般的に認識されている「てんかん」の定義は、「さまざまな原因によってもたらされる慢性脳疾患で、脳神経細胞の過剰な発射に由来する反復性の発作（すなわち、てんかん発作）を主徴とし、それに多種多様な臨床症状および検査所見を伴う」とされています。最近では、「24時間以上の間隔をあけて、２回以上のてんかん発作を起こす病態」と、より実用的な定義が用いられるようになりました。ここで大事なのは、「てんかん」はあくまで病気の名前であって、「てんかん発作」はその「てんかん」という病気の一つの（ただし重要な）症状だということです。

てんかんの原因とその分類

てんかんは「さまざまな原因によってもたらされる」といいましたが、このさまざまな原因によって、てんかんという病気は大きく２つに分類されます（表 16 -1）。

●特発性てんかん

１つめは「**特発性てんかん**」といい、脳に目でみてわかるような明らかな原因がないのに、てんかん発作だけが周期的に起こるてんかんです。獣医師によっては「原発性てんかん」や「真性（真の）てんかん」、あるいは「本態性てんかん」といったりしますが、これはすべて同じ意味です（たまに「突発性」と「特発性」を

表 16-1　てんかんの分類

原因による分類	発作症状（発作型）による分類
●特発性てんかん 脳に明らかな異常がみられない、原因不明のてんかん。おそらく遺伝的な要素が強い。 犬に多い。	●全般性発作（全般強直・間代性発作） 脳全体が一斉に興奮することで、全身がけいれんする。
●構造的てんかん 脳に明らかな異常があるてんかん。例えば脳腫瘍や脳炎、事故による脳損傷など。 猫に多い。	●焦点性発作 脳の一部分が興奮することで、興奮している脳の異常が出る（前足だけのけいれんや繰り返し行動など）。

混同している人がいますが、「突発性てんかん」という言葉はありません）。動物の特発性てんかんは、遺伝的な要素が関連していると考えられています。

犬のてんかんの多くが、この特発性てんかんです（特に、ビーグル、ダックスフンド、プードル、シェットランド・シープドッグ、ジャーマン・シェパード・ドッグ、シベリアン・ハスキー、テリア系、レトリーバー系、ベルジアン・タービュレン、キャバリア・キング・チャールズ・スパニエルは、特発性てんかんの遺伝的な素因をもっていることが知られています）。猫でも起こりますが、犬ほど多くはありません。私たちのデータでは、発作を起こす犬の 60 ％が特発性てんかんです。

●構造的てんかん

２つめは「構造的てんかん」といわれ、みた目にも明らかな脳の外傷や脳腫瘍、脳炎、水頭症などの奇形といった他の脳の病気が原因で、てんかん発作を繰り返すてんかんです（ある意味、構造的てんかんは「てんかん」ではなく、別の脳の病気だということです。ただ、このようなてんかんの話をする際に、先の「特発性てんかん」と区別するのに使いやすい用語なのでこのように使います）。

構造的てんかんもまた、獣医師によっては「症候性てんかん（少し前までこの名前でした）」「二次性てんかん」「続発性てんかん」と呼ぶ人もいます。

猫のてんかんは、特発性てんかんよりもむしろ構造的てんかんが多いようです。私たちのデータでは、発作を起こす猫の 60 ％が構造的てんかんで、残りの 40 ％が特発性てんかんです。

てんかん発作の分類（発作型分類）

てんかんの定義のなかで「てんかん発作」という症状が出てきました。てんかん発作とはてんかんという病気の最も明らかな、そして重要な症状の一つです。特に特発性てんかんではこのてんかん発作の症状しかないことが一般的です。それでは、てんかん発作とはどんな症状なのでしょうか。今までは一言で「てんかん発作」といっていましたが、実はいろいろな種類のてんかん発作のタイプ（てんかん発作のタイプのことを「発作型」といいます）があります。この発作型にも大きく２つのタイプがあります（表 16 -1）。

●全般性発作

まずは「全般性発作（全般強直・間代性発作）」と呼

ばれるもので、「大発作」と呼ばれることもあります（図16-1）。この「全般性発作」は**脳全体の神経細胞が一斉に興奮して起こる発作**です。症状としては、はじめに全身（特に、前足と後ろ足）がピーンと伸びて横転したり、後ろへひっくり返って足や口を細かくガタガタと震わせ（これを強直性けいれんといい、数十秒～数分続きます）、その後、手足の屈伸運動や犬かきをして泳ぐような運動が続きます（これを間代性けいれんといい、これも数十秒から数分間続きます）。このとき、その動物には意識がなく、眼の瞳孔は開き、失禁したり、脱糞したり、口から泡を吹いたりします。これが終わるとケロッと普段の状態に戻ったり、しばらく朦朧とした後（発作後状態といいます）に、だんだん普通の状態に戻ったりします。

●焦点性発作

次が「**焦点性発作**」と呼ばれるもので、これは**脳のある一部分が興奮することによって起こる発作**です（図16-2）。先ほどの全般性発作と違って全身がけいれんしたりするわけではなく、興奮した脳の部分が担っている体の場所だけが変化します。例えば、前足を動かすことを命令している脳の部分だけが興奮すると、前足だけがけいれんしたりします（運動発作）。また、このような運動発作だけではなく、記憶や喜怒哀楽などを司っている脳の部分が発作を起こせば、急に怒り始めたり、同じ行動を繰り返したり（行動発作）、よだれだけが大量に出たり、どこも悪くないのに吐いたり（自律神経発作）といった不思議な行動を起こしたりします。この焦点性発作の間、動物は意識があったり、なかったりします。

このように、てんかんという病気は、「原因による分類＝特発性か、構造的か」と「発作型による分類＝全般性か、焦点性か」という二重の分類が行われます。例えば、犬で最も多いのは「全般性発作を示す特発性てんかん」という分け方になります。

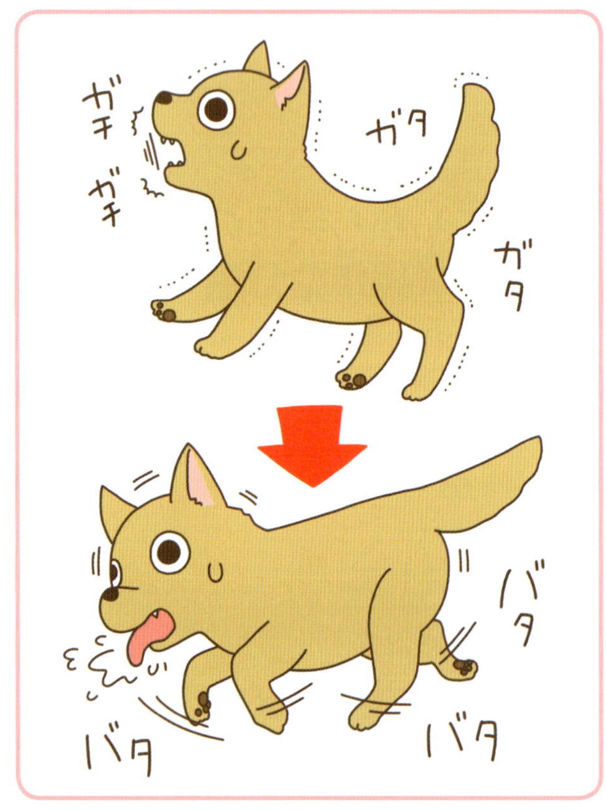

図16-1　全般性発作（全般強直・間代性発作）
全身がピーンとなり、全身の筋肉に力が入り過ぎて小刻みに震え（強直性けいれん）、その後、遊泳運動のようにバタバタする（間代性けいれん）のが一般的。強直性だけ、間代性だけの場合もあります。

図16-2　焦点性発作
左の絵は片側の顔面けいれんとよだれだけを示す焦点性発作、右の絵は片側の前足だけ引きつるような焦点性発作。焦点性発作はこのようにいろいろな症状があります。

てんかんの診断ってどんなことをするの？

「発作を起こした」という主訴で犬あるいは猫（またはそのほかの動物）が動物病院へ来院しました。そうするとてんかんの診断を進めていくことになるわけですが、それではてんかんの診断にはどのような方法がとられているのか、順を追って説明していきましょう。

1.問診

てんかんの診断で最も大事なのは、問診でその子の発作についてよく話を聞くということです。獣医師や愛玩動物看護師がてんかん発作の問診を取るときに、いくつかポイントがあります。さらに個体情報、すなわち犬なのか猫なのか、品種は何か、年齢はいくつかということも非常に重要になります。

問診のポイント

❶ どんな発作のタイプ（症状）だったのか？
❷ はじめて起こしたのか？　それとも以前にも起こしたことがあったか？（てんかんと診断するには、24時間以上あけて２回以上の発作がある必要がある）
❸ 現在の年齢は何歳か？
❹ 初めて発作を起こしたのは何歳のときか？（特発性てんかんであれば、通常は６カ月齢～６歳までに最初の発作がある）
❺ １回の発作はどれくらいの時間続いたか？
❻ 発作と発作の間隔（周期）はどのくらいか？
❼ 発作を起こす前に何か気付くことがあるか？
❽ 発作後はどういう状態か？　すぐに普段通りに戻るか？
❾ 特殊な食べ物を与えなかったか？　間違って変なものを食べていないか？
❿ ワクチンは接種しているか？

この10項目くらいが主なポイントになると思います。

問診が終わると次に身体検査・神経学的検査へ移るのが一般的です。

2.身体検査・神経学的検査

身体検査と神経学的検査は同時に行われることがあります。何をするかというと、聴診したり、触診したり、歩かせたり、簡単な運動機能の検査をしたり、反射の検査をしたり、感覚の検査をするなど、簡単にできる検査ですが、てんかんの診断ではとても重要な検査になります。

聴診では心臓や呼吸に異常がないかをチェックします。心臓が悪くててんかん発作に似た症状（失神発作）が出ることもありますし、まれですが、それが原因となっててんかん発作を引き起こすこともあります。

神経学的検査（歩かせる、運動機能の検査、感覚の検査、反射の検査など）は神経の病気なのか違う病気なのか、神経の病気であればどこの神経の病気なのか、を調べる検査です。これは**特発性てんかんと構造的てんかんを区別する**のにとても重要です。一般に特発性てんかんでは神経学的検査で異常が検出されることはありません（異常が検出されなくとも特発性てんかんは脳の病気です）。逆に、構造的てんかんでは神経学的検査で異常が検出されることが多いのです。

問診とこの検査結果によっては、この時点で特発性てんかんと診断されるかもしれません。例えば、ある犬が５年前から年に２～３回ずつ発作を起こしていて、現在の身体検査・神経学的検査に異常がみられなければ、それはおそらく特発性てんかんです。特発性てんかんは、以下の検査にも異常のないことがほとんどです。

3.血液検査

さて、神経学的検査まで終わると、特発性てんかんであれ構造的てんかんの疑いであれ、おそらく血液検査をすることになります。ここで行う血液検査には大きく２つの目的があります。

❶ 血液からわかる異常（全身的な異常）によって起こる発作の原因を除外する。例えば、低カルシウム血症

や高脂血症、低血糖、多血症、貧血、高アンモニア血症などは、てんかん発作と同様の発作（脳以外が原因で発作を起こす場合、「**反応性発作（非てんかん性発作）**」ということがあります）を示すことあります。また、ウイルスに感染しているかどうかを調べることもあります。脳へのウイルス感染もまた、てんかん発作を起こすことがあります（構造的てんかん）。

❷ これからてんかんの治療する際に、その子が**てんかんの薬を投与しても安全かどうかを確認**します。

てんかんの薬は多かれ少なかれ、肝臓や腎臓に対して悪影響を及ぼしますので、てんかんの薬を飲ませる前から肝臓や腎臓が悪い子には、肝臓や腎臓の治療を行う必要があったり、避けるべきてんかんの薬があったりするためです。

血液検査は、初診時では前述の２つの目的のために行われますが、治療が始まった後に行われる血液検査では、肝臓や腎臓の機能が障害されていないかどうか、てんかんの薬の血中濃度が足りているかどうか、などをチェックするために行います。

一般に、てんかんは血液検査で異常は認められません。普通の動物病院ではここまでの検査で特発性てんかんか構造的てんかんかの診断がつきます。逆に、血液検査で低カルシウムだとか低血糖だとか発作を引き起こす原因がみつかり、反応性発作ということになれば、てんかんの治療ではなくその治療を行います。一般に、反応性発作は原因である異常が治れば発作もなくなります。

さらに身体検査・神経学的検査・血液検査とも異常がなければ、ほぼ特発性てんかんであり、身体検査で正常・神経学的検査で異常・血液検査で正常であれば構造的てんかんと仮診断されるわけです。この仮診断を確定づけるためにはさらなる検査が必要になります。特発性てんかんであれば、ここまでの検査結果からほとんど決定づけてよいかもしれませんが、構造的てんかんは脳の中にある病気が何なのか？　脳のどこにあるのか？　を調べる必要があります。また、さらなる（追加）検査は特発性てんかんであるということをより信頼性の高いものにします。以下に、さらなる検査をいくつか紹介します。

4.診断的検査（追加検査）

てんかんの診断をより正確に行うためには、以下のような特殊な検査を行う場合があります。しかしながら、これらの検査は必ず行わなくてはならないものではなく、また特別な装置や設備が必要になるため、大学病院や一部の大型病院など、施設の整った病院で行われることが一般的です。

❶ **脳波検査**：脳波検査は頭にいっぱい電極をつけて、「脳のどこから発作が起こっているのか？」を調べます。脳波検査は通常、鎮静をかけて行います。

❷ **MRIなどによる画像診断**：特発性てんかんと構造的てんかんの違いは「脳に目でみてわかる原因があるかないか」と説明しました。それを調べるためには、磁気共鳴画像（MRI）による、脳の断面図をみる検査を行います。ただし、ヒトとは違って動物はじっとしていてくれないので、MRIによる画像診断では全身麻酔が必要になります。

❸ **脳脊髄液検査**：脳の中や周りにある水、すなわち脳脊髄液を採取して、その成分を調べます。脳炎の診断やウイルス、細菌などがいないかどうかを調べるのに役立ちます。ただし、この脳脊髄液を採取するときにも麻酔が必要になります。

てんかんの治療はどのように行われるの？

てんかんの診断がつきました。それではてんかんの治療はどのように行われるのでしょうか？　てんかんの治療は獣医師よりもむしろ、飼い主が大事です。飼い主に治療の原則を守っていただかなければ、てんかんの治療は成功しません。ここでは特発性てんかんの治療について、ごく簡単に解説したいと思います。

特発性てんかんの治療は、てんかん発作を抑えて、てんかん発作によって脳が壊れてしまうことを防ぐために行います。てんかんの治療というと、「てんかんが完全に治るのでは」と思われる飼い主も多いかと思いますが、それは誤解です。現在日本の獣医療で受けられるてんかんの治療は、数種類の**抗てんかん発作薬（ASM）**によって、てんかん発作を薬で抑えるという**内科的治療**になります。ASMは発作を抑えるだけであって、**根本的にてんかんが治るわけではありません**。この抗てんかん発作薬を使ったてんかんの治療について、ぜひ知っていただきたい事柄がいくつかあります。

❶ **抗てんかん発作薬による治療の目的は、発作の頻度を少なくする**、あるいは１回の発作の強さを弱くする（例えば、全般性発作が焦点性発作になるなど）ことにあります。一般に、完全に発作がなくなることはほとんどありません。

❷ **抗てんかん発作薬は、基本的に一生涯飲み続ける**薬です。しばらく発作がなかったからといって、急に中断してはいけません。また、急にやめると発作が強くなることが知られています。抗てんかん発作薬を中止するときは、徐々（最低でも１カ月以上かけて）に薬の量を減らして中止します。

❸ **抗てんかん発作薬は毎日ある程度一定の間隔で飲ませなくてはいけません**。例えば朝だけ薬を飲ませるのを忘れた、ということがあってはいけません。血液中の抗てんかん発作薬の濃度（血中濃度）にばらつきが出てしまい、発作が出やすい状況をつくってしまいます。

❹ **抗てんかん発作薬はすぐに効くものではありません**。例えば、飲んだ次の日から発作が治まるかというと、そうではありません。これも血中濃度が関係しますが、一般に抗てんかん発作薬を飲ませ始めて血中濃度が安定するまでに約１～２週間はかかります（薬の種類によります）。またそれ以上経っても効果がない場合、血中濃度を測定（血液検査）して、血液中に十分な薬があるかどうかを確認することがよくあります。

❺ **抗てんかん発作薬にもまた副作用があります**。多飲多尿が出たり、多食（体重増加）になったり、ボーッとすることが多くなったり、ふらついたり、肝臓が悪くなったりします。副作用の症状が強いときは、抗てんかん発作薬の変更や副作用に対する治療が行われます。少なくとも、**６カ月に１度は血液検査を行い、全身状態を確認します**。

❻ ❷と❺に関係しますが、発作を起こしたすべての動物ですぐに治療が開始されるわけではありません。抗てんかん発作薬は一生飲み続ける薬ですし、副作用があります。それに１年に１、２回しか起こさない発作に365日飲ませることに意味があるかわかりませんし、飲ませても効果があるのかどうかもわかりません。ですから、治療開始の目安としては、**６カ月に２回以上の頻度で発作がある患者に対して抗てんかん発作薬療法を行います**。

てんかんをもつ犬猫の飼い主は、以上のことを十分に理解しておく必要があります。これらのことはどんな抗てんかん発作薬でもほとんどあてはまる事柄ですので、よく覚えておいてください。

抗てんかん発作薬は数種類あります。日本でよく使われる抗てんかん発作薬には**表16-2**のようなものがあります。これらの抗てんかん発作薬を１つあるいはいくつかを組み合わせて、その子にあった抗てんかん発作薬療法の計画が立てられます。それぞれの抗てんかん発作薬にはそれぞれの投与法、投与量、投与間隔、副作用がありますので、獣医師にその話をしてもらう必要があります。

さらに、特発性てんかんの犬・猫すべてにこの抗てんかん発作薬療法が効くわけではありません。どんな薬のどんな量を試しても、どうしてもてんかん発作がうまく抑えられない（抗てんかん発作薬がまったく効かない）患者がいます。このような、抗てんかん発作薬が有効でないてんかんを「**薬剤抵抗性てんかん（難治性てんかん）**」といいます。犬の特発性てんかん患者の、**約30％はこの薬剤抵抗性てんかん**であることが報告されています。薬剤抵抗性てんかん患者は発作がうまくコントロールできないために、著しいQOLの低下や不幸な結末を迎えてしまうことも少なくありません。

表16-2　主な抗てんかん発作薬（ASM）

薬品名	商品名	特徴	投与方法
フェノバルビタール	フェノバール®（錠、散、注）	犬・猫で最も一般的なASM。脳の抑制系を強めることで、脳の興奮を抑える働きをもつ。	通常1日2回の経口投与
ジアゼパム	ホリゾン®（錠・注） セルシン®（錠・注） ダイアップ®（坐）など	猫で使われることがあるASM。犬では群発発作やてんかん発作重積のときに坐薬や注射薬で用いる。	猫の場合、通常1日2回の経口投与
臭化カリウム	臭化カリウム（結晶性粉末）	犬でよく使われるASM。脳の抑制系を強めることで興奮を抑える。猫では肺炎を起こすことがあり推奨されない。	犬の場合、通常1日1～2回の経口投与
ゾニサミド	エクセグラン®（錠・散） コンセーブ®（錠） エピレス®（錠）	犬でよく使われるASM。脳の興奮系を弱める。副作用は少ないが、少し高価。	通常1日2回の経口投与
レベチラセタム	イーケプラ®（錠・注）	犬・猫ともに用いられるASM。脳の興奮系を弱める。副作用は少ないが、高価。注射薬でもあるので、群発発作やてんかん発作重積のときに注射で利用できる。	通常1日3回の経口投与

てんかんの動物の飼育管理の方法は？

これまで、てんかんの治療とその注意点について、ちょっと脅し気味にいろいろと説明してきましたが、（群発発作※1やてんかん発作重積※2でないかぎり）**特発性てんかんはそれほど怖い病気ではありません**。てんかん発作（特に、全般強直・間代性発作）はその症状が激烈なために「死んでしまうのでは」とか、「苦しそう」と思われがちです。これは私自身もよく飼い主に質問されるところです。実際は本人（本犬あるいは本猫）に直接聞いてみないとわかりませんが、**一般にてんかん発作は苦しくありません**（ヒトのてんかん患者がそういっているので）。なぜなら脳の全体が興奮しているので意識がなく、てんかん発作中のことは覚えていないためです（意識がある焦点性発作は記憶があります）。ただ発作が終わり、意識が回復したときに「なぜこんなに体が疲れているのだろう？」とか「あれ？　何があったんだ？」と思っているかもしれません。またてんかん発作重積※2や他の病気（例えば、心臓が悪いとか腎臓が悪いとか）がなければ、**1回のてんかん発作で死んでしまうようなことはありません。**

よく「**発作のときどうすればよいのでしょう？**」と聞かれることがありますが、答えは「**特に何もすることはありません**」です。あえていうならば、周りの危険なもの（花びんやコップ、釘など）を片づける、発作の症状をよく観察してもらうことです（発作症状を

ビデオで撮れれば、それが診断の役に立つことがあり、獣医師としてはとてもありがたいです)。

逆に、**発作中の動物に手を出すことは危険です**。発作中は意識がありませんし、筋肉が勝手に動いているので、咬まれたら大変なことになります。ヒトのてんかんで、よく患者さんに(舌を咬むから)タオルを咬ませろとかいう迷信がありますが、犬や猫に(ヒトにも)する必要はありません。発作が終わってからあまりにもハァハァと息が荒く、体温が高いようなときは、水を含ませたタオルで体を拭いてやる、氷枕で体を冷やしてやるのもよいかもしれません(ただし、冷やし過ぎはよくありません)。

てんかんの動物のなかには発作前に「**前兆(アウラ)**」と呼ばれる、発作が起こりそうな気配を感じる(あるいは、飼い主が気付く)症状を示す子もいます(今はこの前兆も焦点性発作だと考えられています)。一番多いのは、**急に不安そうになって飼い主にすり寄ってくるとか、どこかへ隠れてしまうなどです**。不安そうになって近付いてきたときは声をかけたり、抱き上げてなでるだけで発作が起こらないこともありますし、焦点性発作であれば、それで止まることもあります。逆にこのようなときに、脅かしたり、興奮させたりすることは避けるべきでしょう。

「前兆」とはちょっと違いますが、発作症状のところで説明した発作前に起こる、ある特別な状況に注意する必要があります。例えば、ドアベルが鳴ると発作を起こす、あるいはテレビをつけると発作を起こすなどです。こういったある特定の状況になると、てんかん発作を起こしてしまうことが明らか(このようなてんかん/発作を「反射性てんかん/発作」といいます)なときは、その状況を極力避ける必要があります(でも、避けられないことの方が多いと思いますが)。

※1 群発発作:1日に2回以上の発作を起こすこと。多い子では1日に20回以上起こすこともある。

※2 てんかん発作重積:1回の発作が5分以上続く、あるいは1回終わりかけたら、意識が回復する前に次の発作が始まってしまうこと。

飼い主にできるアドバイス

先ほどビデオ撮影の例を挙げましたが、その他に飼い主ができることとして、てんかん発作の記録があります。例えば、「てんかん手帳」なるものを作成し、何月何日何時ごろ、どのような発作を、どのくらいの時間起こしたのか、などを日記をつけてもらうと助かります。カレンダーにマークするだけでも、とても有用な情報になります(最近ではヒト用ですがてんかん記録用のスマホのアプリが製薬各社から無料配布されており、それを利用することもできます)。

この他に、特に生活するうえで注意するようなことはありません。特発性てんかんの場合、抗てんかん発作薬を飲んでいる限り(発作がないとき)、普通の犬(あるいは猫)と何ら変わりません。特に獣医師から指示のない場合、あるいは避けるべき特定の状況がない場合は、普通のご飯を食べ(最近、てんかん用の療法食も出てきました)、普通に散歩したり運動したりして構いません。ワクチン接種や去勢(避妊)手術も受けて構いません。ホテルやトリミングもOKです。ただし、そのような場合、獣医師やスタッフに「この子はてんかんです」と前もって伝えておく必要があります。さまざまな薬のなかには、てんかんの患者に使ってはいけない薬や飲んでいる抗てんかん発作薬に影響する、あるいは影響を受ける薬も数多くあるので、獣医師にてんかんであることおよび現在飲んでいる抗てんかん発作薬を伝えることを絶対に忘れてはいけません(一部のホテルやトリミング施設では受け入れてもらえない場合もあります)。

このような状況を避けるために、またてんかん動物の生涯的な飼育管理のため、特別な状況がない限り、動物病院を変えたり、担当獣医師を変えたりするのは避けた方が良いと考えられます。できればかかりつけの担当の先生(ホームドクター)をつくってもらい、飼い主と一緒になっててんかんの治療を進めていくことが推奨されます(一部のペット保険ではてんかんだと保険が適用されない場合があるので注意しましょう)。

疾患編 17

子宮蓄膿症

- 子宮蓄膿症の基礎知識を身に付ける。
- 子宮蓄膿症の診断までの流れを知る。
- 子宮蓄膿症の治療方法と注意点を理解する。

執筆・堀　達也（日本獣医生命科学大学）

不妊手術を行っていない雌犬では、高齢になると生殖器疾患が発症する可能性が高くなります。雌犬の生殖器疾患のなかで最も多く発症するのが子宮蓄膿症です。雌猫にも子宮蓄膿症は発症しますが、犬よりは発症率が低いことが知られています。

子宮蓄膿症は細菌感染が原因で起こりますが、細菌が産生する毒素が原因で重篤な症状を引き起こし、早急に適切な治療を行わないと死亡してしまう可能性もある病気です。

子宮蓄膿症は緊急性を要する救急疾患のため、発見が遅くなれば手遅れになってしまうこともありますが、できるだけ早く発見し適切に治療すれば良くなる可能性が高い疾患です。そのために、子宮蓄膿症が発生しやすい時期や、子宮蓄膿症の最初の症状などについて十分に理解しておき、できるだけ早く疾患に気が付くことが必要です。また治療法にも外科的な方法と内科的な方法があり、どちらにもメリットとデメリットが存在します。これらの治療法は、罹患した動物と飼い主にとって最も良い方法を選択することが大切です。また子宮蓄膿症は予防できる可能性もありますので、これも飼い主に提案できるようになると良いでしょう。子宮蓄膿症に関するこれらの知識を十分に理解しておき、飼い主に適切なアドバイスを行うことが大切です。

子宮蓄膿症ってどんな病気なの？

子宮蓄膿症は、細菌感染によって子宮腔内に膿液が貯留して、ソーセージのように子宮が腫大する疾患です（図 17-1、17-2）。細菌が産生するエンドトキシンという内毒素によってさまざまな重篤な症状を示し、早急に適切な処置を行わないとエンドトキシンが全身にまわり、播種性血管内凝固症候群（DIC）や急性腎不全などの症状を示し、死亡してしまう可能性があります。最近の若齢時に行われている不妊手術は、この疾患の発症を防止することが目的の一つであると考えられます。

子宮蓄膿症の原因は？

子宮蓄膿症は、黄体期（特に黄体が退行する時期）に発症することが知られているため、その発症には黄体ホルモン（プロジェステロン）が関与することが明らかになっています。犬では、妊娠の有無にかかわらず約２カ月間という長い期間、黄体期が持続するため、黄体期に分泌されるプロジェステロンの作用によって子宮蓄膿症が発症しやすい状況がつくり出されている

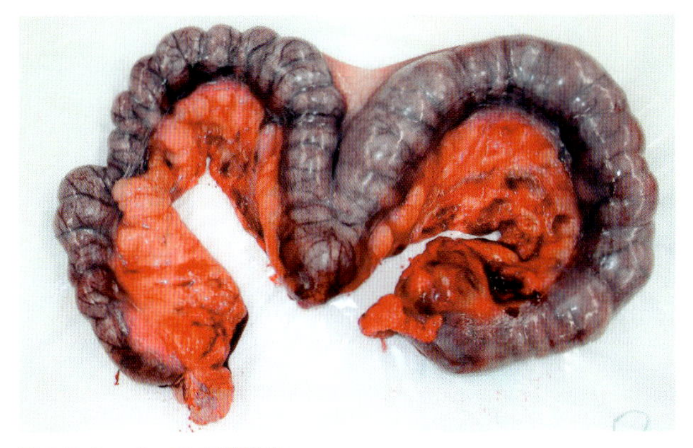

図17-1　犬の子宮蓄膿症

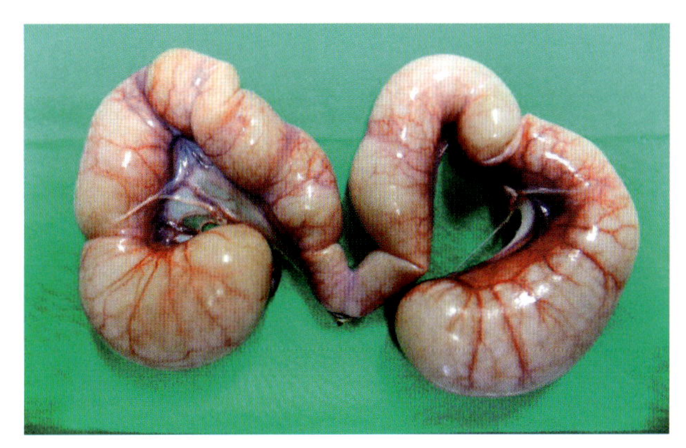

図17-2　猫の子宮蓄膿症

と考えられています。これに対して、猫は交尾排卵動物であり、交尾が行われないと排卵が起こらないため、黄体期もあまり起こりません。また、交尾したのに不妊であった場合に起こる黄体期も、約40日間と妊娠したときよりも短くプロジェステロンの影響を受ける期間が短いため、猫では子宮蓄膿症の発症は少ないと考えられています[1]。

しかし、最近では自然排卵する猫がいることも知られているため[2]、子宮蓄膿症の発症に注意は必要であると考えられます。

また犬の子宮蓄膿症は、子宮が黄体ホルモンの影響を大きく受けている、未経産の高齢犬に多く発症することが知られています[3]。ただし、実際には若くても子宮蓄膿症が発症することがあり、どの年齢でも発症がみられますので注意が必要です。

一方、猫の子宮蓄膿症は、犬とは異なり高齢よりも若齢時での発症が多いことが知られています。時には1歳前後で発症することもあります。

黄体期とは？

犬の発情周期は、図17-3に示したように4つの時期に区分されます。

発情前期は、発情出血の開始時期から雌犬が雄犬への交尾を許す（許容する）までの期間で、この時期には卵巣に卵胞が発育し、卵胞から分泌される卵胞ホルモン（エストロジェン）の影響によってさまざまな発情徴候が起こります。

発情期は雌犬が雄犬に交尾を許す期間で、この時期の約3日目に排卵が起こります。排卵が起こると卵胞が黄体化し、黄体ホルモン（プロジェステロン）が分泌されるようになります。

発情休止期は、発情期の終了から黄体が退行するまでの期間です。

すなわち犬の黄体期は、発情期中の排卵後から発情休止期の終了までの期間となります。

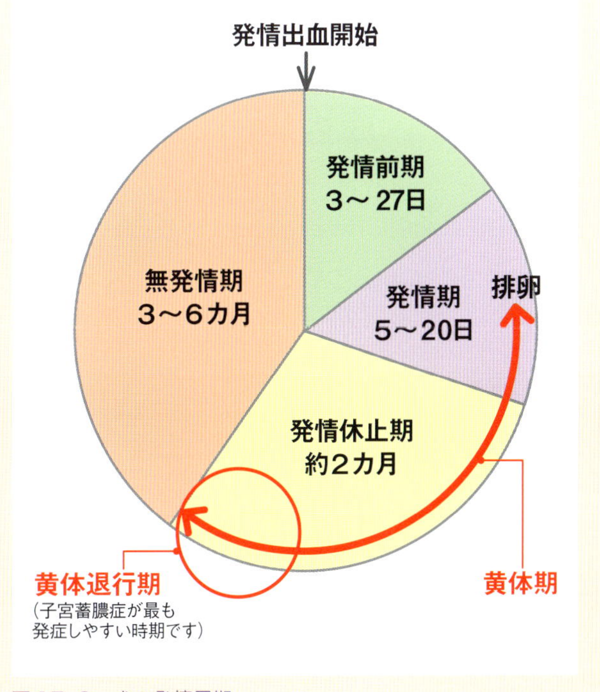

図17-3　犬の発情周期

子宮蓄膿症と診断されるまでの流れって？

症状は？

子宮蓄膿症の診断は、まず臨床症状を確認するところから始めます。一般的な臨床症状として、食欲低下～廃絶、発熱、多飲・多尿、嘔吐および腹部膨満がみられます。

外陰部からの排膿は、認められるときと認められないときがあります。これは子宮の出入り口である子宮頸管の開口状況が異なるために起こるもので、前者を開放性子宮蓄膿症、後者を閉鎖性子宮蓄膿症と呼びます。臨床症状は、開放性よりも閉鎖性のほうが重篤になる傾向があります。開放性子宮蓄膿症では、飼い主が外陰部からの排膿に気が付くため早く発見できますし診断も容易に行えますが、閉鎖性子宮蓄膿症では発見が遅れてしまい手遅れになってしまうこともあるため、子宮蓄膿症でみられる症状を見逃さないようにすることが重要です。

なお、猫の子宮蓄膿症は開放性が多いことが知られているため診断は容易であると思われますが、犬で一般的にみられるような食欲不振、多飲・多尿、発熱などの症状があまり顕著に起こらないため、診断を行う際には注意が必要です。

食欲低下～廃絶

多飲・多尿

嘔吐および腹部膨満

原因菌

多くの子宮蓄膿症の原因菌は、膣内に普通に常在している大腸菌であることが知られています[4]。しかし、それ以外の細菌による感染によっても子宮蓄膿症は起こります。大腸菌をはじめとするグラム陰性菌はエンドトキシンを産生するため、グラム陰性菌が原因で起こった子宮蓄膿症では前述したような臨床症状が現れます。また、病気の進行とともにエンドトキシンが全身にまわると重篤になります。

しかし、エンドトキシンを産生しないグラム陽性菌（*Staphylococcus*、*Streptococcus*など）のみの感染では、子宮腔内に膿液が貯留し外陰部からの排膿がみられているにもかかわらず、他の臨床症状が軽度であることがあります。

発情の時期

また子宮蓄膿症は黄体期に起こるため、前回の発情がいつ起こったのか、また猫では交尾を行ったのかどうかについて、問診にて確認することが大切です。

もし黄体期であることが不明な場合で内科的な治療を希望する場合には、血中プロジェステロン値の測定を行い、黄体期であることを確認する必要があります。測定方法によっても若干異なりますが、血中プロジェステロン値が1～2ng/mL以上であった場合、黄体が存在する（黄体期である）と判断できます。

画像検査

これらの症状が確認された後に、画像検査を行って子宮の腫大を確認します。画像検査として、最近ではＸ線検査よりも腹部超音波検査が推奨されます。この理由として、Ｘ線検査では子宮の腫大だけしか確認できないため、同様に子宮内に液体が貯留する疾患である子宮水症との判別ができないことが挙げられます。超音波検査では子宮内の液体の性状をある程度判定することができます。子宮内に貯留する液体の性状は、子宮蓄膿症では粘稠性がある膿液であるため超音波検査では低～高エコー像として描出されますが、子宮水症はさらさらとした血漿様であるため無エコー像として描出されます（図 17-4）。

また子宮蓄膿症では、プロジェステロンの作用によって子宮内膜の増殖（多くは嚢胞性増殖が起こります：図 17-5）が起こるため、超音波検査では子宮壁の肥厚を確認することができますが、子宮水症はプロジェステロンの影響を受けていないため子宮壁は薄くなります。ただし、子宮水症は前述したような重篤な臨床症状がみられないため、子宮蓄膿症との鑑別診断は容易に行えると思われます。また子宮蓄膿症では、子宮壁に穴が開いてしまい、膿液が腹腔に漏れて腹膜炎を起こしてしまうことがあります（図 17-6）。画像検査では、この所見を確認することも必要です。

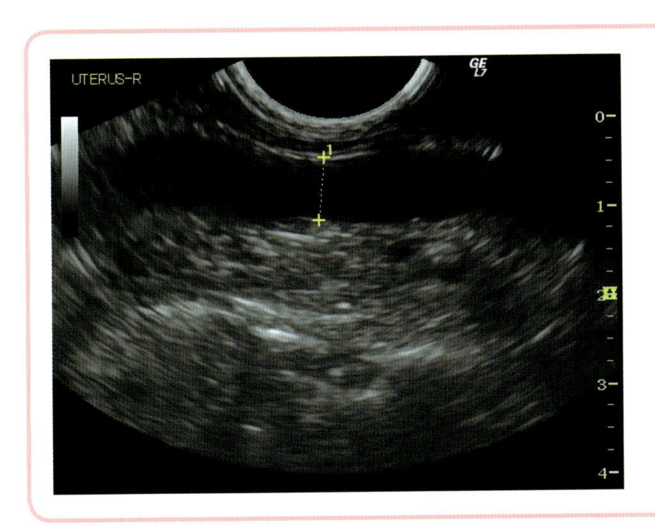

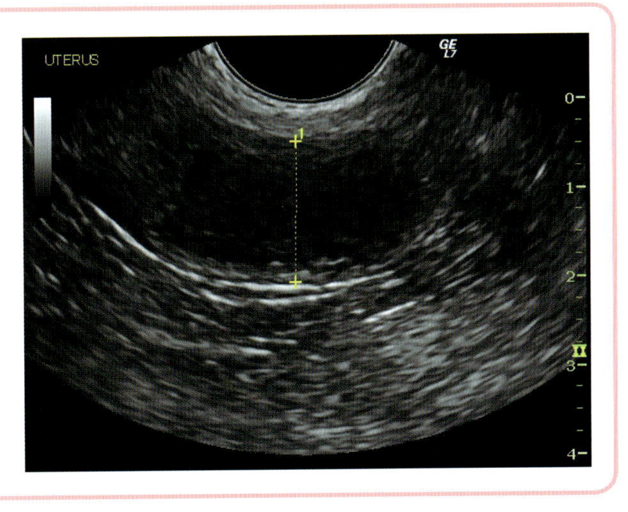

図 17-4　犬子宮蓄膿症（右）と犬子宮水症（左）の腹部超音波検査所見
子宮蓄膿症では子宮腔内の液体貯留は低エコー像として描出されていますが、子宮水症では無エコー像です。また、子宮蓄膿症では子宮壁の肥厚を確認することができますが、子宮水症では子宮壁の肥厚は確認できません。

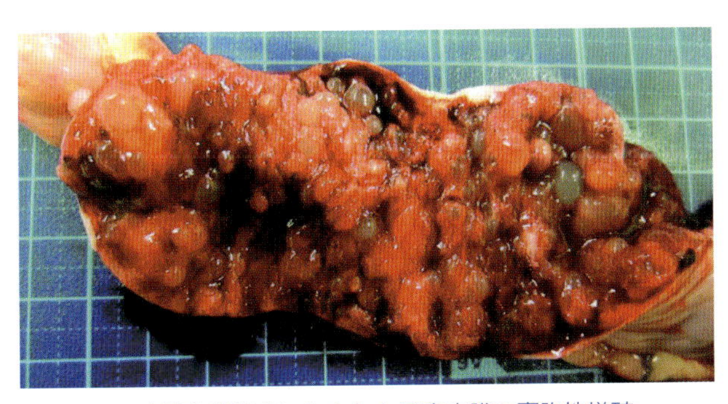

図 17-5　犬子宮蓄膿症にみられた子宮内膜の嚢胞性増殖

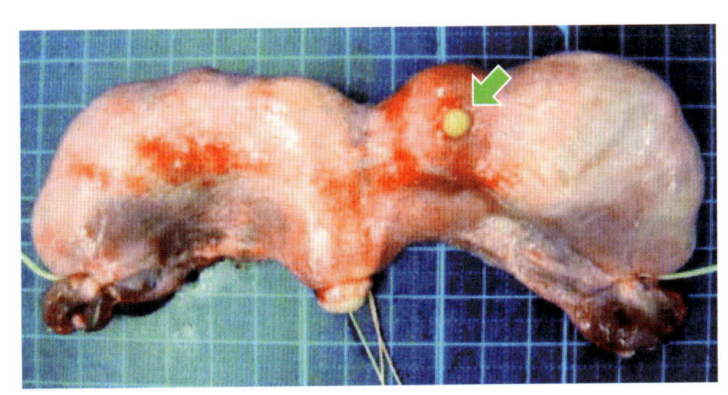

図 17-6　子宮壁の一部に穴が開いていた猫子宮蓄膿症
子宮の穴はピンホール状で、膿液が腹腔に漏れて腹膜炎を併発していました（矢印部分）。

血液検査

血液検査所見では、白血球数の顕著な増加および好中球の核の左方移動がみられます。血液化学検査所見ではアルカリフォスファターゼ（ALP）値の上昇が認められます。また、急性炎症を示すマーカーであるC反応性タンパク（CRP）値が上昇します。CRPは、一般症状の改善とともに白血球数よりも早く正常値に戻りますので、最近では診断および治療後の治癒状況を確認するための指標として用いられています。

子宮蓄膿症にはどんな治療法があるの？

外科的手術

子宮蓄膿症の一般的な治療法として、外科的な卵巣・子宮全摘出術が行われております。この治療法では麻酔のリスクが大きな問題点として挙げられますが、治療後の臨床症状の回復が比較的早いため、最も推奨される方法であると考えられます。

内科的治療

子宮蓄膿症は、その発症にプロジェステロンが深く関与していることが明らかになっているため、プロジェステロンを分泌している黄体を退行させるホルモン剤（プロスタグランジン $F_{2\alpha}$）[5, 6]、またはプロジェステロンの作用部位であるレセプターをブロックする効果のあるホルモン剤（アグレプリストン）[7, 8]を使用した内科的な処置でも治療することができます。

特に、子宮蓄膿症は重篤な症状を示した状況で動物病院に来院する場合が多く、全身麻酔による手術のリスクが高く困難な場合があります。このような場合では、外科的な治療ではなく内科的な治療が選択されることがあります。

また高齢すぎる場合、若齢時の発症で今後の繁殖を強く希望している場合、飼い主が単純に手術を希望しない場合にも内科的治療が選択されます。ただし内科的治療には、図17-7に示したようないくつかの問題点が挙げられます。したがって、子宮蓄膿症の治療として内科的治療を選択する場合には、飼い主との十分なインフォームド・コンセントを行うことが必要です。

- **治癒までに時間がかかります**
- **100%の治癒率ではありません（卵巣嚢腫、卵巣腫瘍などの卵巣の異常、子宮腫瘍、重度な子宮内膜嚢胞性増殖などの子宮の異常を伴っている場合は、治癒しないことがあります）。**
- **治癒後、次回以降の発情後の黄体期に再発する可能性が高いです。**
- **一過性ですが、ホルモン剤投与後に副作用がみられます。**
- **腹膜炎が起こっている場合には、治癒効果が低いです。**
- **腎不全や播種性血管内凝固症候群（DIC）を起こしている場合には、治療効果が現れる前に死亡してしまうこともあります。**

図17-7　子宮蓄膿症の内科的治療における問題点

抗菌薬

外科的・内科的治療のどちらにおいても、適切な抗菌薬の使用および輸液療法の併用は必要です。特に抗菌薬に関しては、できれば微生物学的検査（抗菌薬の感受性試験）を行い、最も適切な抗菌薬を選択することが望ましいと考えます。また子宮蓄膿症のなかには、抗菌薬の投与を続けるだけで治癒してしまうものがありますが、これはおそらく、抗菌薬で治療をしている間に黄体が自然に退行して、治癒したものではないかと思われます。しかし、内科的治療において比較的早期に治癒させるためには、積極的なホルモン剤の使用が必要と考えます。

子宮蓄膿症の治療で大切なポイント

子宮蓄膿症の治療法としては、手術が行えるのであれば外科的な治療が最善であると考えます。しかし、治療後のトラブルを避けるため、治療方法については前述した外科・内科の両方の方法についてメリット・デメリットを十分に説明したうえで、治療方法を飼い主に選択してもらうことが望ましいと考えます。もちろん、その犬・猫の現在の状況や飼い主の考えを考慮して、最適な治療方法を選択することが必要です。また、どちらの治療法においても、子宮蓄膿症をできるだけ早期に発見して、治療を開始することが大切です。

子宮蓄膿症の犬や猫が入院したときの注意点は？

外科的手術

外科的治療において、子宮蓄膿症と診断されてから手術を行うまでに時間がかかるとき（例えば、手術の前日に入院する場合など）には、多飲・多尿があるため十分な補液が必要です。脱水状況が進行すると、状態を悪化させてしまうことがあります。手術後の入院中においても、臨床症状の改善状況に対して十分な注意を払う必要があります。

内科的治療

内科的治療においてプロスタグランジン製剤を使用する場合には、重篤な副作用（嘔吐、下痢、体温低下、呼吸促迫、血圧上昇、心悸亢進など）が発現する可能性が高いため、副作用の状況を十分に観察するために入院処置が必要となります。愛玩動物看護師は、前述したような様子が現れていないか経時的に観察しましょう。

また、治療に成功すると外陰部からの排膿が多くみられるようになるため、気にして舐めてしまうことがあります。これは膿汁（のうじゅう）ですので、できるだけ舐めさせないほうが良いと考えられます。したがって、エリザベスカラーを着けるなどの対応が必要になります。

入院時の注意ポイント

- 脱水の進行の防止
  →輸液と排尿の観察
- 治療薬による副作用の経時的な観察
- 外陰部から排出している膿汁を舐めさせないための対応

予後はどうなる？

子宮蓄膿症において、基本的に外科的に卵巣・子宮を摘出した後の予後は良好ですが、内科的に治療した場合は卵巣と子宮が残りますので、次回以降の発情後の黄体期に再発する可能性があるため注意が必要です。

犬も猫も比較的若齢時に子宮蓄膿症を発症し、ホルモン剤投与によって治療した後、繁殖を行うことは可能です[5,9,10]が、犬では5歳くらいまでとされています[5]。したがって、高齢で子宮蓄膿症を発症した後に繁殖を行いたいという希望があっても、子どもを産ませるのは難しいと考えられます。

子宮蓄膿症の症状の進行は、原因となる細菌が産生するエンドトキシンが深く関与しているため、血中エンドトキシン濃度を測定することができれば、治療前に予後の判定をある程度行うことが可能です[11]。すなわち、血中エンドトキシン濃度が低いものでは予後良好であり、濃度が高いものでは予後不良（治癒までに時間がかかる）であることが考えられます。

もし血中エンドトキシン濃度が測定できない場合は、血液化学検査における血液尿素窒素（BUN）およびクレアチニン（Cre）値が血中エンドトキシン濃度との間に高い相関関係をもつことが明らかとなっていますので、これらの値を予後のある程度の指標にできます。すなわち、治療前にBUNやCreが高値を示している場合、予後不良の可能性が考えられます。

予後の注意点

- 血中エンドトキシン濃度が高い場合は危険。（血液化学検査における血液尿素窒素（BUN）およびクレアチニン（Cre）値を見る）

子宮蓄膿症って予防できないの？

犬はヒトのような閉経がないため、寿命がくるまで卵巣は機能します。したがって、寿命がくるまで黄体期になりますので、子宮蓄膿症の発症の可能性が常にあります。また、子宮蓄膿症の内科的治療後の最初の発情における再発率は、報告によっても異なりますが、約10～30%といわれています[4,6]。この再発率は、発情を繰り返すごとに高くなる可能性がありますので、この再発を予防するための方法が必要です。

再発防止策

再発を防止する方法としては、治療後の次回発情時に繁殖を行うことが最も良い方法ですが、前述したように若齢時での発症した場合のみ有効な方法です。また、発情抑制剤を投与して次回の発情を起こさせない方法もありますが、この方法では発情抑制剤の副作用が心配になります。

最も良い方法は、発情中に抗菌薬を投与することです。子宮蓄膿症の発症の主要因はプロジェステロンですが、二次的な要因は細菌感染です。すなわち、この細菌感染を防止すれば、発症をある程度予防できると考えられます。子宮蓄膿症の原因菌は、腟内に存在する常在菌であると考えられており、侵入する時期は発情期～プロジェステロンの作用により子宮頸管が硬く緊縮する交配適期の終了時までの期間中であると思われます。すなわち、発情出血開始後10日目頃から約1週間（おおよそ交配適期の時期）に抗菌薬を投与することによって、子宮内への細菌の侵入を抑えることができると考えられます。

ただし、犬は高齢になると発情徴候が不明瞭になるため、抗菌薬の投与時期がわからなくなってしまい、この予防方法を行うことはできないかもしれません。また、投与した抗菌薬に効果がない細菌（耐性菌）によって感染した場合にも、この方法は効果がないと考えられます。

再発防止策

- ●若齢なら繁殖を行う
- ●発情抑制剤を投与（副作用のリスク）
- ●発情中に抗菌薬を投与（高齢犬は発情時期があいまい）

参考文献

1. Hagman R, Ström Holst B, Möller L, Egenvall A. Incidence of pyometra in Swedish insured cats. *Theriogenology* 82(1). 2014. 114-120.
2. Lawler DF, Johnston SD, Hegstad RL, et al. Ovulation without cervical stimulation in domestic cats. *J Reprod Fertil Suppl* 47. 1993. 57-61.
3. Egenvall A, Hagman R, Bonnett BN, et al. Breed risk of pyometra in insured dogs in Sweden. *J Vet Intern Med* 15(6). 2001. 530-538.
4. Fransson B, Lagerstedt AS, Hellmen E, et al. Bacteriological findings, blood chemistry profile and plasma endotoxin levels in bitches with pyometra or other uterine diseases. *Zentralbl Veterinarmed A* 44(7). 1997. 417-426.
5. Davidson AP, Feldman EC, Nelson RW. Treatment of pyometra in cats, using prostaglandin F2 alpha: 21 cases (1982-1990). *J Am Vet Med Assoc* 200(6). 1992. 825-828.
6. Nelson RW, Feldman EC, Stabenfeldt GH. Treatment of canine pyometra and endometritis with prostaglandin F2 alpha. *J Am Vet Med Assoc* 181(9). 1982. 899-903.
7. Trasch K, Wehrend A, Bostedt H. Follow-up examinations of bitches after conservative treatment of pyometra with the antigestagen aglepristone. *J Vet Med A Physiol Pathol Clin Med* 50(7). 2003. 375-379.
8. Fieni F. Clinical evaluation of the use of aglepristone, with or without cloprostenol, to treat cystic endometrial hyperplasia-pyometra complex in bitches. *Theriogenology* 66(6-7). 2006. 1550-1556.
9. Jurka P, Max A, Hawryńska K, Snochowski M. Age-related pregnancy results and further examination of bitches after aglepristone treatment of pyometra. *Reprod Domest Anim* 45(3). 2010. 525-529.
10. Nak D, Nak Y, Tuna B. Follow-up examinations after medical treatment of pyometra in cats with the progesterone-antagonist aglepristone. *J Feline Med Surg* 11(6). 2009. 499-502.
11. Okano S, Tagawa M, Takase K. Relationship of the blood endotoxin concentration and prognosis in dogs with pyometra. *J Vet Med Sci* 60(11). 1998. 1265-1267.

疾患編 18 生殖器

犬の前立腺肥大症

学習目標
- 前立腺肥大症について理解する。
- 前立腺疾患の診断方法について理解する。

執筆・小林正典（日本獣医生命科学大学）

雄犬において唯一の副生殖腺である前立腺は、膀胱から尿道への移行部付近に存在する臓器であり、性成熟（一般的には8～12カ月齢）以降に、主として精巣から多量に分泌される性ホルモンによって発達します。犬において発生する前立腺疾患には、非腫瘍性の前立腺肥大症、前立腺嚢胞、前立腺炎、前立腺膿瘍、および腫瘍性の前立腺癌が含まれます。未去勢犬の場合には、生涯にわたり前立腺は発達・成長するため、特に高齢の未去勢犬では良性前立腺肥大症などの非腫瘍性の前立腺疾患が発生する可能性があります。去勢犬では非腫瘍性の前立腺疾患の発生は非常にまれであり、前立腺に発生する疾患の多くは前立腺癌です。この理由として、犬の前立腺癌の発生には性ホルモンが関与していないためであると考えられています。雄猫は犬とは異なり、副生殖腺として前立腺の他に尿道球腺をもちますが、前立腺は大きく発達せずに小さく、機能的ではないため、猫における前立腺疾患の発生は極めて少ないとされています。本稿では、雄犬において発生率の高い良性の前立腺肥大症を中心に概説します。

そもそも良性前立腺肥大症って何？

発生原因

精巣から合成・分泌される雄性ホルモン（テストステロン）や雌性ホルモン（エストロジェン）は、前立腺の腺上皮細胞や間質細胞の増殖を誘導し、前立腺の発達や容積増加に寄与しており、この容積の増加が正常範囲を超え臨床症状が現れた場合、前立腺肥大症と診断されます。加齢に伴って、精巣からのテストステロン分泌量は減少していきますが、エストロジェン分泌量は維持または増加するといった、性ホルモンバランスの不均衡、すなわちエストロジェン／テストステロン比の増加を生じることが、良性前立腺肥大症の発生の一因となります。また、前立腺実質において、テストステロンの活性代謝産物であるジヒドロテストステロンが増加することもまた、前立腺肥大症の発症要因の一つと考えられています。良性前立腺肥大症は9歳以上の未去勢雄犬の95％において罹患しているとの報告があります[1]。

臨床症状

前立腺肥大症に罹患した犬では、前立腺の腫大に伴って、前立腺の背側に位置する直腸を圧迫すること

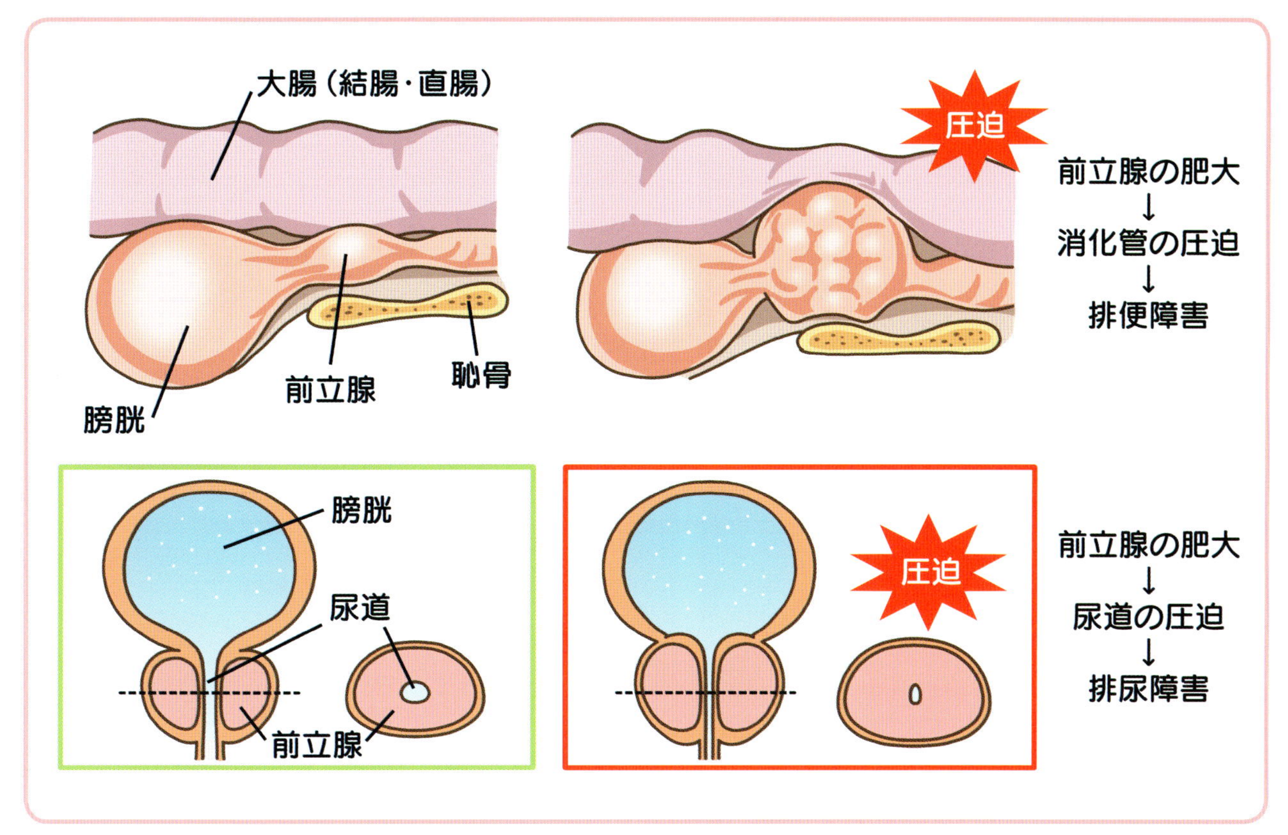

図 18-1　前立腺肥大症における排尿・排便障害
膀胱の尾側に存在する前立腺は腫大に伴って、前立腺を貫通するように走行する尿道や前立腺の背側に存在する消化管を圧迫し、排尿・排便障害を生じます。

による排便障害（便秘・便が細くなる・排便時のしぶりなど）、尿道を圧迫することによる排尿障害（血尿・頻尿・尿失禁など）が認められます（図 18-1）。前立腺肥大症に関連して、前立腺実質内に嚢胞が形成されている場合、嚢胞内に貯留した血様の前立腺分泌液が、排尿とは関係なく外尿道口から排出されることもあります。さらに、精液中に血液が混入したり、しばしば不妊症を呈します。しかし、前立腺実質内に炎症がなければ、一般的に疼痛は伴いません。

前立腺肥大症の診断方法は？

良性前立腺肥大症を含めた前立腺疾患の診断には、必要に応じて、直腸検査、X線検査、超音波検査、細胞診などが実施されます。

直腸検査

直腸検査は、前立腺のサイズや形状、疼痛の有無を評価するうえで、最も簡便な方法になります。前立腺肥大症では前立腺表面は平滑（図 18-2-A）で、前立腺実質は柔軟であるのに対し、前立腺癌の前立腺は表面がいびつ（図 18-2-B）で、前立腺実質の不均一な硬化が認められることが一般的です。また、前立腺炎や前立腺膿瘍、前立腺癌などの前立腺実質内に炎症を伴う場合、直腸検査時に疼痛がみられることがあります。しかし、前立腺肥大症では疼痛が認められることはありません。

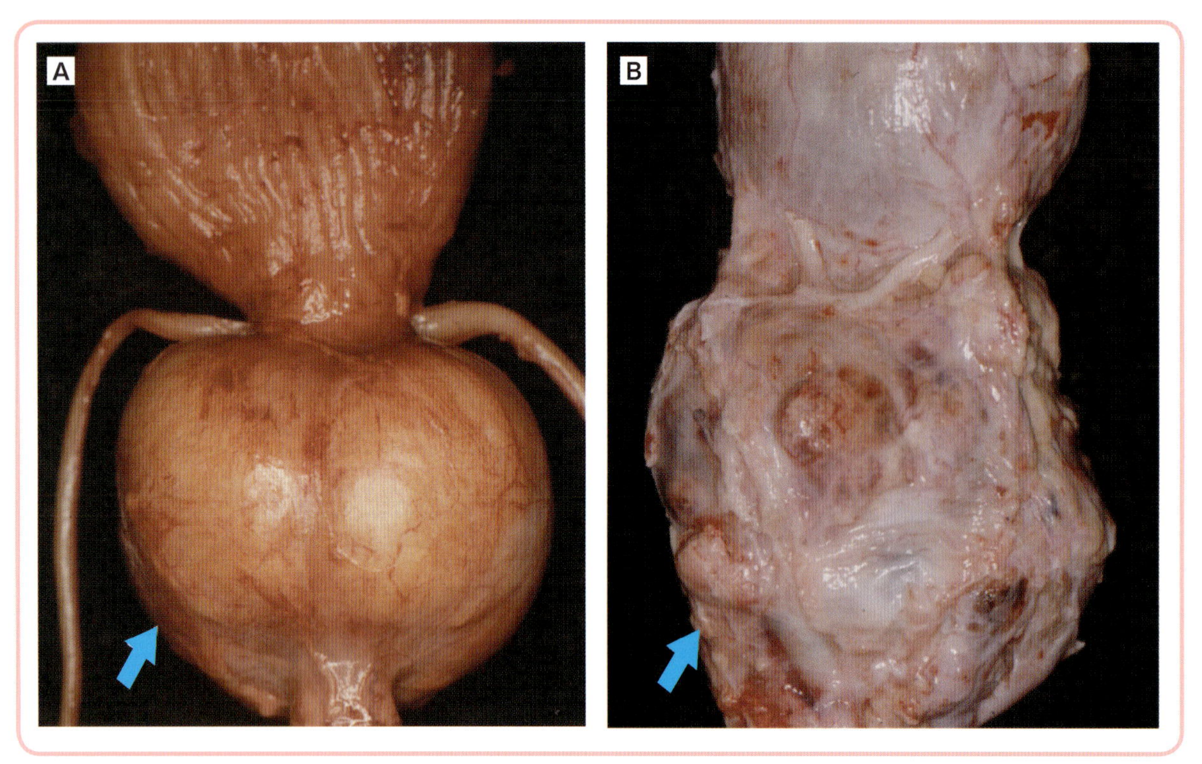

図 18-2　良性前立腺肥大症（A）と前立腺癌（B）の前立腺（矢印）の肉眼所見
良性前立腺肥大症の前立腺表面は平滑であるのに対し、前立腺癌の前立腺表面は不整となります。

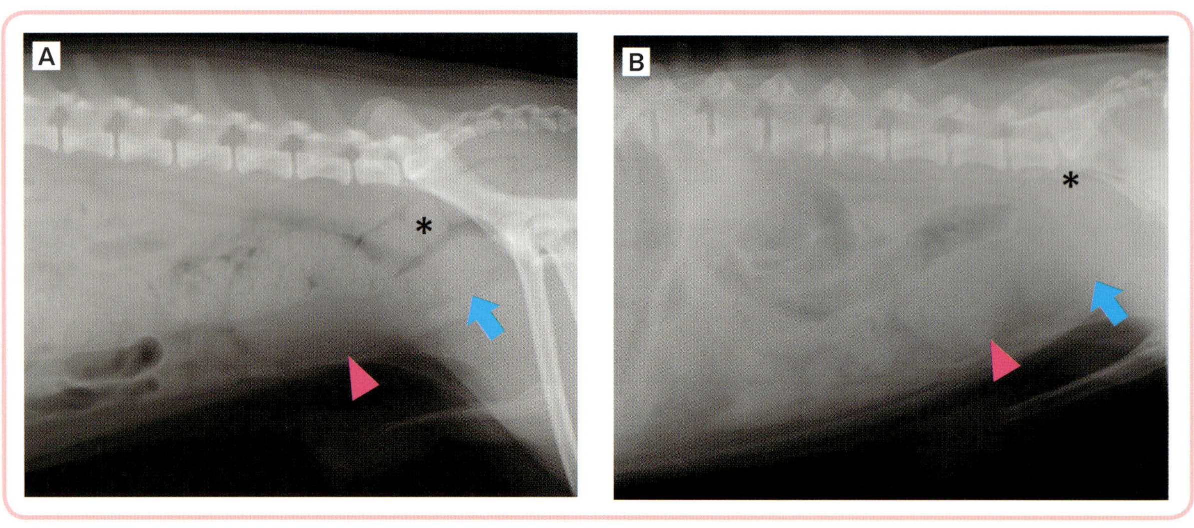

図 18-3　犬の正常な前立腺（A）および前立腺癌（B）の腹部 X線ラテラル像
前立腺（矢印）は膀胱（矢頭）の尾側に位置します。前立腺の腫大（B）に伴って、膀胱が頭側に、結腸・直腸（＊）が背側に変位し、圧迫している様子がわかります。

X線検査

X線検査では、前立腺サイズや前立腺肥大に伴う直腸圧迫の程度を評価することができます（図 18-3）。X線画像を用いた前立腺サイズの評価方法は、骨盤腔の入口の長さ（仙骨の岬角（こうかく）から恥骨縁）と前立腺の長さを比較することで行います（図 18-4）。未去勢犬における正常な前立腺直径は、骨盤腔入口の 70％を超えないとされています[2,3]。また、前立腺の腫大は、膀胱の頭腹側変位と結腸や直腸の背側変位を引き起こします（図 18-3）。前立腺癌や慢性前立腺炎では、前立腺実質内に石灰化病変が認められることがあり、X線検査で石灰化病変の有無を評価できます（図 18-5）。また、前立腺癌では肺やリンパ節、骨への遠隔転移を起こしやすく、X線検査ではこれらの転移病巣の評価も可能となります（図 18-5）。

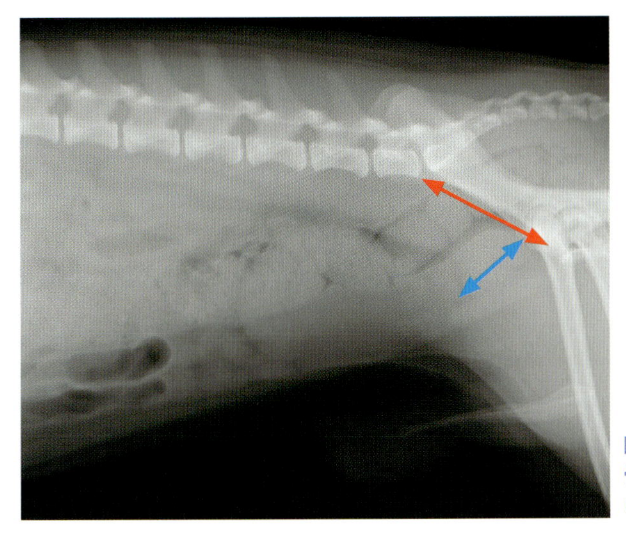

図18-4　腹部X線ラテラル像における前立腺サイズの評価
骨盤腔の入口の長さ（仙骨の岬角から恥骨縁）（赤矢印）と前立腺の長さ（青矢印）を比較します。

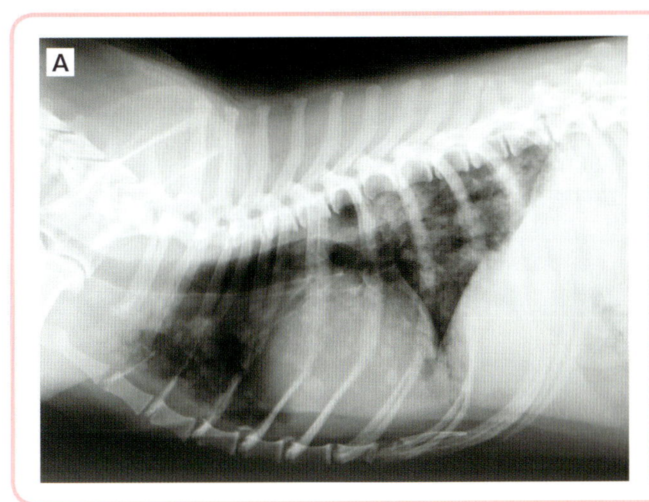

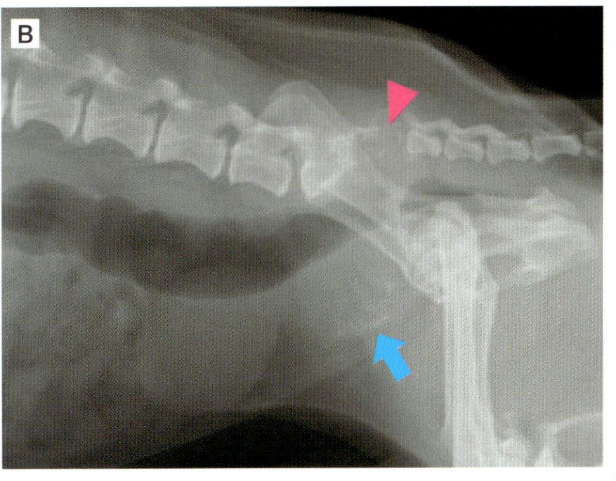

図18-5　前立腺癌の遠隔転移
前立腺癌は早期に遠隔転移を引き起こす可能性が高いため、前立腺癌を疑う場合には遠隔転移の有無をX線画像にて評価します。また、前立腺炎や前立腺癌では前立腺実質内に石灰化病変を形成する場合があるため、これらも合わせて評価する必要があります。
Aは前立腺癌の肺転移、Bは前立腺癌の骨転移（矢頭）と前立腺実質の石灰化（矢印）がみられた症例のX線画像です。

腹部超音波検査

腹部超音波検査では、前立腺サイズを客観的に評価でき、さまざまな評価方法が報告されています。Ruel[4]らは、矢状断における前立腺の長さ、横断における前立腺の幅、および矢状断および横断の前立腺の高さの測定を行い、前立腺サイズの評価に用います（図18-6）。

〈前立腺容積の算出方法〉

前立腺容積 ＝ 長さ×幅×高さ※× 0.523（楕円体の体積の公式）

※高さは、前立腺の横断像と矢状断像より得られた測定値の平均値

〈正常未去勢犬における前立腺容積の最大予測値（特異度97.5%）〉

前立腺容積 ＝（0.867 × BW※）＋（1.885 × A※）＋ 15.88

※ BW：体重（kg）、A：年齢（歳）

また、超音波検査では前立腺の形状や前立腺実質内の内部構造の評価もできます。前立腺肥大症では正常な前立腺のエコーレベル、すなわち等エコーで均一なエコーレベルを呈します（図18-7-A）。一方、前立腺癌では、前立腺の形状は不整で、輪郭が不規則かつ周囲組織との境界が不鮮明となることが多く、複数の高エコー病変（線維性結合組織や石灰化）と低エコー病変（壊死や出血に伴う囊胞性病変）が実質内に散在し、不均一なエコー像を呈します（図18-7-B）。

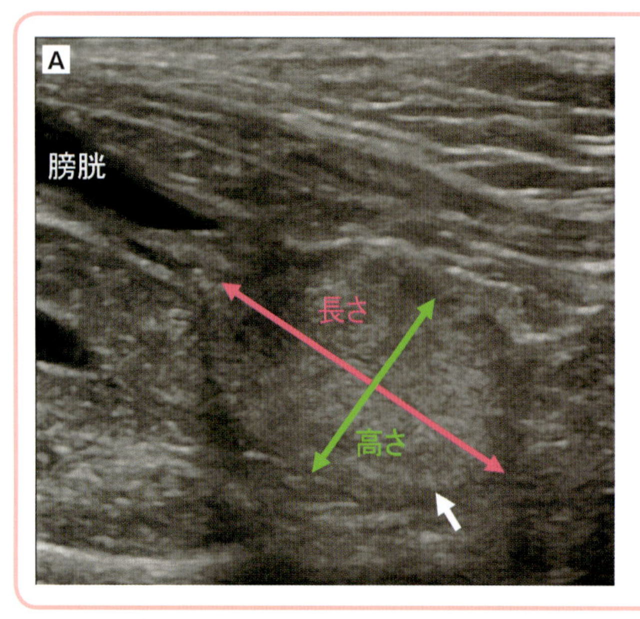

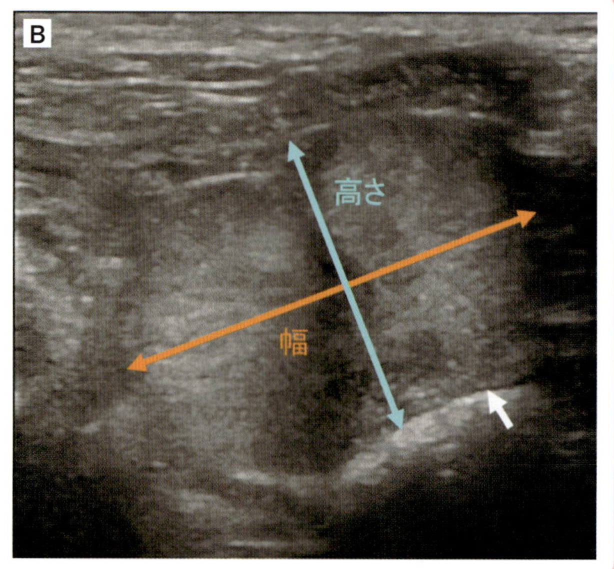

図 18-6　超音波画像における前立腺サイズの評価方法
前立腺の超音波画像の矢状断像（A）、横断像（B）を用いて評価を行います。

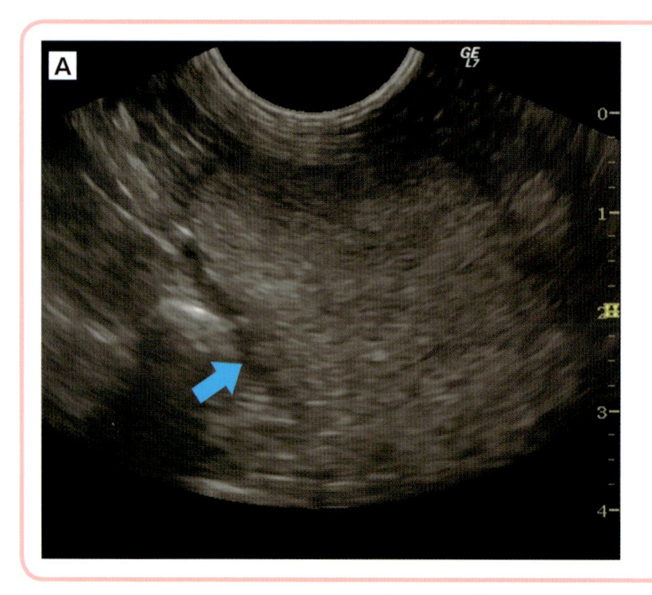

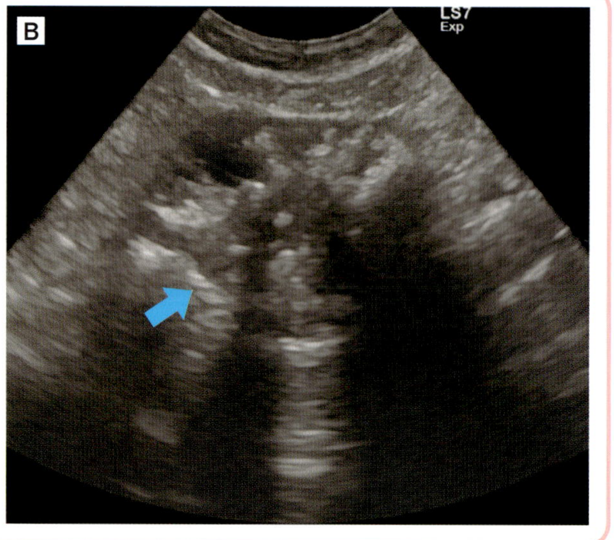

図 18-7　良性前立腺肥大症（A）および前立腺癌（B）の超音波画像の横断像
良性前立腺肥大症では均質なエコー強度であるが、前立腺癌では高エコー病変と低エコー病変が散見され、不均質なエコー像を呈します。

細胞診

前立腺の細胞診には、射精精液の分画採取により得られた前立腺に由来する第三分画液（前立腺分泌液）、超音波ガイド下で注射針を前立腺実質内に刺入・吸引する超音波ガイド下経皮的針吸引、前立腺マッサージ後に尿道カテーテル先端を超音波ガイド下で前立腺尿道まで進め吸引する超音波ガイド下尿道カテーテル吸引により回収されたサンプルを使用します。

前立腺分泌液の色調は嚢胞内に貯留した液体を反映します。正常な前立腺に由来する前立腺分泌液は無色・透明ですが、嚢胞形成を伴う良性前立腺肥大症や前立腺炎の場合には赤褐色に、膿が貯留する前立腺膿瘍の場合には白濁に色調が変化します。一方、前立腺癌では色調は多様となります（図 18-8）。

各種の方法にて採取されたサンプルは、直接または遠心分離後の沈渣をスライドグラスに塗抹し、ヘマカラー染色などを施した後、鏡検します。良性前立腺肥大症では、円形の核と青色の泡沫状細胞質をもつ細胞異型のない前立腺上皮細胞がシート状に採取されます（図 18-9-A）。前立腺炎や前立腺膿瘍では、細胞異

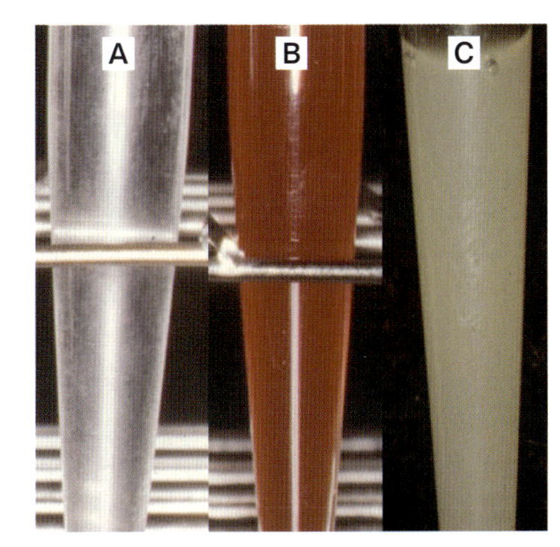

図 18-8　前立腺疾患における精液第三分画液（前立腺分泌液）の性状の変化
犬の精液は最初に射出される無色・透明な第一分画液、次いで射出される精子を含む白濁した第二分画液、最後に射出される無色・透明な第三分画液の3つに分けて採取できます。これら3つの分画の液体成分の大部分は、前立腺由来であり、特に第一分画液と第三分画液は前立腺分泌液のみからなり、前立腺の病態を反映しています。第三分画液が血様（B）の場合は前立腺嚢胞や前立腺炎が、膿様（C）の場合は化膿性前立腺炎や前立腺膿瘍の発症を疑うことができます。前立腺癌では色調は多様となります。

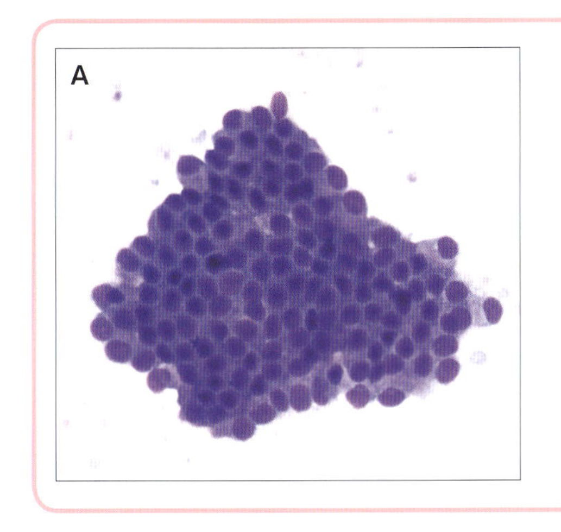

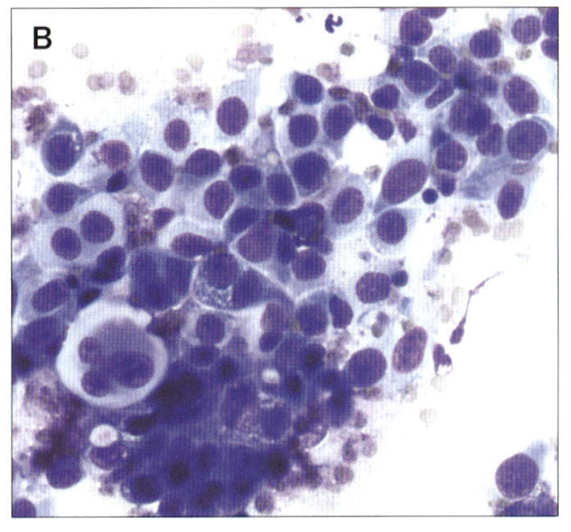

図 18-9　良性前立腺肥大症（A）および前立腺癌（B）の細胞学的所見
良性前立腺肥大症では、前立腺上皮細胞の核や細胞質の大小不同は認められませんが、前立腺癌では核や細胞質の大小不同、核小体の明瞭化、核分裂像などの細胞異型が認められます。

型のない正常様前立腺上皮細胞に加え、変性した多数の好中球と細胞内あるいは細胞外に多数の細菌が観察されます。前立腺炎の慢性化により、好中球に加えてマクロファージも出現する場合もあります。前立腺癌では、腫瘍細胞が集塊状またはシート状に採取され、円形から多形の核をもち、核や細胞質の大小不同、明瞭かつ大きな核小体や核分裂像といった高度な異型を認めます（図 18-9-B）。

良性前立腺肥大症の治療は？

良性前立腺肥大症は、精巣から分泌される性ステロイド・ホルモンが深く関与していることから、一般的には去勢手術が第一選択となります。手術後1～2週間で、前立腺実質が縮小することがほとんどですが、完全な縮小には4カ月を要する場合があります[5]。全身麻酔が困難な場合や、飼い主が去勢手術を望まない場合には、抗アンドロジェン製剤である酢酸オサテロン（ウロエース®）やクロルマジノン酢酸エステル（プロスタール®）などを用いた内科的治療を実施します。内科的治療の場合、治療開始から数週間以内に前立腺容積はおおむね50％程度に縮小しますが、6カ月から1年経過後に再度前立腺が腫大し、良性前立腺肥大症が再発します。

参考文献
1. Gobello C, Corrada Y. Le patologie prostatiche di origine non infettiva nel cane. *Veterinaria* 16(3). 2002. 37-43.
2. Atalan G, Barr FJ, Holt PE. Comparison of ultrasonographic and radiographic measurements of canine prostate dimensions. *Vet Radiol Ultrasound* 40(4). 1999. 408-412.
3. Feeney DA, Johnston GR, Klausner JS. Canine prostatic disease-comparison of radiographic appearance with morphologic and microbiologic findings: 30 cases (1981-1985). *J Am Vet Med Assoc* 190(8). 1987. 1018-1026.
4. Ruel Y, Barthez PY, Mailles A, et al. Ultrasonographic evaluation of the prostate in healthy intact dogs. *Vet Radiol Ultrasound* 39(3). 1998. 212-216.
5. Smith J. Canine prostatic disease: a review of anatomy, pathology, diagnosis, and treatment. *Theriogenology* 70(3). 2008. 375-383.

疾患編 19 腫瘍

腫瘍疾患

- 腫瘍の定義や治療方法を理解する。
- 悪性腫瘍の特徴、治療方法について理解する。

執筆・佐野忠士（帯広畜産大学）

2017年の日本人の平均寿命は女性が87.26歳(世界第２位)、男性が 81.09歳(世界第３位)と世界有数の長寿国で、高齢化に伴う死亡原因も変化してきています。これまでは、感染症や伝染病が主な死亡の原因でしたが、**昭和56年以降、悪性新生物(いわゆる“がん”)が死亡原因第１位**となり、2017年の人口動態統計において全死亡者に占める割合は約30%(27〜29%)となっています。現在もその傾向に変わりはなく、計算上では**全死亡者のおよそ３人に１人は悪性新生物で死亡している**ことになります。獣医学領域においてもワクチンやフィラリア予防の普及による予防医学の進歩、栄養状態の改善、そして飼い主の意識の変化に伴う飼育環境改善から、**ヒトと同じように高齢化が進んでおり、現在では悪性新生物による「愛犬・愛猫の死」は飼い主にとって非常に重要な問題となっています**。このように、現在の動物を取り巻く環境において非常に重要な問題となっている「がん」について、詳しく説明していこうと思います。動物看護のプロとして知っておくべき「がんの知識」を整理してみましょう。

腫瘍の定義って何？

腫瘍（Tumor）とは「**身体の一部の組織や細胞が病的に増殖したもの**」と定義されています。ほとんどの場合、増殖した細胞が腫れもの（腫瘤（しゅりゅう）：Mass）をつくりますが、白血病のように血液の腫瘍では塊をつくらないものもあります。

また、筋腫や脂肪腫などの良性腫瘍とがん腫・肉腫などの悪性腫瘍に分けることができます。一般の人たちは「悪性の腫瘍」を一つにまとめて「がん」※1というように呼んでいますが、正確には**上皮系（皮膚や腺、粘膜、細胞表面を覆う細胞）の悪性腫瘍のことを「がん」と呼び、間葉系（骨、軟骨、血液、血管、脂肪など）の悪性腫瘍のことを「肉腫」**と呼びます（表19-1）。

※1　「がん」は英語で“Cancer”といいますが、これはラテン語（サンスクリット語）の「カニ」と同じ意味・スペルになります。がん細胞がカニの足のように周囲へ浸潤している状態をイメージしたものではないかと考えられています。

表19-1　腫瘍の分類

良性／悪性	由来	例
良性	上皮系／間葉系	皮脂腺腫、肛門周囲腺腫、脂肪腫、血管腫など
悪性	上皮系	皮脂腺がん、肛門周囲腺がん、扁平上皮がん、移行上皮がん、甲状腺がんなど
	間葉系	骨肉腫、血管肉腫、脂肪肉腫、軟骨肉腫など

良性腫瘍と悪性腫瘍の違いは何？

良性腫瘍と悪性腫瘍、いったい何が違うのでしょうか？

「良性」という言葉にあるように、良性腫瘍は「**良い性**質をもった**腫瘍**」ということになります（正確には腫瘍としての性質としては良い方であるということになりますが）。腫れものができて細胞が増殖していますが、**正常な細胞・組織を崩壊させず（周囲への浸潤**※2**がない）進行がおだやかで経過も長く、特別な症状が現れない**ことが多く、一般的には**転移や再発も起こさない**ものが多いです。上皮系、間葉系のどちらも「〜腫」というような呼ばれ方をするのも特徴の一つです。

これに対し、悪性の腫瘍は「**悪**い**性**質をもった**腫瘍**」です。難しい定義としては「正常な細胞増殖抑制メカニズムが永久的に損なわれ、増殖均衡に達することなく細胞が進行性に増殖できるようになっている状態のこと」とされています。簡単にいうと「**分をわきまえない細胞の集まり**」が悪性腫瘍の特徴になります。腫れものとして細胞が増殖していますが、決まり（正常な細胞の増殖範囲など）を守らず、**境界を越えてどんどん増え、まわりの組織を壊して巻き込み、栄養分をどんどん吸い取って大きくなっていく**。まさに「分をわきまえない」細胞の集まりが、悪性腫瘍の特徴になります（表 19 -2）。

悪性腫瘍はどんなものであっても**危険度（動物の命に及ぼす影響）は大きい**のが一般的特徴です。犬や猫で一般的に認められる悪性腫瘍としては肥満細胞腫、リンパ腫、乳腺腫瘍、骨肉腫、血管肉腫などがあります（図 19 -1）。

※2　浸潤：まわりの組織へ病変が入り込んでいる状態。単にくっついているのではなく、細かく入り組んで細胞、組織同士が絡み合うようにくっつき合っている状態。

表 19 -2　良性腫瘍と悪性腫瘍の違い

良性／悪性	局所への影響	再発	転移	生体への影響
良性	・なし ・境界が明瞭 ・周囲への浸潤※2 なし	なし	なし	・ほとんどなし ・大きくなった組織の圧迫による影響は生じることもある
悪性	・あり（大きい） ・周囲への浸潤※2 あり ・境界不明瞭	あり	あり	・大きい ・明らかな臨床症状を伴うことがほとんど

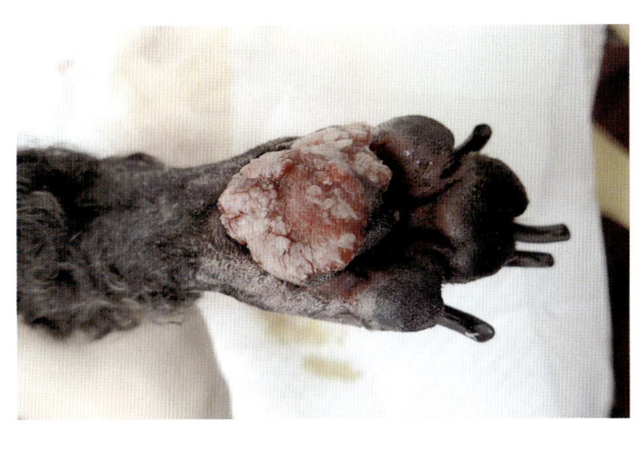

図 19 -1　悪性腫瘍の一つ（パッド腺癌）
千葉科学大学、小沼 守先生のご厚意により掲載。

腫瘍の原因にはどんなものがあるの？

「どうして腫瘍になってしまうのか？」という明らかな原因は未だ解明されていませんが、さまざまな原因因子があることがわかってきています（表 19 -3）。前述のとおり、腫瘍の特徴としては「通常とは異なる細胞の増殖」ということなので、細胞増殖を司る「遺伝子の異常」というものがポイントになります。さまざまな原因で生じる「遺伝子の傷」が細胞の腫瘍化の原因となることからも、**高齢というのは腫瘍の原因を考えるうえで重要なキーワード**になります。また、**遺伝的要因としての品種特異性（一般的知識として腫瘍の発生の多い品種）**というものも頭に入れておくとよいでしょう。

表 19-3　腫瘍の原因

原因	内容
遺伝的要因	腫瘍発生率の高い品種　犬：ボクサー、ジャーマン・シェパード・ドッグ、スコティッシュ・テリア、ゴールデン・レトリーバー、ミニチュア・ダックスフンド　猫：シャム猫
受動的要因	細胞増殖の異常の蓄積（遺伝子の傷の蓄積）、老齢
生物学的因子	レトロウイルス、DNA 腫瘍ウイルス、寄生虫、細菌
化学的因子	さまざまな化学物質（天然物質 / 合成物質）：たばこの煙など
物理的要因	紫外線、放射線、外的刺激（異物など）

腫瘍の発見方法ってどんなものがあるの？

腫瘍の治療の流れ（後述）において最も重要な点は「**早期発見・早期治療**」になります。できるだけ早くに異常を発見することができるように、腫瘍発見のポイントについて話をしようと思います。

腫瘍に伴う臨床症状

腫瘍に伴う臨床症状には「何となく元気がない」「動きが鈍くなった感じがする」という軽度のものから、「嘔吐する」「大きなできものができている」「どんどん痩せてきている」という重度のものまでさまざまなものがあります（表 19 -4）。普段の状況をよく知る飼い主から「今、心配している症状がどのくらいの経過で、どのくらいひどくなっているのか？」をきちんと正確に聞き出せるように意識しておきましょう。**「これくらい大丈夫だろう」という考えが手遅れの状態をつくり出してしまうことが多い**ことを忘れないでください！

また、腫瘍の治療に対する反応性の評価に用いられる判断基準のことを寛解（かんかい）（表 19 -5）といいますが、腫瘍の患者に対しては、「完治」「治癒」という用語は使わないように注意しましょう。

表 19-4 腫瘍患者の各病期における臨床徴候の変化

病期	確認される臨床徴候の変化
第 1 期	臨床徴候が発現する前の無症状期 ・明らかな臨床徴候は認められない ・飼い主は、動物が腫瘍を患っているとは気づかない
第 2 期	初期（軽度）の臨床徴候が認められる時期 ・食欲不振、無気力、軽度の体重減少 ・さまざまな治療（後述）に対して副作用を起こしやすい時期
第 3 期	病気が進行した状態（第 2 期の進行したもの） ・著しい衰弱、食欲不振、嘔吐、下痢、筋力低下、無気力、著しい体重減少、がん性悪液質*
第 4 期	第 1 期回復（寛解） ・治療を受けた結果、明らかに腫瘍性疾患が排除されつつある患者

＊がん性悪液質：悪性腫瘍により生じる食欲不振、機械的障害（腫瘍による消化管通過障害）、腫瘍へ栄養が取られてしまうことによる生体側の低栄養状態が続くことにより生じる、著しい体重減少と、るい痩（やせてしまうこと）。

表 19-5　寛解

用語	状態
完全寛解 (Complete Remission;CR)	すべての腫瘍が完全に消失している状態
部分寛解 (Partial Remission;PR)	二方向で腫瘍のサイズを計測した場合に、腫瘍サイズが治療により 50%以上減少している状態
不変 (Stable Disease;SD)	二方向で腫瘍のサイズを計測した場合に、腫瘍サイズが治療により 25%未満の減少で推移している状態
進行 (Progressive Disease;PD)	二方向で腫瘍のサイズを計測した場合に、腫瘍サイズが治療に反応せず 25%以上増加している状態

腫瘍の発生しやすい部位

これはそれぞれの腫瘍により大きく異なってきますが、体表の腫瘍であれば**リンパ節**、**乳腺**、**皮膚全体**、体内の腫瘍であれば**肝臓**、**脾臓**、（腎臓、副腎）は腫瘍が発生しやすい部位と考えていいでしょう。犬と猫の腫瘍においては**「体表腫瘍」の発生率が最も高い**ことも忘れずにいてください。

有効な検査方法

前述の臨床症状のポイントと発生しやすい部位に着目した検査が必要になります。**異常を疑う症状・部位がどのような腫瘍を原因として生じているのか？　をはっきりさせ、明確な治療法の決定や予後**[※3]の判定のためにそれぞれの検査を組み合わせて評価する必要があります。

●**正確な禀告の聴取**：症状がどのくらいの経過で？どの程度（頻度など）続いているか？

●**身体検査**：**体表リンパ節の腫脹の有無**（図 19-2）、**体表の「できもの」の有無の確認**、聴診など

●**血液検査**：**CBC**、**血液化学検査**、**凝固系**、**CRP**[※4] など

●**細胞診**（図 19-3）[※5]：

・細い針（24 G）で腫瘍部位を刺して細胞を吸引し、顕微鏡で細胞の形状を観察する

・良性か悪性かの大まかな判断を付けるのに有効

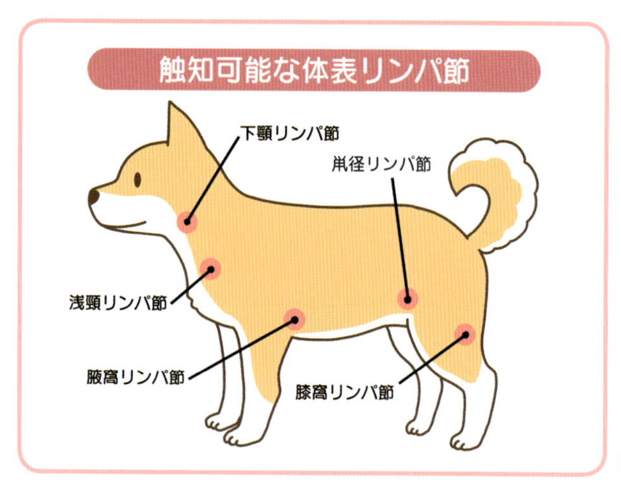

図 19-2　触知可能な体表リンパ

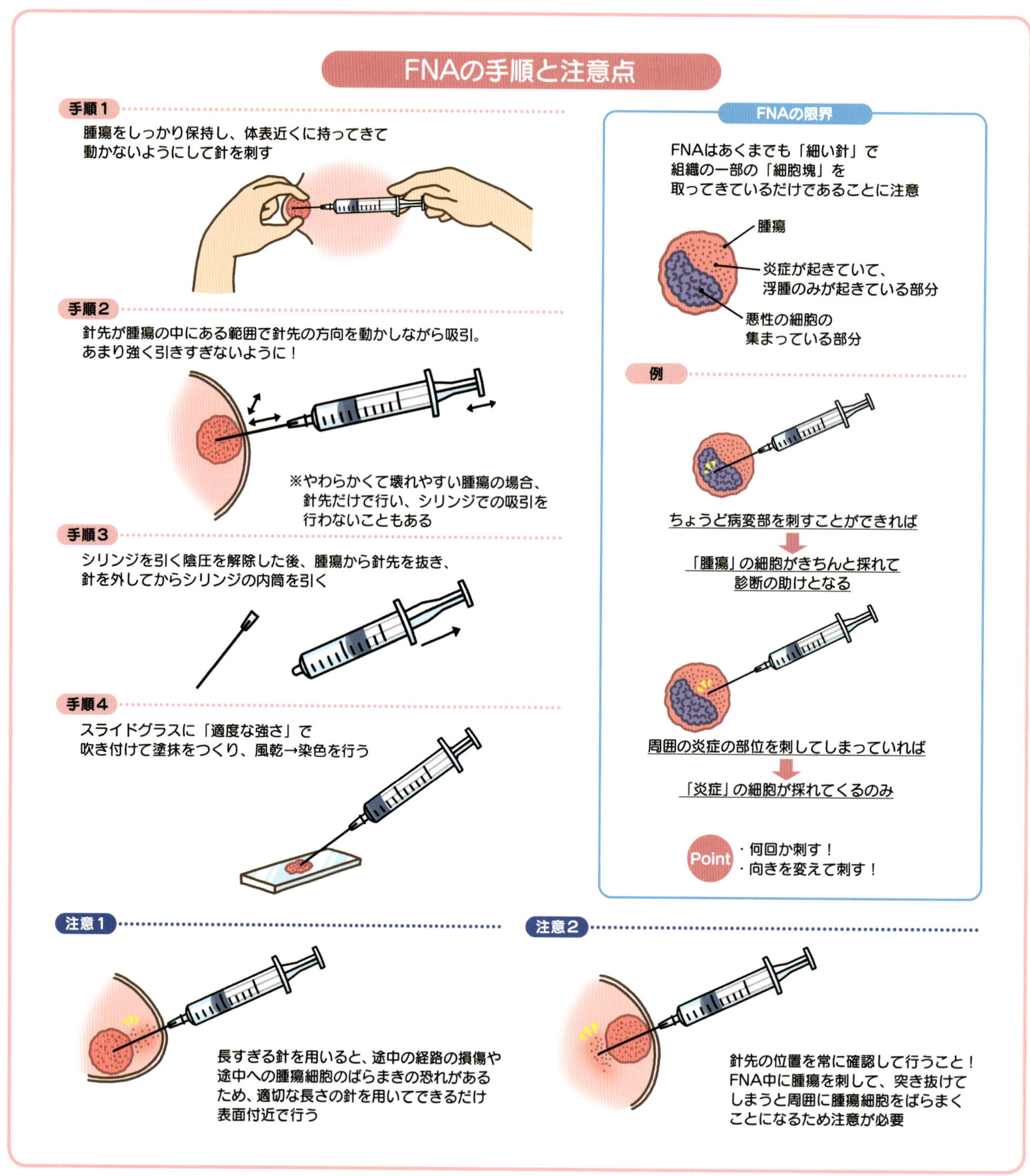

図 19-3　FNAの手順と注意点

・肥満細胞腫は特徴的な所見をもつため比較的検出しやすい

●**組織診**※6：腫瘍の種類の確定と治療法の決定のために太い針などを用いて組織を取り出す方法（図19-4）

※3　予後：病気・手術などの経過、または結果について医学的に予測することをいいます。例えば、「予後不良」といえば、病気の経過や結果の予測がよくないことで、回復する見通しの少ないことを意味します。進行した悪性腫瘍の場合、予後は不良なことが多いです。

※4　CRP（C-反応性タンパク：C-reactive protein）：CRPは急性炎症や急性の組織の崩壊で増加するタンパクで、炎症がある場合にその程度を反映して最も鋭敏に増加することから、臨床検査として広く利用されているものです。感度は高い（鋭敏）ですが特異性は低く、悪性腫瘍での増加のほか、細菌感染、膠原病の活動期、心筋梗塞、外傷、火傷、骨折、外科手術などによっても上昇が認められます。

※5　細胞診（FNA：Fine Needle Aspiration）：病変部から細い針を用いて細胞を採取し、染色後、顕微鏡で観察します。大まかな腫瘍の種類の診断は可能（図19-5）ですが、確定診断のためには組織を取り出して病理的に検査する組織診が必要です（後述）。

※6　組織診（ニードル・コアバイオプシー）：針生検と比べて、より多くのサンプルの採取が可能なので腫瘍細胞の存在を確認するだけでなく、その腫瘍の構造を確認することが可能となります。Tru-Cut針を用いた腫瘍組織の採取や骨髄針による骨髄の採取などがこの方法に含まれます。

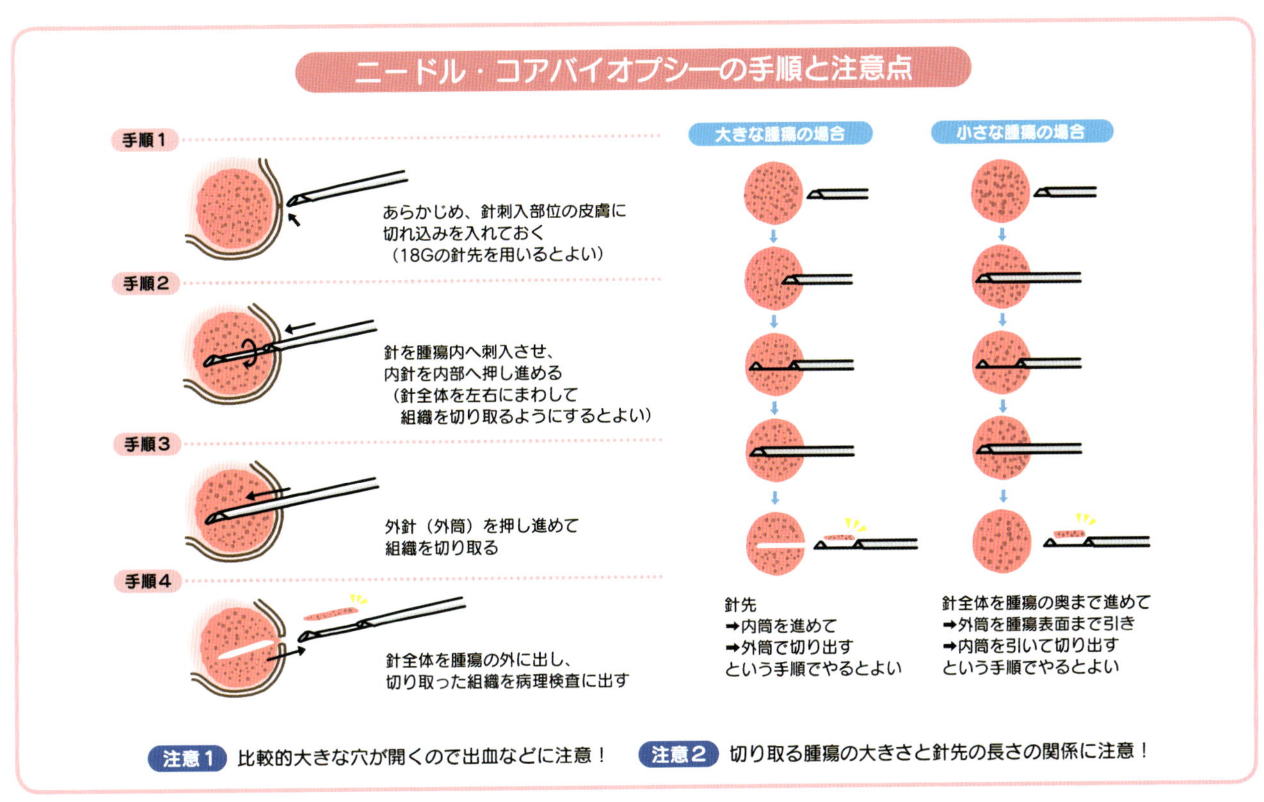

図19-4　ニードル・コアバイオプシーの手順と注意点

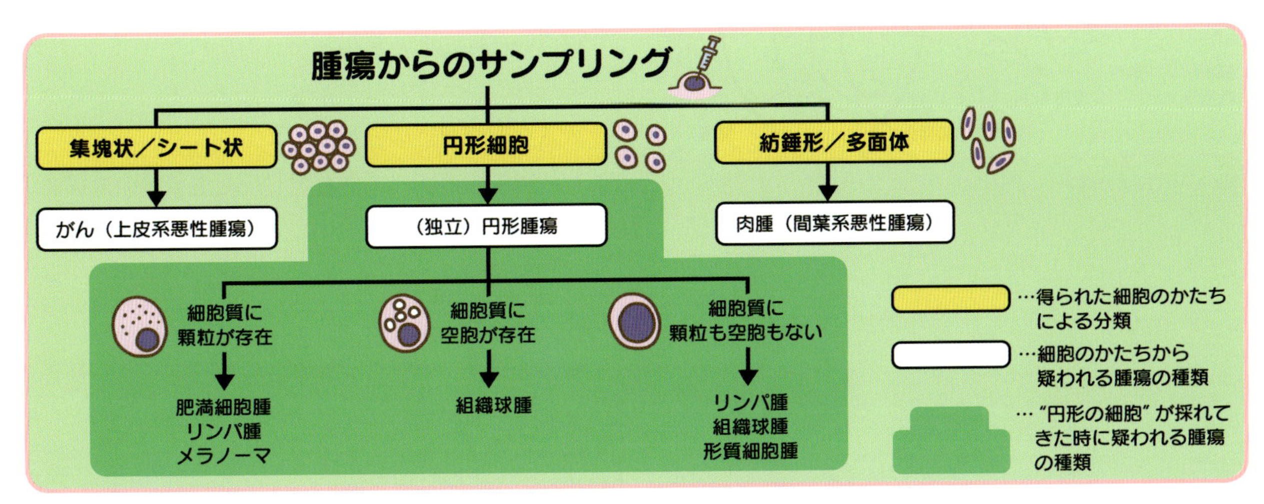

図19-5　腫瘍の細胞診における診断フローチャート

腫瘍の悪性度の評価は何をするの？

患者さんである動物が「(悪性)腫瘍である」と診断された場合、次にその腫瘍がどのくらい悪いかを評価していくことになります。これを悪性度評価といい、これを正確に行うことで、治療法の選択、予後の評価をより正確に行うことができます。

病期診断

TNM分類システム(図19-6)を用いて、T：腫瘍(Tumor)、N：リンパ節(Lymph Node)、M：遠隔転移(Metastasis)の状態を評価します(表19-6)。

細胞学的判断

細胞診もしくは組織診により採取した細胞を観察し、その悪性度について評価します。以下に示すような細胞の状態は、一般的に悪性を示す所見になります(表19-7)。

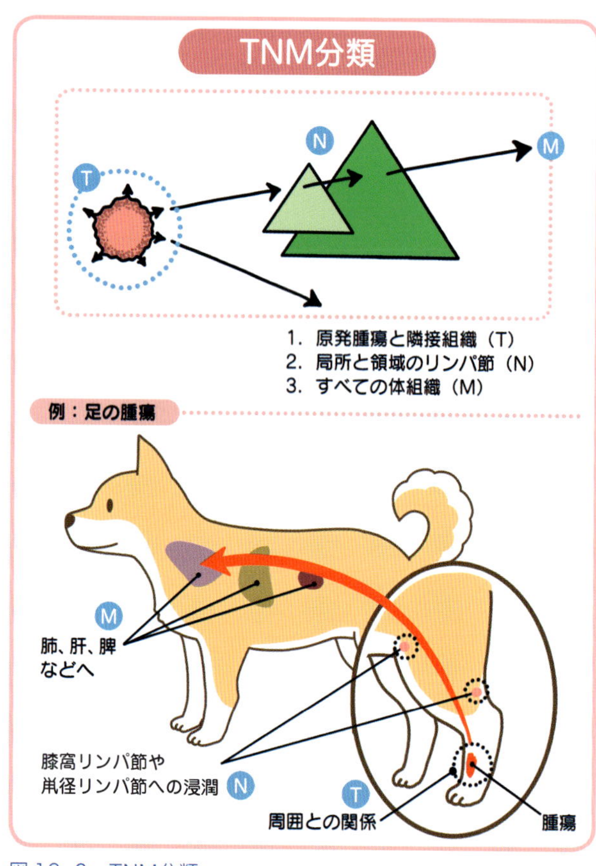

図19-6　TNM分類

表19-6　TNM分類システム

記号	意味	評価基準
T	腫瘍	原発巣の大きさと周囲の組織との関係（浸潤程度）
N	リンパ節	腫瘍の影響を受けている（周囲）リンパ節の数と大きさ
M	遠隔転移の有無	遠隔転移が生じているかどうか？

表19-7　一般的に悪性を示す所見

細胞の全般的な判断基準
・単一細胞性からなる細胞成分が多い ・多形性（いろいろなかたちをしている）で多くの大きな細胞が認められる ・異所性細胞集団（本来であれば、そこにあるはずのない細胞が取れてきている）
核の判断基準
・核／細胞質比が高値（核が大きい印象） ・核の大きさ・かたち・数が多様性（バリエーションに富んでいる） ・核小体が明らかで、大きさ・かたち・数が多様性 ・異常な細胞分裂像が確認できる

腫瘍の治療は何をするの？

これまでの診断法により腫瘍の状態、患者の病気（状態）を正確に判断できたのであれば、その予後も併せて評価し、治療法を選択することになります。一般的には**外科療法（手術）**や**化学療法（抗がん剤）**、**放射線療法**がありますが、これらのほかに、最近では温熱療法や免疫療法（がんワクチンなど）を用いた治療も行われるようになってきています。

外科療法
（手術による腫瘍の切除）

現在、**最も一般的で多くの腫瘍において治療法の第1選択に挙げられる**ものです。良性の腫瘍であれば、その病変部分だけを切り取ればよいので、最も根治が望める治療法です。しかし悪性の場合、周囲に浸潤している腫瘍も取り除く（取り残しをなくす）ためには、かなり広い範囲、深い領域まで切除しなければならず、動物の体に対する負担、外観の変化（外貌が損なわれる）は大きい治療法ですが、「腫瘍をなくす」という効果からすれば、最も効果の高い治療法といえます。

化学療法
（抗がん剤による腫瘍の治療）

外科的に切除が不十分である場合に取り残した腫瘍に対して、または全身に広がっている腫瘍に対して抗がん剤を投与して治療を行う方法です。血管内に投与するものや皮下注射するもの、経口投与できるものなどさまざまなものがありますが、**全身的に作用させるため正常細胞の受けるダメージも大きく、特に消化管障害（嘔吐、下痢）や骨髄抑制による貧血・白血球減少症などの副作用を伴う**ことが多いです。また、**リンパ腫**では非常に効果が期待できますが、それ以外ではそれほど効果てきめんとはいかないのも難しいところです。

放射線療法
（放射線を照射して腫瘍細胞を死滅させる）

外科的な手術が困難な部位（頭の中）や外科的に取り残しのある場合に用いられる治療法です。特に**鼻の中に発生する腫瘍に対しては、手術と同じ（もしくはそれ以上）の治療効果が認められているため、鼻の腫瘍に対しては第1選択**になります。放射線照射に伴う副作用（皮膚の放射線やけど、白内障など）の発生には注意が必要ですし、治療のたびに麻酔をかけて、放射線の照射中に動物が動かないようにしなければなりません。

腫瘍患者に対して心掛けておくことって何？

「早期発見・早期治療」は、どの病気においてもいちばん大事であることに変わりはありません。特に命を脅かす恐れのある悪性腫瘍の場合、**どれだけ早くに発見し、どれだけ早く適切な治療を開始できるか？**が予後を左右する重要な要因になります。大事な愛犬・愛猫を「がん」で亡くさないためにも、飼い主や現場で働く皆さんには以下のことを念頭に置いていただきたいと思います。また、悪性の腫瘍の場合、いずれ命を落とす結果となってしまうことが多いです。飼い主と良好な関係を築き、飼い主と病気の動物の両方にとっていちばん良い治療法について一緒に考えることも大切です。獣医師の先生には言えない不安、聞けないことなど愛玩動物看護師の皆さんであれば飼い主も言いやすい、聞きやすいのではないかと思われます。

腫瘍を早期に発見するためのポイントって？

- **普段の様子をよく観察（飼い主）、変化の程度・状態を正確によく聞く（愛玩動物看護師・獣医師）**
- **常に体を触ってあげる（飼い主）、リンパ節や体表のできものや皮膚の変化に注意（愛玩動物看護師・獣医師）**
- **「腫瘍が多い」といわれている品種においては普段より注意を（飼い主・愛玩動物看護師・獣医師）**
- **最低、以下の間隔、項目で健康診断をしましょう（飼い主・愛玩動物看護師・獣医師）**
  - 0～6歳齢（大型犬なら4歳齢）
    毎年1回の健康診断ー血液検査、X線検査
  - 6歳（大型犬なら4歳）を超えたら
    半年に1回の健康診断ー血液検査、X線検査、超音波検査
  - 10歳以上
    3カ月に1回の健康診断ー血液検査、X線検査、超音波検査

よくみる悪性腫瘍って何？

次に、臨床の現場で出会うことの多い各腫瘍の詳細について紹介していきます。

ここまで良性腫瘍と**悪性腫瘍**について説明しましたが、次に悪性腫瘍、特に**臨床の現場で皆さんがよく遭遇するであろうと思われる種類の悪性腫瘍**について説明していきます。

リンパ腫ってどんな腫瘍？

リンパ系の細胞が腫瘍性に増殖している状態のことをいいます。特に骨髄内でリンパ系細胞が腫瘍性に増殖している場合を白血病と呼び、それ以外の場所で増殖している場合を**リンパ腫**と呼びます。

「○○腫」という呼ばれ方をするにもかかわらず、**リンパ腫は悪性の腫瘍**です。血液検査所見や腫大したリンパ節、脾臓のFNAにより悪性の特徴を示すリンパ球が多数認められれば「リンパ腫の疑いが強い」となりますが、確定診断は組織検査の結果に基づいて行われます。

犬のリンパ腫の特徴

●発生頻度：犬に発生する全腫瘍に対するリンパ腫の発生頻度の割合は7～24％といわれており、造血系悪性腫瘍のうち83％を占める**比較的高頻度に認められる腫瘍**です。

●解剖学的分類：発生部位の解剖学的な特徴により、犬のリンパ腫は以下のように分けることができます。犬では一般的に1個あるいは複数の**体表リンパ節もしくは腹腔内のリンパ節、肝臓、脾臓に腫瘍が発生する多中心型**リンパ腫が一般的です（表19-8）。

●臨床的特徴：よく発生が認められる年齢は6～9

表 19-8　犬のリンパ腫の解剖学的分類とその発生頻度

分類	発生頻度
多中心型	80%
胸腺型	5%
消化器型	5%
皮膚型	まれ
そのほか （眼球、中枢神経系など）	まれ

イヌとネコのリンパ腫　治療プロトコール（UW-25）

ID#　Name　BW　kg ㎡

week	agent	dosage	BW	dose	comment
1 ／	VCR L-ASP*1 PRD*2	0.7 mg/㎡ IV 400U/kg IM or SC 2mg/kg	kg ㎡	0.7 mg × ㎡= mg → ml/head 400U × kg= U → ml/head 2mg × kg= mg	neu= /μl T-Bil= mg/dl
2 ／	Cyclo PRD	250 mg/㎡ IV 1.5 mg/kg	kg ㎡	250 mg × ㎡= mg → ml/head 1.5 mg × kg= mg	neu= /μl
3 ／	VCR PRD	0.7 mg/㎡ IV 1 mg/kg	kg ㎡	0.7 mg × ㎡= mg → ml/head 1 mg × kg= mg	neu= /μl T-Bil= mg/dl
4 ／	DXR*3 PRD	30 mg/㎡ or 1 mg/kg 0.5 mg/kg	kg ㎡	mg × = mg → ml/head 0.5 mg × kg= mg	FS= %、制吐剤 neu= /μl T-Bil= mg/dl
5 ／			kg		neu= /μl
6 ／	VCR	0.7 mg/㎡ IV	kg ㎡	0.7 mg × ㎡= mg → ml/head	neu= /μl T-Bil= mg/dl
7 ／	Cyclo	250 mg/㎡ IV	kg ㎡	250 mg × ㎡= mg → ml/head	neu= /μl furosemide 2mg/kg
8 ／	VCR	0.7 mg/㎡ IV	kg ㎡	0.7 mg × ㎡= mg → ml/head	neu= /μl T-Bil= mg/dl
9 ／	DXR	30 mg/㎡ or 1 mg/kg	kg ㎡	mg × = mg → ml/head	neu= /μl T-Bil= mg/dl

＊1　L-ASP の最大投与量は 10,000U/head とする。
＊2　PRD は経口もしくは皮下投与。表記の日量で連日投与し、28 日目で投与を終了する。
＊3　DXR は<10 kg のとき 1 mg/㎡で用いる。Metoclopramide0.2 mg/kg BID 処方。
・それぞれの化学療法前に CBC 検査を行う。好中球数が<2,500/μl もしくは血小板数が<75,000/μl のとき、治療を3日以上延期して、再度 CBC 検査を行う。
最下点での好中球数が<1,500/μl、血小板数が 75,000/μl のときは、次回から dose を 25%減量する。
・VCR と DXR 投与前に総ビリルビンを検査する。>1.5 mg/dl のとき、dose を 50%減量して用いる。

イヌとネコのリンパ腫　治療プロトコール（UW-25）

ID#　Name　BW　kg ㎡

week	agent	dosage	BW	dose	comment
11 ／	VCR	0.7 mg/㎡ IV	kg ㎡	0.7 mg × ㎡= mg → ml/head	neu= /μl T-Bil= mg/dl
13 ／	Cyclo	250 mg/㎡ IV	kg ㎡	250 mg × ㎡= mg → ml/head	neu= /μl furosemide 2mg/kg
15 ／	VCR	0.7 mg/㎡ IV	kg ㎡	0.7 mg × ㎡= mg → ml/head	neu= /μl T-Bil= mg/dl
17 ／	DXR	30 mg/㎡ or 1 mg/kg	kg ㎡	mg × = mg → ml/head	neu= /μl T-Bil= mg/dl
19 ／	VCR	0.7 mg/㎡ IV	kg ㎡	0.7 mg × ㎡= mg → ml/head	neu= /μl T-Bil= mg/dl
21 ／	Cyclo	250 mg/㎡ IV	kg ㎡	250 mg × ㎡= mg → ml/head	neu= /μl furosemide 2mg/kg
23 ／	VCR	0.7 mg/㎡ IV	kg ㎡	0.7 mg × ㎡= mg → ml/head	neu= /μl T-Bil= mg/dl
25 ／	DXR	30 mg/㎡ or 1 mg/kg	kg ㎡	mg × = mg → ml/head	neu= /μl T-Bil= mg/dl

・第 25 週目で完全寛解であれば、無治療で経過を追う。
・この方法を用いたとき、CR 率 93%、生存期間中央値 13 カ月。(GarrettLD, JVet Intern Med 2002)

／ までの DXR 投与総量 mg/㎡
・投与総量は 180 mg/㎡まで（約6回）とする。

FS= %（ ／ 計測、初回投与前）、FS= %（ ／ 計測、最終投与後）
・初回 DXR 投与前およびプロトコール終了後に超音波検査を行い、拡張型心筋症がないこと、心収縮率（FS）が 28%以上であることを確認する。また同時に心電図検査を行い、不整脈がないことを確認する。
・プロトコール終了前であっても、問診や聴診で異常を認めたら適宜検査を行う。

図 19-7　犬と猫のリンパ腫治療プロトコール（治療投与プラン）[UW-25]

歳（発生の報告がある年齢幅は6カ月～15歳）で性差は特に認められません。**多中心型リンパ腫における体表リンパ節の腫大以外の特徴的な臨床症状はあまりなく**、食欲不振や体重減少、発熱、嘔吐、下痢、削痩、腹水、呼吸困難などさまざまな症状が認められます。

●**治療法**：抗がん剤による治療が比較的有効な腫瘍であるため、**抗がん剤を用いた化学療法が治療法の第1選択になります。複数の抗がん剤を組み合わせて投与するプロトコール（治療投与プラン）が一般的で、なかでもUW-25と呼ばれるタイプのもの**（図 19-7）が現在の主流となっております。また、抗がん剤を投与する場合にはいくつかの注意点があります（図 19-8）。抗がん剤の投与が可能かどうかの確認と抗がん剤の副作用の影響を確認するために、投与の前には必ず血液検査（少なくとも塗抹を含むCBC）を行わなければならないのもその一つです。

●**予後**：病期（後述）や解剖学的分類により治療効果は大きく異なります。犬で最も多く発生する多中心型リンパ腫では、**無治療の場合4～6週間**くらいしか生存期間は期待できませんが**化学療法を行えば約6～12カ月は生存可能**といわれています（一年生存率〔一年後に生きている確率〕は約50％です）。

猫のリンパ腫の特徴

●**発生頻度**：猫の腫瘍の1/3は造血系（血液関係）の腫瘍であり、リンパ腫はこの造血系の腫瘍のうち約

●**用いた医療道具の処分**
抗がん剤の調整は、手袋とマスクを用いて行い、調整後・投与後にはバイアルなどもひとまとめにして医療廃棄物として捨てる。

●**体内への点滴**
抗がん剤を点滴として体内へ投与する場合、きちんと留置が入っていることを確認しながら投与を行う。

●**飼い主の同伴**
投与に時間がかかる場合には、診察室で飼い主と一緒にいてもらい、留置が外れたり皮下に抗がん剤が漏れたりしていないか注意しながら投与を行う。

図 19-8　抗がん剤投与時の注意点

50～90％を占めるため、**猫ではリンパ腫は非常に発生頻度が高い腫瘍**という印象を受けます。

●**解剖学的分類と臨床的特徴**：**幼齢時のFeLV感染が原因となっていると考えられる前縦隔型**とそれが進行した多中心型および中枢神経型が若い年齢（2～4歳）でよく認められる型で、**老齢になると消化器型の発生が多く**なります（表 19-9）。前縦隔型では胸水や呼吸困難といった臨床症状を示すことが多く、**多中心型では犬と異なり、体表のリンパ節が腫大することはあまりなく、非特異的な（これといった特徴のない）臨床症状と肝臓・脾臓の腫大が認められる**ことが多いです。中枢神経型では麻痺・けいれん発作が認められます。老齢猫で多い**消化器型では慢性の嘔吐・下痢を主訴**に来院することが多く、検査により腹腔内に腫瘤が見つかることや腹水が確認されることも多いです。

表19-9　猫のリンパ腫の解剖学的分類とその発生頻度

分類	発生頻度	平均年齢	FeLV罹患（陽性）率
前縦隔型	20～50%	2～3歳	80%
多中心型	20～40%	4歳	80%
中枢神経型	5～10%	3～4歳	80%
消化器型	15～45%	8歳	30%
皮膚型	5%未満	7歳	10%未満

●治療法：犬の場合と同様、**抗がん剤による治療が第1選択**になります。高齢の猫で多く認められる消化器型のリンパ腫の場合、（手術が可能であれば）消化管にできた腫瘍を切除（腸管切除）してから抗がん剤の治療を開始していきます。さまざまなプロトコールが存在しますが、**犬と同じUW-25のプロトコール**がよく用いられていますが、犬と比べて臨床的反応性がさまざまであるため、用いられるプロトコールが統一的でないことも多いです。

●予後：犬の場合と同様、病期（後述）や解剖学的分類により治療効果は大きく異なってきます。完全寛解を示すものはさまざまな状態をひとまとめにしたデータとして60～70％ですが、生存期間は約5～7カ月で、一年生存率は約30％といわれています。

犬と猫のリンパ腫臨床病期分類

（リンパ腫の臨床ステージング）

ステージⅠ：病変が単一のリンパ節もしくは単一の臓器など狭い範囲内に限られている

ステージⅡ：単一部位の複数のリンパ節に病変が存在する

ステージⅢ：全身性に複数の部位のリンパ節に病変が存在する

ステージⅣ：肝臓または脾臓に病変がある

ステージⅤ：末梢の血液に腫瘍の細胞が出現しており、骨髄にも腫瘍細胞が認められる

サブステージa：全身性の症状が現れていない

サブステージb：全身性の症状を示している

ステージとサブステージは組み合わせて考えます。例えば、**ステージⅠ-aであれば、リンパ腫の病変は一つのリンパ節（もしくは一つの臓器）でだけ確認されていて、臨床症状は示していない状態**をいいます。**ステージⅠ-bになると、リンパ腫の病変は一つのリンパ節（もしくは一つの臓器）でだけ確認されていますが下痢や嘔吐、元気消失など何らかの臨床症状が現れた状態**をいいます。多くの場合、「何となく元気がない」「最近痩せてきた」「下痢がひどい」などの臨床症状を主訴に来院されることが多いため、サブステージはb（全身性の症状を示している）である症例がほとんどです。

また、犬と猫を混ぜて分類するのであれば、このWHO分類ですが、猫の場合は他の分類（Mooney分類）が主に使われています。

●猫のリンパ腫臨床病期分類

（猫におけるリンパ腫の臨床ステージング）

ステージⅠ：単一の腫瘤（節外性）もしくは単一の臓器（節性）のみ

ステージⅡ：単一の腫瘤（節外性）および所属リンパ節；横隔膜を越えない2つの腫瘤（節外性）もしくは節性病変；切除可能な消化器腫瘤

ステージⅢ：横隔膜を挟んだ2つ以上の腫瘤（節外性）もしくは節性の病変；硬膜外のリンパ腫；全ての切除困難な腹腔内腫瘤

ステージⅣ：肝臓および／または脾臓に浸潤したステージⅠ～Ⅲのリンパ腫

ステージⅤ：中枢神経もしくは骨髄のいずれかまたはいずれにも浸潤したステージⅠ～Ⅳのリンパ腫

サブステージa：全身症状なし

サブステージb：全身症状あり

肥満細胞腫ってどんな腫瘍？

犬の皮膚の腫瘍のなかで最も多く、猫においても皮膚の腫瘍のなかで２番目に多い腫瘍で、通常は組織中に存在し、まれに血液中を流れている肥満細胞が腫瘍として塊をつくってしまうタイプの**悪性腫瘍**です。

リンパ腫の場合と同様、「○○腫」という呼ばれ方をするにもかかわらず、**肥満細胞腫は非常に悪性度の高い腫瘍**です。正式な名前がMast Cell Tumor（Mast Cell Neoplasm）であるため、**「マスト」と略されて呼ばれる**ことが多いです。この腫瘍は**FNAで採取された細胞の形とそこに認められる特徴的な顆粒（後述）でほぼ確定診断を行うことが可能**な腫瘍であり、認められた病変が肥満細胞腫の可能性が高いとなった場合には、**積極的な外科的切除を検討**し、その後放射線や抗がん剤を用いた補助的療法を検討します。診断・治療の流れにおいて非常に重要なこととして、この腫瘍は**細胞質に顆粒をもっており**、FNAをはじめとするさまざまな刺激・操作により顆粒が容易に放出（脱顆粒と呼びます）されてしまうことを覚えておかなければなりません。この顆粒には**ヒスタミン**や**ヘパリン**、プロテアーゼなどさまざまな化学物質が含まれており、単純な診断手技であっても**消化管の潰瘍や血液凝固障害、病変部周辺の腫脹、発赤（ダリエー徴候）**が生じてしまいます。このため、FNAなどの診断操作を行った後には抗ヒスタミン剤、H_2ブロッカー、粘膜保護剤やステロイド剤の投与を行います。主に使用するものは抗ヒスタミン剤、H_2ブロッカーです。特にステロイドの使用はルーチンではなく、診断の影響などの状況により判断します。

犬の肥満細胞腫の特徴

●**発生頻度**：犬の皮膚腫瘍のうち約20％を占める腫瘍です。平均年齢約９歳と比較的高齢の犬での発生が多いですが、すべての年齢の犬において発生が認められます。性別による差は認められませんが、発生リスクの高い犬種として**ボクサー**、ボストン・テリア、イングリッシュ・ブルドッグ、**ラブラドール・レトリーバー**、**ゴールデン・レトリーバー**、コッカー・スパニエル、シュナウザー、シャー・ペイの報告があります。シャーペイでは悪性のものが多く、ブルドック系統では比較的良性のものが多いともいわれています。また、パグでは良性の多発性（あちこちに発生する）のものがよく認められるとの報告もあります。このように、**ひと言でその特徴を表すのが難しく、「特徴がないのが肥満細胞腫の特徴」というようないい方がよくされます。**

●**臨床所見**：多くの肥満細胞腫は**皮膚の孤立性の小結節**（一つ“ポツン”とあるタイプ）として発見されることが多いですが、約10％の症例では多発性に認められます。**肝臓や脾臓は原発巣の転移が生じやすい臓器**であることも頭に入れておく必要があります。認められる臨床症状はさまざまで、単なる皮膚の腫瘤が発見されることもあれば、病変部（腫瘤）周辺のダリエー徴候、顆粒の影響による嘔吐・下痢などの消化管障害などを伴うこともあり、臨床所見においても「特徴がない」ため注意が必要です。

●**治療法**：**可能な範囲で正常組織を含み外科的に完全に取り切る**ことが治療の第１選択になります。一般的には「**3cmマージン**（図19-9）」といわれており腫瘍辺縁から周囲3cm、深さ3cmを含む範囲で切除しなければ完全に取り除くことは困難であるとされています。外科的に取り除くことが不可能であった場合や手術の際にすでに転移が認められている場合には、外科切除と併せて放射線療法や化学療法（抗がん剤投与）が行われます。

●**予後**：分化の程度によるグレード分類（**Patnaik分類：グレードⅠ - 分化型【低悪性度】、グレードⅡ - 中間型【中悪性度】、グレードⅢ - 未分化型【高悪性度】**）（**Kiupel分類；低グレード【低悪性度】、高グレード【高悪性度】**）と病期（表19-10）および腫瘍の部位

3cm マージン

<上からみた図>

腫瘍

3cm

3cm

“3cm” のマージン（正常組織）を含めて切除

<横からみた図>

腫瘍

皮膚

3cm

3cm

3cm

深部方向３cm は筋膜１枚もしくは筋層１枚が推奨されています。
また、グレード（１～２）によっては２cm でも寛との報告もあります。

深さ方向に３cm取れないときには、最低でも筋膜まで切除を行う

実際に3cmのマージンが取れない場合、「手術ができない」と考えるのではなく、動物の体の機能が損なわれない範囲で可能な限り大きく・広く腫瘍を取り除き、存在する腫瘍の量をできるだけ減らすという考えで手術を行う

図 19-9　肥満細胞腫の切除マージン

表 19-10　肥満細胞腫の病気分類（WHO臨床ステージ分類）

病期 0	不完全切除された単発性肥満細胞腫の組織学的病変／所属リンパ節転移なし
病期 I	（真皮に）限局した単発性肥満細胞腫、所属リンパ節転移なし
病期 II	（真皮に）限局した単発性肥満細胞腫、所属リンパ節転移あり
病期 III	多発性または大きく浸潤性の肥満細胞腫／リンパ節転移の有無は問わない
病期 IV	遠隔転移のある肥満細胞腫（末梢血あるいは骨髄への浸潤を含む）

サブステージ a：全身徴候なし，b：全身徴候あり

により影響を受けます。例えば、**高悪性度（未分化型）のものは転移が起こりやすく、また生存期間も短く**なります。発生部位では**鼡径部**、**腋窩部**、**包皮**に認められたものは体幹部、頭部、四肢に発生したものより攻撃的であるとされています。

猫の肥満細胞腫の特徴

●**発生頻度**：猫の皮膚腫瘍のなかで約20％を占めるといわれています。**皮膚型、内臓型の二つに分けることができ、内臓型はさらに脾臓型と消化器型に分けられます。**皮膚型の発生年齢は平均8～9歳、脾臓型は平均10歳、消化器型は平均13歳で、いずれも性差や好発品種は認められないとされています。

●**臨床所見**：頭部の**皮膚で発生が多く**、隆起した白いもの（白くポツっと盛り上がった小さな塊）として認められることが多いです。皮膚に発生したもののうち、潰瘍を伴うものや目の上にできた境界不明瞭なものは悪性の性質を示すものが多いと報告されています。**内臓型であれば元気消失や体重減少、食欲不振、嘔吐、血便などの全身症状を示すことが多い**ですが、犬の場合と同様「**これといった特徴的な臨床症状を示すわけではない**」ことに注意が必要です。

●**治療法**：犬の場合と同様、**外科的切除が第1選択**となりますが、猫の皮膚型は、孤立性の腫瘤が多発する傾向が強いため手術が複数に及ぶことも多いです。切除不可能な場合や転移・播種（はしゅ）※7した腫瘍に対しては、放射線療法や犬と同様の抗がん剤投与も行われます。しかし、明らかな効果についての報告はあまりなく、抗がん剤として**ステロイドの単独投与**が一般的に行われます。ステロイド剤以外にも多くの報告がありますが、肥満細胞腫の型により効果はさまざまです。

●**予後**：犬のような明確なグレード分類や病期分類を行うことが難しく**正確な予後を評価することが難しい**ですが、**皮膚に孤立性に発生した場合、多くは良好な予後**となります。**消化器型の肥満細胞腫は最も予後が悪く**、消化管症状を中心とするさまざまな臨床症状を示し、転移・播種も多く認められます。

※7　播種：細胞が周囲に細かく散らばるように広がること。

乳腺腫瘍ってどんな腫瘍？

雌の犬の腫瘍のなかでは最も一般的な腫瘍であり、その名の通り乳腺に腫瘤性病変（しこり、塊）を生じる腫瘍です。**犬と猫で病態・予後が大きく異なる**ことや治療法の第1選択となる**外科的手術の手法のルール**があることなど比較的覚えやすい特徴をもっています。**病理学的な確定診断がつく前に（組織生検を行わずに）手術により腫瘍を摘出し、摘出した組織の病理組織学的診断により確定診断を下す（良性・悪性にかかわらず手術をする）**ことも、この腫瘍の特徴の一つです。

犬の乳腺腫瘍の特徴

●**発生頻度**：雌の犬において最も一般的な腫瘍で、乳腺部に腫瘤性病変が認められた場合、**その50％は良性、残りの50％は悪性で、悪性のうちの50％は転移を伴う非常に悪性度が高い性質を示すという（通称）「50％／50％／50％ルール」を示す特徴がある腫瘍**です。しかし、本邦の小型犬はこのルールに入らず20～25％ほどが悪性という報告もあります。老齢の（未避妊の）雌犬で発生が多く、平均発症年齢は10～11歳、プードルやテリア、コッカー・スパニエル、ジャーマン・シェパード・ドッグが発生の危険度の高い犬種であるといわれています（図19-10）。**避妊手術の時期により腫瘍発生頻度が変わる**（表19-11）ことが報告されており、「腫瘍の発生を予防する」という観点に立って避妊手術を考えるにはよい腫瘍といえるでしょう。

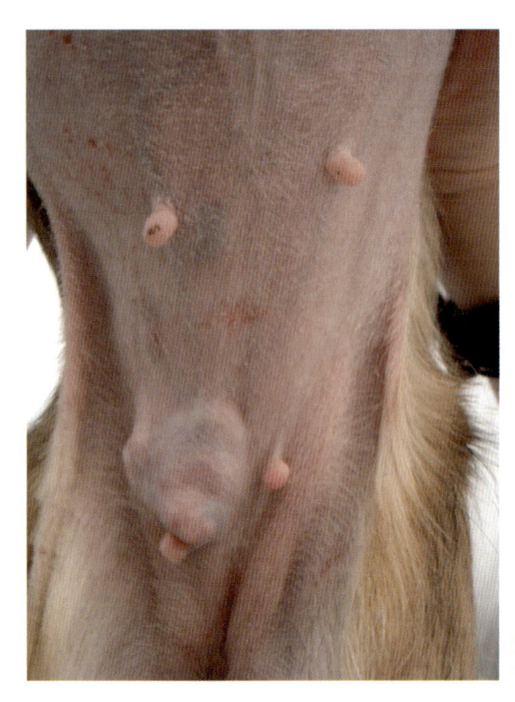

図 19-10　犬の乳腺腫瘍
千葉科学大学、小沼 守先生のご厚意により掲載。

表 19-11　避妊手術の時期が乳腺腫瘍の発生に及ぼす影響

避妊手術の時期	乳腺腫瘍発生の危険性
初回発情前	0.05%
初回発情と 2 回目の発情の間	8%
2 回目の発情以降	26%

●臨床所見：生じる**臨床症状は腫瘍の数・大きさ・状態により影響を受けます**が、体重減少や咳、元気消失など腫瘍に罹患（りかん）した動物で一般的に認められる症状を示します。大きくなった腫瘍を本人（本犬）が気にして舐めることで、表面が自壊し悪臭を放ったり、そこからの感染もよく認められます。また、血液検査所見として高カルシウム血症が認められることもあります。**約 60 %の症例で多発性にいくつもの乳腺に腫瘍が認められますが、これと予後との関係はない**とされています。

●治療法：**外科的切除が第 1 選択**となります。手術に際しては簡単なルール（図 19-11）があり、これに基づき手術法の選択がなされます。手術は 2～3cmのマージンをとって切除を行うとよいとされています。抗がん剤や放射線療法も行われることがありますが、あくまでも完全切除が不可能だった場合の補助的治療法であることを忘れてはなりません。また、「**炎症性乳がん**」というタイプの場合、非常に悪性度が高く、効果的な治療法は存在しません。また刺激により炎症を進めてしまうため、手術は行うべきではありません。すべての治療が疼痛緩和などの目的でしかないことを覚えておきましょう。

●予後：ジャーマン・シェパード・ドッグは予後が悪いとされています。一般的には腫瘍のサイズ（大きいものは予後が悪い）、周囲組織への浸潤の有無（浸潤しているものは予後が悪い）と表面の潰瘍の有無、領域リンパ節への腫瘍の浸潤（浸潤しているものは予後が悪い）、腫瘍のホルモン受容体活性の欠如、腫瘍が存在していた期間が予後に影響するとされています。ある報告によれば 75 %の犬では 2年は生きられないであろうと予測されています。

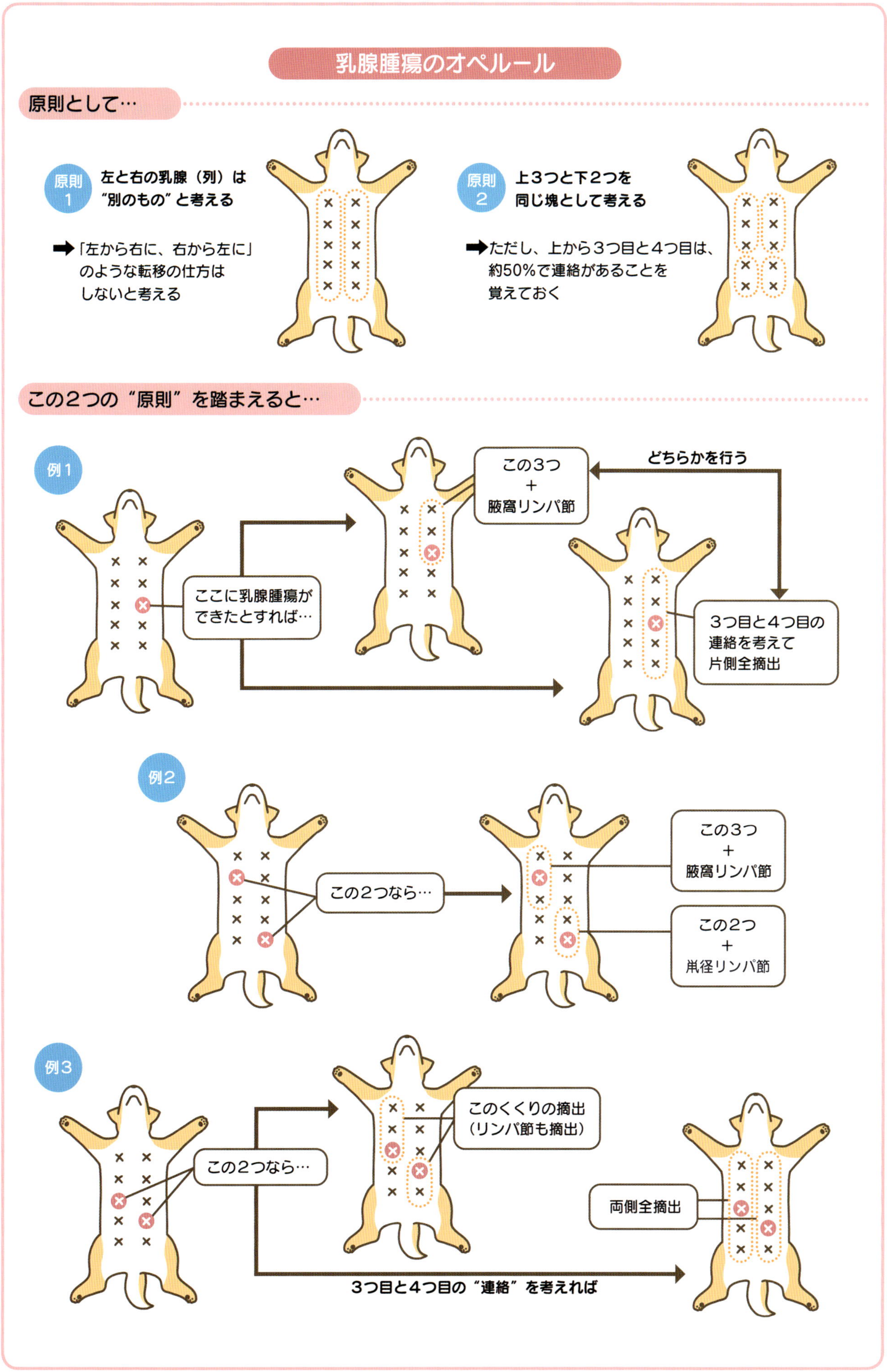

乳腺腫瘍のオペルール

原則として…

原則1　**左と右の乳腺（列）は“別のもの”と考える**

➡「左から右に、右から左に」のような転移の仕方はしないと考える

原則2　**上3つと下2つを同じ塊として考える**

➡ただし、上から3つ目と4つ目は、約50%で連絡があることを覚えておく

この2つの“原則”を踏まえると…

例1

ここに乳腺腫瘍ができたとすれば…

この3つ
＋
腋窩リンパ節

どちらかを行う

3つ目と4つ目の連絡を考えて片側全摘出

例2

この2つなら…

この3つ
＋
腋窩リンパ節

この2つ
＋
鼡径リンパ節

例3

この2つなら…

このくくりの摘出（リンパ節も摘出）

3つ目と4つ目の“連絡”を考えれば

両側全摘出

図19-11　乳腺腫瘍のオペルール

猫の乳腺腫瘍の特徴

●**発生頻度**：犬と大きく異なり、猫での乳腺腫瘍の発生は比較的まれ（血液の腫瘍および皮膚の腫瘍に次ぐ）で、発症年齢の平均は10～12歳、**シャム猫**はリスクが高い品種であるといわれています。乳腺部に腫瘤性病変が認められた場合、その**70～90％が悪性であるとされており（80％は腺がん）**、多くの症例で肺への転移が確認されるのも特徴の一つです。

●**臨床所見**：犬の場合と同様、生じる臨床症状は**腫瘍の数・大きさ・状態により影響を受けます**が、体重減少、元気消失などの非特異的な症状が認められることが多いです。5％以上の症例で腫瘍の潰瘍が認められ、50％以上の症例では複数の乳腺が腫瘍に侵されていると報告されています。

●**治療法**：犬の場合と同様、外科的切除が第1選択となります。手術に際しても同様に、簡単なルールがありますが、多くは「悪性」であるため、手術の方法としては片側全摘出もしくは両側全摘出術により原発部位の腫瘤性病変の消失とQOL向上を目指します。

●**予後**：**「腫瘍のサイズ」が予後に最も影響を及ぼす**とされており、ある報告では**直径3cm以上の腫瘍が存在する場合、生存期間（中央値）は約半年、腫瘍の直径が2～3cmであれば約2年、そして腫瘍の直径が2cm未満であれば生存期間（中央値）は約3年**であるといわれています。治療法にも書きましたが、猫では多くの場合乳腺の部分的摘出術よりも片側もしくは両側全摘出術を行います。しかしこの場合、腫瘍の再発予防には有効に働きますが、生存率には影響がないとの報告もあります。

memo

疾患編 20 行動

犬の分離不安

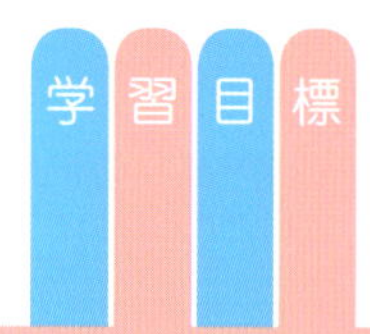

- 犬の分離不安の症状とその特徴について知る。
- 分離不安がなぜ犬に多いのか（猫でほとんど聞かれないのか）について理解する。
- 分離不安などの問題行動診療に対して、愛玩動物看護師はどのような役割をもつのか理解する。

執筆・水越美奈（日本獣医生命科学大学）

ヒトは、犬と一緒に生活がしたくて犬を飼います。しかしヒトは生活のため、つまり仕事や買い物などのため、ひとときも離れずに犬と生活することはほとんど不可能です。

都心部では隣家が至近であったり、集合住宅も多く、「吠える」ことは特に問題になりやすいといえます。特に飼い主がいないときの「吠え」は、飼い主自身がなかなか認識できないために近隣とのトラブルの原因になりがちです。

飼い主が共働きや一人暮らしなどの場合、留守番の時間はより長くなります。また、犬を子どもの代わりにしているヒトは、犬とより密接な関係を求めがちで、家の中ではひとときも離れることはないというケースもあります。留守番をしなければならない犬、飼い主との愛着が強い犬では、留守中の問題のリスクが高くなるのは明白です。

犬はヒトとたやすく愛着を結び、飼い主と一緒にいることに大きな喜びを示します。これは、今も昔も犬が優れたコンパニオン（＝仲間）であり続ける最大の理由であり、魅力です。しかし、大きな愛情を与えられながらも独りきりにされることが多い現代生活は、犬にとって矛盾で苦痛があるものかもしれません。

また、飼い主にとっても「留守番ができない犬」は大きな問題になりがちであり、犬を手放す原因にもなりかねません。現代の生活では「犬が独りで留守番ができるようになること」が望まれています。つまり「分離不安」も多くの病気と同様に予防が大切です。

犬の分離不安とは？

分離不安とは「留守番時の不安が原因の困った行動」、「飼い主の不在や、視界から飼い主がみえなくなったときに起こる不安行動」をいいます。この不安行動は、その犬が仲間と認識している対象（家族、主に世話をしてくれる特定の人物、同居動物など）と分離された状況下においてのみ起こることが特徴です。分離以外のときにも問題となる症状が観察される場合（飼い主がいるときにも排泄の失敗があるなど）は、分離不安とは診断されません。

分離不安の症状

分離不安の症状 は、①不安によって起こる反応（行動）と、②その不安を自ら解消しようとする行動の２つに分類することができます（**表 20 -1**）。①の症状として、吠え 、鼻鳴らし、遠吠え、排泄の失敗（尿、便）、食欲不振、嘔吐、下痢、抑うつ、流涎（りゅうぜん）、呼吸促迫などがあり、②の症状としては、破壊行動（ドア、窓、ケー

表 20-1　分離不安の症状

	具体的な症状
不安を示す症状	不適切な排泄（尿・便）、吠え（鳴き・遠吠え）、嘔吐、流涎、震え、あえぎ、食欲不振
不安を解消しようとする症状	破壊行動、自傷行動、ウロウロと歩き回る、飼い主の外出を止めようとする（攻撃、飛びつき、唸るなど）

ジの扉など、対象者と分離される障害物に対してが多い)、ペーシング(同じペースでウロウロと歩き回ること)、サークリング(ペーシングと同様に歩き回ることだが、同じ円を描いて歩くこと)、飛びつきなど興奮を示す症状、四肢や尾を過剰に舐めたりかじったり、毛をむしったりなどの病的な行動などが挙げられます。飼い主が出掛ける用意をしているときから不安な様子を示したり、逆に動揺して興奮状態になったり、飼い主の外出を阻止しようと出掛けようとする飼い主に対して、攻撃的になる場合があると報告されています[1]。

このように症状は、対象者との分離が起こった後に示されるだけでなく、分離を犬が予測したとき(飼い主が出掛ける用意をしはじめたときなど)から生じ、少なくとも飼い主がいなくなった後、すぐにはじまります。これらの症状のなかで飼い主が特に問題視することが多いのは、近隣からの苦情の原因となる「吠え」と「破壊行動」です。破壊行動により爪をはがしてしまうなど、犬自身が傷ついてしまうことも飼い主にとっては大きな問題となります。

分離不安の背景(原因)

分離不安の背景や原因として、母犬や同腹子との早期分離や人工哺育、飼い主との過度の愛着、留守番時にトラウマとなるような恐怖を感じる出来事があった(近くに落雷した、泥棒が入った)、飼い主が何度も変わった、家族の環境や状況が変化したなどが知られています(**表 20-2**)。

また、シェルターや、動物病院から引き取った犬、拾った犬、ペットショップ出身の犬の方が、ブリーダーや友人から入手した犬よりリスクが高いという報告[2]があります。さらに、老齢犬は若い犬に比べて新しい環境や環境の変化に適応しにくいため、分離不安が多くなる傾向にあるという報告[3]があります。これは年齢に伴って視覚や聴覚が衰えることにより不安が強まるだけでなく、加齢とともに認知機能の低下が進むことから不安が悪化すると考えられています。そのため、老齢になってから分離不安の症状が現れた場合は、高齢性認知機能不全症候群との鑑別も必要になるかもしれません。さらに、飼い主の在宅時に家の中を常について回る犬、いつも体の一部をくっつけている犬や、飼い主の帰宅時に2分以上興奮して歓迎する犬、飼い主がいないと食欲がなくなる犬などは、分離不安になりやすいと報告されています[2]。しかし、飼い主の甘やかしの程度(一緒に寝る、ヒトの食事を与える、犬のいうことを聞くなど)[4]やしつけの程度[5]、性別[2]、他にペットがいるかどうか[2]は関係ありません。

表 20-2　分離不安の背景や原因

	具体的な背景や原因	予後
一次的な過度の愛着によるもの	親代わりとなった特定の人物と親離れができない状態 特定の人が視界からいなくなると不安になる	さまざま 飼い主の態度が変われば比較的よく反応する
二次的な過度の愛着によるもの	一次的な愛着が崩壊したとき ・飼い主が変わった ・預けたり、入院した後	さまざま バリアフラストレーションが強い場合、比較的難しい
飼い主不在のときに恐怖の出来事に遭遇した場合	それまではまったく問題なく留守番できていたのに、留守番中に近所に雷が落ちた、泥棒に入られたなどの恐怖に遭遇した後、留守番ができなくなった	生理的な症状やバリアフラストレーションなど、症状が深刻な場合も多く、治療に時間もかかることが多い
独りに慣れていない	それまで独りになったことがなかったのに、1歳を過ぎてから留守番することになったなど、飼い主のルールが変更された場合	予後は比較的良いことが多い

分離不安の診断

疾患などの身体的な変化と同様に、行動的な変化についても診断を行い、治療方針を決定するのは獣医師です。愛玩動物看護師はその診断と治療方針に沿いながら、その犬と飼い主に合った環境改善や行動修正などのアドバイスを行います。獣医師が関わらなければいけない理由は、大きく2つあります。

●身体的問題との鑑別

1つ目は身体的問題との鑑別をしなければならないことにあります。他の問題行動と同様に、分離不安の診断には身体的問題との鑑別が必須です。排泄の失敗がある場合は、膀胱炎などによる頻尿や多尿を示す疾患も疑われます。破壊行動がある場合は、歯牙疾患や歯周炎などの口腔内の異常によるものかもしれません。また痛みの存在は、吠えやペーシング、抑うつ状態を助長する可能性があります。報告される症状に合わせて、健康診断や一般血液検査、血液化学検査（必要によっては血中ホルモン濃度測定）、尿検査、糞便検査、皮膚検査（舐めるなどの症状があるとき）などを行い、身体的問題の除外を行うことは、すべての問題行動を診断するうえで、必須事項です。

●薬物療法が必要になる場合もある

2つ目は薬物療法を行うことにあります。症状が深刻で、特に生理学的症状が強く、食べ物を使った行動療法に適応しない場合や、治療期間をできるだけ短くしたいという場合は、環境改善や行動療法に加えて、抗うつ剤（フルオキセチンやパロキセチンなどのSSRI〈選択的セロトニン再取り込み阻害薬〉や、クロミプラミンなどの三環系抗うつ剤）や抗不安剤（アルプラゾラムなどのベンゾジアゼピン系薬物）などが処方されます。投薬の指示や処方は獣医師しかできません。ただし、薬物のみでは治療効果がほとんどみられないことが多く、環境改善や行動修正を必ず同時に行う必要があります。

行動的な診断ポイントは、前述したように、その症状が「その犬が仲間と認識している対象と分離された状況下においてのみ起こり、それ以外では起こらない」ということ、さらには「対象と分離されたことを、その犬が不安に感じているか」ということです。また症状は飼い主が出て行って比較的すぐにはじまります。例えば、留守番後３時間経ってから排泄の失敗をした、外の車の音に対して吠えている、という場合は分離不安ではないでしょう。しかし、不在時に起こる行動は直接確認することが難しいので、対象と分離した状況下を動画撮影することはとても診断に役立ちます。来院時に診察室から飼い主に出て行ってもらうと、その場で不安症状がはじまる犬もいます。よくある誤診としては、遊びとしての破壊行動（暇つぶし）、トイレトレーニング不足による排泄の失敗、留守番が長時間であるため排泄が間に合わなかった（あるいは汚れたトイレにはしたくない）、屋外の刺激（車の音や人通り）に対する吠えや恐怖症（雷恐怖症などの音恐怖症）などがあります。

知っておきたいポイント①
そもそも犬は……

犬は仲間と一緒に暮らす動物です。仲間と生活する（群生する）動物は、自然界ではそもそも独りになることがありません。しかし、ヒトと暮らす犬は飼い主の都合で親や兄弟から引き離され、さらに独りで留守番することを強いられています。

猫に分離不安がほとんどないのは、猫はもともと単独生活をする（ことができる）動物なので、独りでいること自体が動物種として当たり前だからです。

つまり、犬は独りで生活することは生まれつき備わっていません。そのため「独りになるという練習自体がそもそも必要である」ということを知っておくことは大切です。

知っておきたいポイント②
子犬は分離不安と言わない

母犬や同腹子から離された子犬は、高いピッチの声で繰り返して鳴き、母犬を探します。母親に庇護されている時期に母親を求めて鳴くことは、まったくの正常であり、問題行動とは呼びません。このような行動は、生後６〜７週をピークにして減少傾向を示します[6]。しかし、新しい飼い主のところにやってきたばかりの子犬が独りになったときに鳴くのは、慣れ親しんだ巣（母親や兄弟がいる環境）から離れた不安と同時に、『知っておきたいポイント①』にあったように、まだ独りになるのに慣れていないという理由から起こります。

一般的に、６カ月齢未満で分離時に不安を示すのは、病的な分離不安ではなく、単に「まだ独りに慣れていない」と考えた方が良い場合がほとんどです。少しずつ独りになる練習をしていくように飼い主に伝えると良いでしょう。

分離不安の治療（および対処）と予防は？

分離不安の治療（および対処）は、他の問題行動の治療（および対処）と同様に「環境の改善」と「行動修正」を行います。必要と判断された場合は、これらに薬物治療を組み合わせることがあります。

治療のゴールは「犬が独りでいるときにリラックスできること（落ち着いて独りでいられること）」です。具体的な方法は次に挙げることを、個々の症状やパターン、飼い主ができることを選んで組み合わせて行います。予防に対する目標も、治療の目標と同じです。すでに苦手になったものを慣らすことを「脱感作」、慣れていないものに慣らす（まだ苦手にはなっていない）ことを「馴化（じゅんか）」といいます。これらは言葉こそ違いますが、その手順は同じで、小さい刺激から段階を踏んで徐々に慣らしていきます。つまり、治療として行うことも予防として行うこともほとんど同じです。すでに苦手になっていることに慣らすよりも、そうでないことの方が時間もかからず容易なのは当然です。予防として行うべきことは<予防>、治療・対処として行うことは<治療>、治療のなかでも特に応急措置として行うことは<応急措置>と記しました。

1. 環境改善（環境マネージメント）

①環境の変容 治療

留守番場所と不安を関連づけている場合は、留守番場所を変更してみます。広いスペースは必要ありませんが、ウロウロと動き回れるくらいのスペースは必要です。破壊行動を示す犬の場合は、安全管理（大事なものを壊されない工夫や犬自身を傷つけない工夫）が必要になります。

②環境の維持 治療・予防

飼い主がいるときの状況といないときの状況は、犬の嗅覚・聴覚・視覚で関連づけられます。飼い主がいないときにも、できる限りいるときと同じ状況を維持するように、電気を付け、テレビやラジオ、生活音を録音したものなどを流すようにしておきます。また、外からの音などの刺激を遮断するためにカーテンは閉めておくと良いでしょう。

③環境を豊かにする 治療・予防

出掛ける前に運動（散歩など）をさせることは、留守番前に十分な排泄の機会を与え、疲れさせることで留守中に容易に眠りに誘うことが可能になります。留守中に食欲不振（不安が強いと留守中は何も食べることができなくなる）がみられない場合は、留守中に時間をかけて食事ができ、かつ退屈を紛らわすことができるコング（図 20 -1、20 -2）や転がすとフードが出てくるようなオモチャ（図 20 -3）などを利用します。

④ペットシッターやデイケアの利用 応急措置

行動療法や薬物療法の結果はすぐに現れません。問題が深刻な場合は、即座の対応が必要になります。その場合はペットシッターや犬の幼稚園などのデイケア、ペットホテルなどでの留守中の預かりが役立つかもしれません。

2. 行動療法（行動修正）

●外出に慣らす

①出掛けるときと帰ってきたときの儀式はしない 予防・治療

出掛ける際には「おりこうだから待っててね」「ごめんね、すぐ帰ってくるからね」などと、犬をなだめたり謝ったりし、帰って来たときには「良い子にしてた～？」などと感激の再会儀式を行って、犬の興奮を助長させている場合は、これらをやめてもらうようにします。また飼い主が慌ただしく外出すると、犬の不安や興奮を高めやすいので、外出準備は早めに済ませて、（飼い主側も）落ち着いて出かけるようにします。

外出を特別扱いせず、普段通りに外出・帰宅すれば

コングレシピ

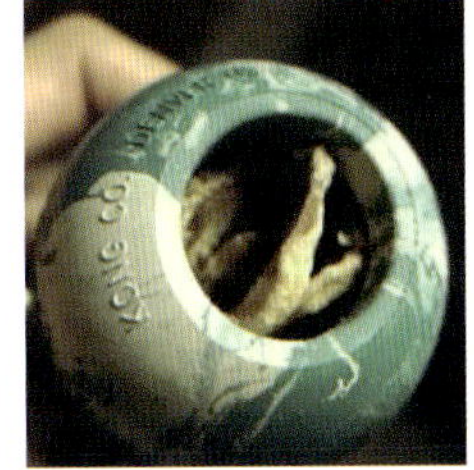

1. ドッグフードふやかし
2. ドッグフードふやかし＋凍らす
3. 缶詰フード
4. 缶詰フード＋凍らす
5. ジャーキーやクッキーを詰める
6. 小さい穴を（キュウリやニンジンで）塞いで肉のゆで汁を注ぎ、マグカップ等に立て掛けて凍らす

など

図 20-1　コングレシピ

マグカップに
コングをたてかけ
ドライフードを入れて
水を注ぐ

図 20-2　フードふやかしコングのつくり方

図 20-3　転がすとフードが出てくるようなオモチャ

良いのですが、そのように実行することが難しい飼い主もいます。そこで、玄関を出るときには「行ってきます」のひと言だけいいます。このときも声色は変えずに、落ち着いていうことが大切です。また帰宅時には、真っ先に犬に挨拶するのではなく、まず先に着替えや荷物の整理など、自分の仕事をしてから犬に挨拶してください、とできるだけ具体的に飼い主に伝えると良いでしょう。大抵の犬は、飼い主が先にいろいろやっているうちに落ち着きます。（犬が）落ち着いてから飼い主が穏やかに挨拶するようにすると、犬は「落ち着いた方が早くかまってくれる」と考え、興奮が早く収まるようになっていきます。

②出掛けるきっかけに慣らす　治療

分離不安の症状は、飼い主が外出してから現れるのではなく、外出の準備が始まったときから現れることがほとんどです。明らかな症状を示さない場合も、不安は飼い主が出掛ける前からすでにはじまっています。犬は関連づけで学習するので、飼い主の出掛ける準備（着替える、化粧をする、コートを羽織る、家・車の鍵を持つ、鞄を持つなど）が分離のキー（鍵）になってしまうことがあります。これらのきっかけの関連づけを壊していくようにします。

具体的には以下のようなことを行います。

a 出掛けないときに何気なく鞄を用意したり、車の鍵を持つ

b 着替えたり化粧をするが、出掛けずに落ち着いてソファに座っている

③外出に慣らしていく　治療

後に示す『独りになることに慣れる』を行いながら、少しずつ飼い主の外出にも慣らしていきます。もちろん、刺激が小さいところから慣らしていかなければなりません。

具体的には、以下のように少しずつ段階を上げていきます。

a 玄関の方に歩いて行くがすぐに戻ってくる
b 玄関に降りて靴を履くがすぐに戻ってくる
c 玄関に降りて靴を履き、玄関のドアノブに手をかけるがすぐに戻ってくる
d 玄関のドアノブをガチャンと回すがすぐに戻ってくる
e 玄関のドアを開けるが外に出ずに戻る
f 外に出るがすぐに戻る

ステップアップする目安は、犬がリラックスして受け入れられるようになることです。食べることができる場合は、「食べ物入りコング」などを与えながら行うなど、大好きなものを組み合わせるとよりスムーズに段階を上げることができるでしょう。

ドアから出ることができるようになったら、徐々に時間を延ばしていきますが、時間の延ばし方はランダムにしていく（1秒→2秒→3秒→1秒→3秒→4秒→2秒→5秒）方が効果的です。無理に進めることはせず、確実に犬が不安を感じていないこと（不安徴候を示さないこと）を確かめながら時間を伸ばしていくことが大切です。

この練習をする際には、犬から離れる際に「練習の合図となる音（あるいは言葉）」をかけます。この合図は犬がリラックスして待つことができるようになるまでは実際の留守番では用いないようにします。

④罰（嫌悪刺激）は避ける 治療

分離不安から起こる症状は、その名前の通り分離による不安からくる行動であり、置いて行かれたことを悪意をもって仕返ししているわけではありません。その行動に対して罰が与えられれば、その犬はますます不安になり、その結果、症状は逆に悪化してしまうことがほとんどです。

●独りになることに慣れる

①外出時以外も独りでいる機会をつくる 治療・予防

分離不安の症状を示す犬は、飼い主が外出しなくても、視界からみえなくなるだけで不安を示し、飼い主がトイレに行ったり入浴する際にもついて回る犬が多くいます。そのような場合は、③の実際の外出に慣らす練習前に、飼い主が在宅時にも独りでいる時間を設けるようにします。犬専用のベッドやサークル、ベビーゲートを利用して飼い主と物理的に離れるようにしたり、別部屋で休息させるなど、短時間からで良いので独りでいることに慣れさせていきます。

②独り遊びを奨励する 治療・予防

飼い主の在宅時にまったく独りになったことがない犬の場合は、「独りになる練習」の前に「飼い主以外の何か集中すること」を学ばせる必要があるかもしれません。コングなどのフードが出てくるオモチャやガムなど、長時間独りで集中できるものを利用したり、オモチャやフードを家中に隠して「宝探しゲーム」をするなど、飼い主が関わらずに独りで何かに集中して遊ぶことを奨励します。

③クレートトレーニング 治療・予防（図20-4）

深刻なバリアフラストレーション（閉じ込められるとパニックを起こす、出入口を破壊する、自傷行動を示すなど）をもつ犬では慎重に行う必要がありますが、独りでいることを奨励するために、少しずつで良いのでクレートトレーニングを行います。

このため、クレートトレーニングは予防として行うほうが現実的かもしれません。クレート内はベッドなどを置き、居心地を良くして自ら入るように促します。特に、最初のうちはクレート内ではコングやガムなどの長時間夢中になれて、かつ犬が大好きなものを与えるようにすると良いでしょう。

クレートトレーニングが成功しても、実際の留守番でクレートを使用する場合は3時間以内にとどめるよ

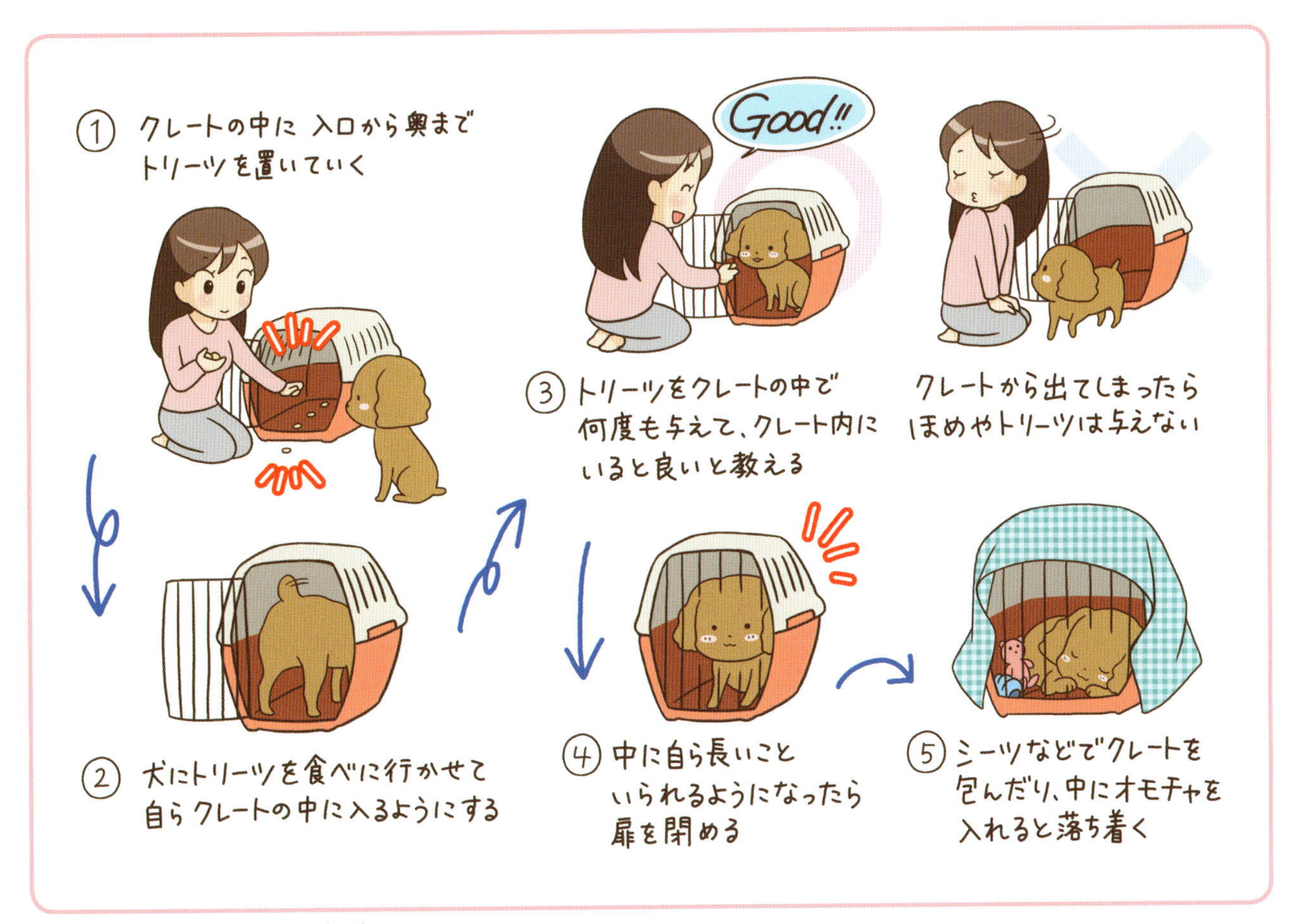

図 20-4　クレートトレーニングの流れ

うにします。それ以上の留守番の場合はサークルなどある程度歩くことができ、排泄のためのトイレが必要になります。

●対象が特定のヒトの場合 治療・予防

分離不安の対象が特定のヒトの場合、つまりそのヒト以外のヒトがいても不安症状を示す場合は、以下のようなことを行います。

①愛情を分散（仕事を分担）する

特定のヒトと愛着を高めるような活動、例えば遊びや食事、散歩、トレーニングなど、その犬にとって大好きなことは家族全員で分担するようにします。

②ついて回らせないようにする

家の中をずっとついて回るような犬に対しては、徐々について回らせない（独りでいられる）ようにしていきます。「オスワリ」、「マテ」、「オイデ」などの合図や、室内ドアやベビーゲートを利用します。

3. 薬物療法

留守中ひとりでは食べ物が喉を通らない、パニックになってしまう、自傷行動をしてしまうなど、症状が深刻な場合は薬物療法が適応になります。抗うつ剤や抗不安剤などが適応になりますが、薬物療法の実施は獣医師の役割であるため、行動に詳しい獣医師との連携が必要になります。不安が軽度である場合は、ジルケーン®（ゼノアック社）やアンキシタン™（ビルバック社）などのサプリメントを補助的に使用することがあります。

対処・治療を行う際の注意点

以上、さまざまな対処や治療法を述べてきましたが、その予後はどのようなものでしょうか？ 武内らは、分離不安と診断され治療された犬のうち、治療内容が多いケースでは、飼い主は混乱してしまうためなかなか改善しなかった（治療内容が多いというのは、問題が深刻だったという可能性も高い）と報告しています[7]。これらは、いかに私たちが飼い主に合ったアドバイスを与えられるかが、治療のキーポイントになることを示しています。

問題行動の改善の鍵は、①なぜ犬がこのような行動をとるのかを理解してもらい、②改善していこうという飼い主の気持ちを維持し、③飼い主が無理なくできることをアドバイスすることです。飼い主が混乱せずに無理なく行うためには、これからやっていくことを系統立てて説明し、それらの指示書を渡すか、あるいはメモをとってもらい、フォローアップを行うことが重要です。治療内容が多くなってしまう場合は、一気にそれらを指示するのではなく、飼い主ができるところからはじめ、進捗状況を見ながら指示を追加していくようにするのも一つの方法です。

また一旦改善しても飼い主が旅行に出かけたり、仕事を変更して外出の仕方が変わったりするなど、家族の日課が変化することで症状が再発することがあります。治療を終了する時点でこれらの注意点を飼い主に与えることも大切です。

愛玩動物看護師の役割

序文で記載したように、多くの病気と同様に、すべての問題行動も予防が重要であり、またひどくなる前に早期発見・早期治療を行うことが大切です。特に問題行動の治療は、飼い主主体で実施されます。飼い主の動機づけや地道な努力なく、問題解決することはありません。

愛玩動物看護師は獣医師のように診断や治療を行うことはできませんが、獣医師よりも飼い主に対して身近で、寄り添いやすい存在です。普段の会話から予徴をみつけたり、パピー教室などで飼い主の問題意識を高め、飼い主に寄り添いながら予防や治療の効果を高めていくことは、愛玩動物看護師の大きな役割だと考えられます。

参考文献

1. Schwartz,S. Separation anxiety syndrome in dogs and cats. *J Am Vet Med Assoc* 222(11). 2003. 1526-1532.
2. Flannigan G, Dodman NH. Risk factors and behaviors associated with separation anxiety on dogs. *J Am Vet Med Assoc* 219(4). 2001. 460-466.
3. Landsberg G. The most common behavior problems of older dogs. *Vet Med* 90. 1995. 16-19.
4. McCrave EA. Diagnostic criteria for separation anxiety in the dog. *Vet Clin North Am Small Anim Pract*. 21(2). 1991. 247-55.
5. Takeuchi Y, Ogata N, Houpt KH, et al. Differences in background and outcome of three behavior problems in dog. *Appl Anim Behav Sci* 70(4). 2001. 297-308.
6. ジェームス サーペル . ドメスティックドッグその進化・行動・人との関係（森裕司）. 第6章 初期の経験と行動の発達 . チクサン出版 . 1991. 122-151.
7. Takeuchi Y, Houpt KA, Scarlett JM. Evaluation of treatments for separation anxiety in dogs. *J Am Vet Med Assoc* 217(3). 2000. 342-345.

memo

疾患編 21 エキゾ

ウサギの毛球症

学習目標
- ●ウサギの毛球症について知る。
- ●ストレスを加えない看護を考える。

執筆・斉藤久美子（斉藤動物病院、さいとうラビットクリニック）

ウサギの診療を行う病院はずいぶん増えてきました。それでもまだまだウサギの診療のニーズに、動物病院の対応が十分ではないというのが現実です。ウサギの飼い主は、自分のウサギが病気になったとき、きちんとみてくれる病院を求めています。

このニーズを満たすには、獣医師がしっかり勉強して診療できる体制をつくることが必要なわけですが、それに加えて、あるいはそれ以上に、ウサギの看護ができる愛玩動物看護師が必要です。なぜならば、ウサギは極度にストレスに弱い動物であり、また草食性であることから、犬や猫とは根本的に異なる看護が要求されるからです。保定法もだいぶ異なります。

ウサギは態度がデカくて大暴れする個体も多いのですが、実はメンタルの弱い小心者です。ですから、病気になったときの最重要課題はいかにストレスを最小限にするかです。毛球症のような胃腸のトラブルにはストレスが悪いだろうということはよくおわかりでしょうが、ストレスを加えない看護というのはすべての病気において重要なことなのです。

ウサギの毛球症は非常に多発する疾患であるとともに、時には命に関わることもある怖い病気でもあります。猫の毛球症は毛玉を自分で吐いて解決してしまうことが多いのですが、嘔吐ができないウサギの場合、事は重大です。ウサギは毛玉を吐きませんから、実は詰まっているものが毛玉なのか何なのかはわかりません。全身麻酔で胃カメラを飲ませれば確定診断できるでしょうが、具合が悪く食欲がなくなったウサギにこれを行うのは論外です。

したがって、この「毛球症」という病名を臨床的に使うべきではないというのが、世界的にも獣医療界の主流ではあります。しかし、飼い主の間でも獣医師の間でも、便宜的に「毛球症」で通っていますから、本稿でもこの言葉を用いることにします。

ウサギの毛球症ってどんな状態？

「毛球症」というのは、胃の幽門管（図 21 -1）に毛球が詰まった（栓塞した）状態をいいます。手術や剖検で毛球が詰まっていたことが確認されれば確定診断できますが、診察・検査の段階でこれを確定することはできません。毛以外の異物（じゅうたんの毛や壁紙、ビニール片など）が詰まっているのかもしれませんし、胃潰瘍から瘢痕が生じて幽門狭窄をきたしている可能性もないとはいえません。あるいは異物がまったくなくて、単なる機能的な異変、つまり胃または十二指腸あたりの蠕動運動が急に停止したり、急激に低下したりした状態でもほとんど似たような症状になります。

臨床的に把握できることは、胃が拡張しまったく、またはほとんど、動いていない状態であるということです。したがって、「毛球症」という病名ではなく、胃停止、または胃の運動性低下と呼ぶべきであるとされ、診断は幽門部閉塞の疑いとすべきなのです。あるいは生じている病的変化だけを表現して、急性胃拡張と呼ぶこともあります。ただし、現実問題として、その大多数は毛球症であると考えられます。

幽門に詰まった毛玉の多くは猫のそれと似たもので、毛とフードとが固まったようなものになっています。猫の場合、毛玉が幽門を閉塞すると胃液が小腸に下りなくなりますから、猫は吐き気をもよおして、胃液と毛玉を吐き出します。

この猫が吐き出す毛玉と同じようなものが、ウサギにも詰まっていると想像していただいて良いと思います。ウサギは嘔吐もげっぷもできません。ですから毛が詰まると、胃の中の食渣も液体もガスも、すべてが下にも上にも行くことができず、とても苦しくて相当な痛みがあると考えられます。イメージとしては胃捻転の犬に似た感じです。

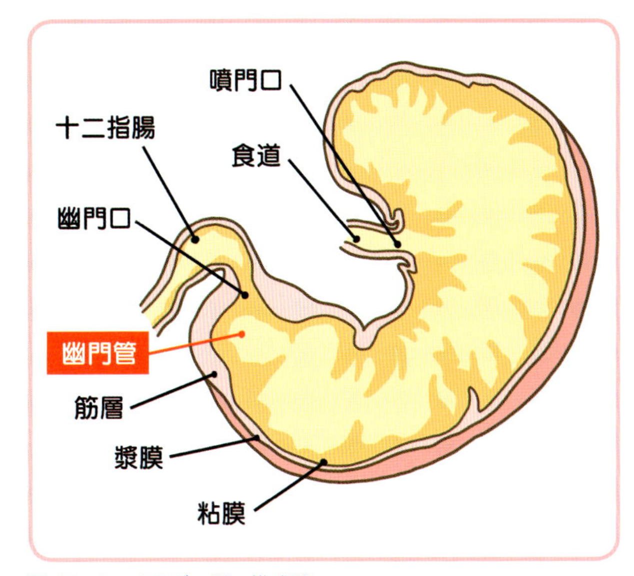

図 21-1　ウサギの胃の模式図

ウサギの毛球症を理解するための基礎知識って？

ウサギは完全草食性動物であるために、その消化管は長く、また非常に高性能にできています。ウサギは、草食動物のなかでも特に栄養価の低い植物（草の葉）を食べるように進化したので、同じ草食動物でも木の実や果物、草の実を食べる動物よりも、さらに高性能で巨大な消化管をもっています。

胃の基本構造は、犬や猫と大きく異なりませんが（図 21 -1）、犬や猫よりも胃壁はやや薄くなっています。犬や猫の胃は肋骨の内側にはまり込んでいますし、また腹筋がウサギよりも硬いので、胃が触診しにくいのですが、ウサギの胃は正常時にも肋骨よりも尾側に張り出していますし（図 21 -2）、腹筋が柔らかいので触診が容易です。まして、毛球症で拡張した胃は非常によく触知できます（図 21 -3）。

草ばかり食べて生きていくには、いくら消化管を長くしても限界がありますので、ウサギは盲腸便を食べ

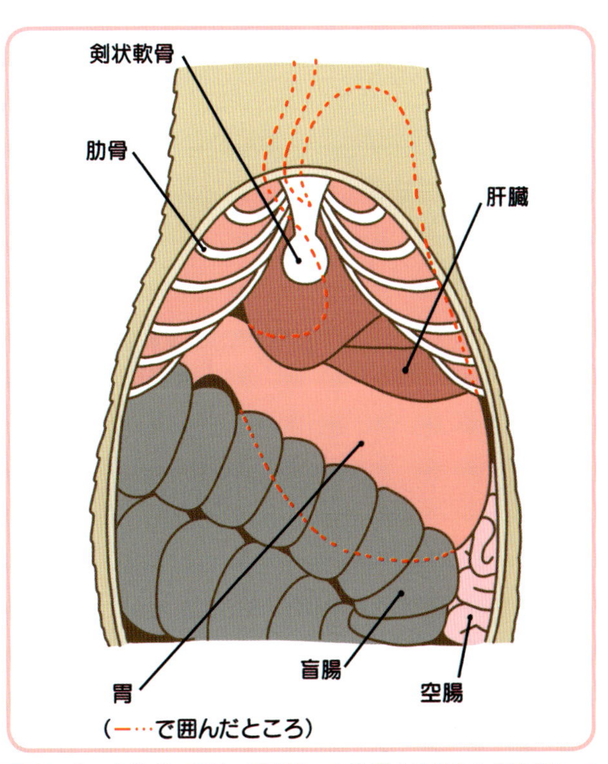

図 21-2　ウサギの胃は、正常時でも肋骨より後方に張り出している

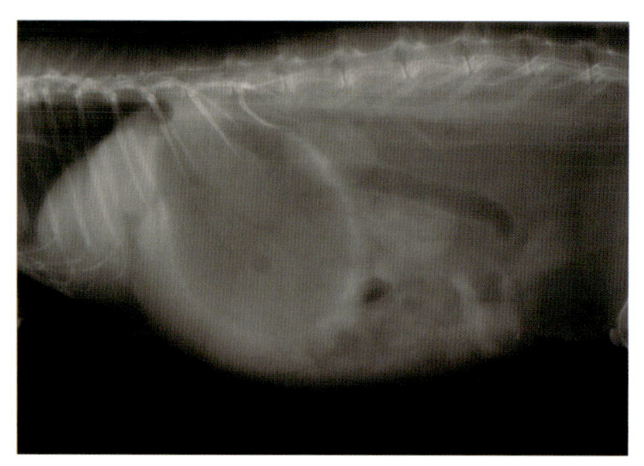

図21-3　毛球症で胃が拡大すると、肋骨の後方に大きな胃が触知できる

図21-4　毛でいくつもの便がつながったもの。このようなつながり便がみられたら、毛の飲み込みが多いと考えなくてはならない

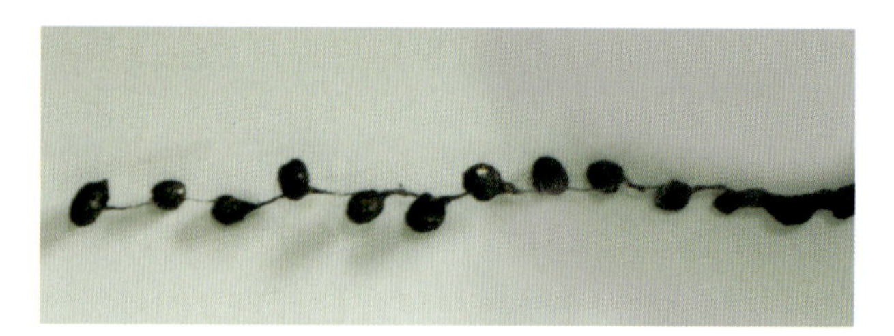

図21-5　長毛ウサギのつながり便

ることによって、消化管の通過距離をさらに延ばしています。

盲腸便は24時間ごとに排泄され、栄養価に富んだ軟らかい便の外側がゼリーのような粘液でしっかりとコーティングされています。ウサギはこれを肛門に口をつけて、食べるというよりも吸って飲み込みます。これは粘液コーティングのまま胃に入ることが大切だからです。盲腸便のなかにはアミノ酸や脂肪酸、ビタミンなどの栄養分のほかに、腸内細菌が大量に含まれていて、この細菌が胃の中でもずっと発酵を続け、消化過程が継続されます。粘液はウサギの強酸性（pH1）の胃酸からこの細菌たちを守っているのです。盲腸便は長時間（6時間以上）胃にとどまりますが、やがて胃酸で粘液が溶けると小腸へと流れていきます。そして、胃酸で細菌は死滅し、タンパク質として小腸で消化されます。

ウサギの胃の中には、正常でもかなりの量の毛が存在します。この毛の量は、一般に高齢のウサギの方が多いといわれます。これはグルーミングの結果であり、胃の中に自分の毛が存在すること自体は正常です。この毛は、食物とともに消化管を下って便に出ます。時に、便が毛でつながってネックレスのようになっているものをみかけます（図21-4、21-5）。無事に毛が便に出てきたということですから、これを毛球症の診断根拠としてはいけませんが、便にたくさん毛が出ていれば、胃の中にも毛がたくさんあるかもしれません。

ウサギの毛球症の原因は何？

直接的な原因は、グルーミングのときなどに飲み込んだ毛が幽門に詰まることです。たくさん飲み込めば詰まる可能性が高まりますが、単に毛をたくさん飲み込めば必ず詰まるわけではなく、詰まりやすくなる原因（素因）がいくつもあります。

第一の素因として先天的な問題があります。胃の運動性がやや弱いなどという先天的な弱点があれば、毛球症になりやすいわけです。どんなに気を付けていても、毛球症を繰り返すような個体は先天的素因が疑われます。

第二の素因はウサギの性格です。神経質なウサギは、しきりにグルーミングをする傾向があり、その結果、毛を飲み込む量が多くなります。加えて、神経質なウサギはストレスを被りやすく、ストレスは自律神経を

図21-6　アメリカンファージロップ種のウサギ

図21-7　ジャージーウーリー種のウサギ。長毛のウサギは毛球症になりやすい素因があると考えられる

介して胃腸の運動性を低下させます。そのため、動きの悪い胃に毛が滞り、詰まりやすいということになります。

第三の素因、これは重大な問題なのですが、食事内容です。乾草をたくさん食べているウサギはなりにくく、乾草以外のラビットフードやクッキー、麦などを多く食べているウサギはなりやすい傾向があります。ラビットフードや穀類のように、胃に入ったときに粉状になっている食物は毛を固まらせてしまいます。一方、臼歯で咀嚼(そしゃく)された乾草は胃の中に入ってもまだ長い繊維を含んでいますので、固まりにくく、逆に胃の中の毛をからめて腸へと送る働きをします。野菜は特に良くも悪くもないと思います。胃の中で固まりやすい食物を一気に食べるという食習慣も良くありません。

第四の素因は長毛種です。アメリカンファジーロップ（図21-6）やジャージーウーリー（図21-7）のような長毛のウサギは同じ本数の毛を飲んでも量が多くなりますし、長いと絡みやすいですから、長毛種は短毛種よりも毛球症になりやすいといわざるを得ません。ただし、短毛種にもこの病気は多発しますから油断はできません。

適切な全身運動が胃の運動性を高めると考えられており、運動不足は毛球症の誘因になるという研究者もいます。毛球症はほとんどすべての年齢層にみられます。

換毛期に発症が多い傾向にあるようですが、毛を飲み込む量だけが要因ではないので、換毛期にしかならないということでは決してありません。ちなみに、屋内飼育のウサギの換毛期は年２回ではなく、4回も５回もみられることが多いです。

毛球症のウサギはどんな症状をみせるの？

一般的に、ウサギが毛球症になったときの最も典型的な症状は、急な食欲低下または食欲廃絶と、元気の消失です。数時間前には元気でモリモリ食べていたウサギが、急にうずくまって動かなくなり、食べ物をもっていっても頑として食べない……ということが多いです。こんなとき、ウサギは深刻そうな暗い目つきになり、飼い主が近づこうとすると「寄るな、触るな、来ないでー!!」というオーラを出しています。

毛球症は幽門部の閉塞ですから、症状は詰まった瞬間から急速に起こるはずです。胃内にガスが発生し、胃液とガスで胃の拡大がどんどん進みます。ウサギは元来かなり我慢強い動物ですから、あまり痛みを外に表すことがないのですが、毛球症の痛みはかなりきついらしく、ギリギリと歯ぎしりをするウサギもいます。

幽門部に閉塞が起こると、自律神経の働きで胃と腸の運動（蠕動運動）は止まります。比較的軽症であれば、胃の動きが停止したことで詰まっていた毛玉はゆるんで、幽門部から胃の中央に動きます。こうなれば、液体やガスは小腸へと流れることができますので、最初の急性期の激しい痛みは緩和されます。

症例によっては、毛玉が断続的に詰まったり、外れたりを繰り返すこともあるようです。毛玉が外れて急性期を乗り切ることができ、一度低下した胃腸の蠕動運動が自力で回復できれば、自然治癒することも少なからずあります。ただし、多くの症例は蠕動運動の自力回復ができず、食欲のない状態が何日も続いてしまいます。そうなると、やがてさまざまな合併症が起こります。

合併症として最も多いものは、消化管うっ滞です。一度止まった胃腸の蠕動運動が回復しない場合、毛球症から消化管うっ滞へと移行するわけです。消化管うっ滞は盲腸内細菌叢（そう）の異常を引き起こし、盲腸内のクロストリジウムが毒素を産生し、これが体に吸収されると腸毒素血症（エンテロトキセミア）となります。また、長期間食事を摂らないことから、飢餓性の脂肪肝に陥り、命が脅かされるケースもありますし、水分摂取ができないことから腎不全に陥るケースもあります。

毛球の栓塞の仕方が非常に激しい症例では、胃腸の蠕動運動が止まってもなかなか毛玉が外れず、著しい腹痛が継続します。詰まっているものが外れないまま時間が経過すれば、胃の拡張はさらに進み、疼痛性ショックから生命の危機に陥ることがあります。また、毛玉が触れている胃壁の部分に潰瘍ができることがあります。前述のように、ウサギの胃酸は強酸性（pH 1）なので、潰瘍は胃酸によって浸食され、ついには胃に孔があいて胃穿孔となり、胃液が腹腔内に漏れ出して激しい腹膜炎を起こし、発病から短期間のうちに命を落とすことがあります。

生命に関わるような話をたくさん書きましたが、実際には、治療をすれば大半は短期間で容易に改善します。でも、ウサギの毛球症はまれながら生命に関わることがあるということは常に心にとめておく必要があります。

ウサギの毛球症を診断するのに必要な検査は？

症状の推移を把握することが大切なので、問診は重要です。食欲が低下するウサギの病気はたくさんありますが、急激に食欲が低下する病気は数えるほどしかありません。食欲が急に落ちたのか、徐々に落ちたのかは鑑別診断の重要な根拠となります。食欲の低下と同時に動かなくなるという症状も本症を強く疑わせます。胃の触診も非常に重要です。触診では胃がパンパンに張っている場合もありますし、胃の中に硬い固形物が詰まった感じの症例もあります。

急な食欲低下の症例のなかには、臼歯過長症のケースがありますから、口腔内の検査をして口腔内疾患を除外診断することは不可欠です。また、尿路結石の除外診断が必要であるなどの場合には、X線検査を行うと良いでしょう。

X線画像で胃をみるとガスや液体、固形物の比率がよくわかりますし（図21-8、21-9、21-10）、腸の状態も観察できます。ただし、胃がパンパンに張っている急性期には、ストレスをかけるような検査は最小限にしたいので、症例によってX線検査をみあわせた方が良いことも少なくありません。合併症が疑われる場合や発症からすでに数日経っている場合など、必要に応じて血液検査を行います。毛球症のみなら血液検査に反映されるような異常は起こりません。

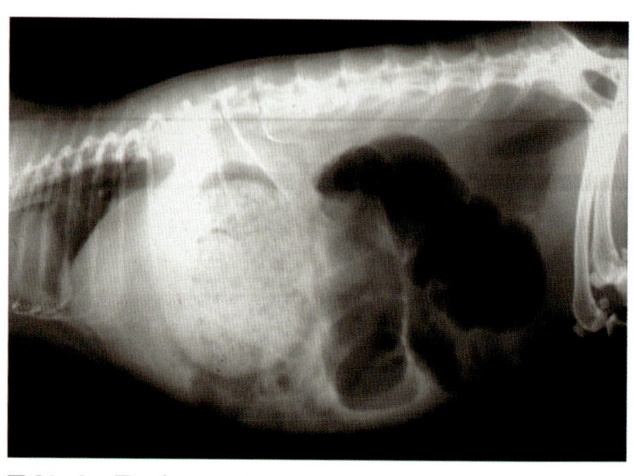

図21-8　胃の中には、大量の固形物と少量のガスが認められる。この症例は発症から時間が経過しており、すでに盲腸は鼓脹症に至っている

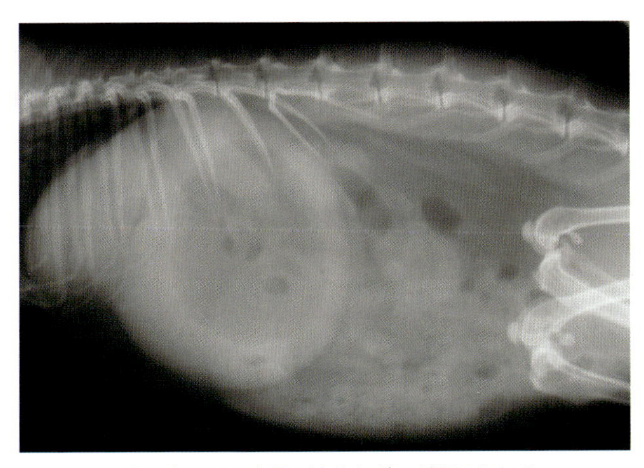

図21-9　胃の中には、大量の液体とガスが認められる

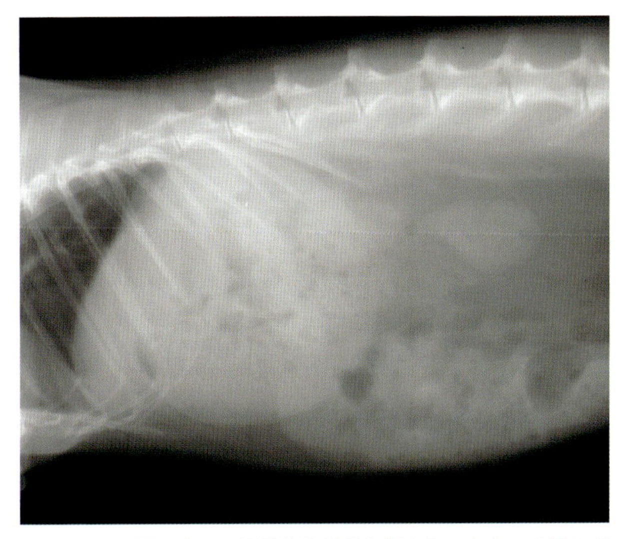

図21-10　胃の中には固形物と液体が混在しており、少量のガスも認められる

獣医師はウサギの毛球症をどのように治療するの？

毛球症の治療には内科治療と外科治療があります。現在では、世界的にみても外科治療より内科治療を行うことが多くなっています。しかし、個々の症例ごとに多くの要素を考慮して、外科治療を施した方が良い症例もまれにあります。

内科治療の要点は、まず鎮痛です。胃内ガスの発生が著しい場合には、ジメチコンのような消泡剤（図21-11、21-12）の内服を行うことがあります。食事を摂らないことに加えて、水も飲まないような症例、高齢の症例、そしてもちろん、脱水症状がある症例には補液が必要です。次に、ストレスを最小限にすることです。したがって、特別な場合を除き、入院治療は良い選択肢ではありませんし、連日の通院もあまり望ましくはないと思います。

次に考えなくてはならないことは、急性期を乗り切った後の消化管うっ滞に対する対策です。塩酸メトクロプラミドなどの蠕動を促進する薬剤を用います。一度廃絶した食欲を取り戻すのに、塩酸シプロヘプタジンなども有効です。胃潰瘍予防のため、潰瘍治療薬を用いることも良いと思います。これらは内服薬を用いて、家で投薬してもらうのが良いでしょう。消化管うっ滞に伴い、腸内細菌叢の異常が生じる可能性が高

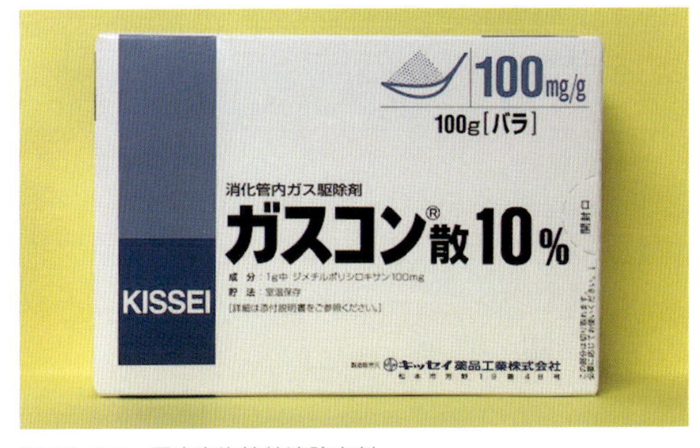

図21-11　胃内有泡性粘液除去剤

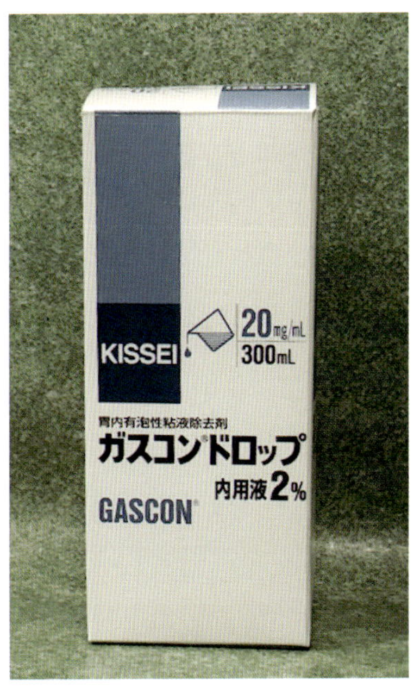

図21-12　胃の中のガスの泡を消すことによって、急性の胃痛を軽減できる可能性がある

いので、鎮痛薬とともに抗生物質を注射しておくのも良いと思います。抗生物質を内服で長期に連用する必要は通常ありません。鎮痛薬の内服が必要になるケースもありますが、通常長期の連用は必要ないでしょう。合併症がある場合には、その治療も並行して行います。

治療によるストレスは、最小限に抑えなくてはなりません。家庭で与える内服薬の選択には、なるべくストレスが少なくて済む剤形と投与法を考慮すべきです。

さて外科治療は、胃切開による毛球の除去です。全身麻酔をかけると、胃腸の運動性がより低下しやすいので、摘出手術後のフォローが重要です。草食動物であるウサギは、長期の絶食には耐えませんから、できる範囲でなるべく早期に流動食などを与える必要があります。

毛球症のウサギの扱いに関する注意点は？

毛球症に罹患（りかん）しているウサギの扱いには、厳重な注意が必要です。

食欲が著しく低下しているウサギが来院した場合には、元気があるかないか、呼吸の仕方がおかしくはないかを飼い主に尋ねてください。著しく元気がない場合や呼吸に異常がある場合には、待合室で一度ウサギの状態をみせてもらい、必要に応じて獣医師にすぐに確認してもらいましょう。重篤な毛球症は、待合室で順番を待っている間にも、刻々と悪化してしまうことがあるので、診察の順番を早めた方が良いということもあるからです。

毛球症の疑いが強い症例を保定しなくてはならない場合には、決して暴れさせたりしないようにしてください。胃が拡張して苦しい状態のウサギを興奮させると、ショック状態にさせてしまう恐れがあります。興奮したり、暴れたりさせなくても、常にストレスを最小限にすることを念頭において保定してください。X線撮影の保定時にも、完璧な画像を得ることよりも、ウサギを苦しがらせずに無事に撮影することを優先すべきです。ウサギの表情や呼吸にいつも気を配り、異変があったらすぐに獣医師に報告してください。

急性期のウサギには、流動食の強制給餌は行いませんが、急性期を過ぎ、消化管うっ滞に至っている症例では強制給餌を行うことがあります。愛玩動物看護師の皆さんには、ウサギの強制給餌を行うことと、飼い主に対して強制給餌法を説明することに習熟していただきたいと思います。

ウサギの毛球症を予防するためにはどうすれば良いの？

ペットショップなどには、毛球症予防をうたったサプリメントがたくさん売られています。予防効果があるのかどうかは、エビデンスがないのでわかりません。パパイヤやパイナップルなどのタンパク分解酵素が効くということを根拠にした商品は、健康時には問題がないと思いますが、食欲の低下時には与えない方が良いでしょう。ウサギは胃潰瘍になりやすい動物なので、食欲が落ちた原因に、万一胃潰瘍が関与していたら、タンパク分解酵素は潰瘍部分の組織を消化してしまう可能性があるからです。

ミネラルオイルのペースト（図 21 -13）は、猫と同様に、胃の中の毛を腸に下ろしていく効果がある程度期待できると思います。しかし、これを好むウサギがいる一方で嫌うウサギもいますので、好んで舐めるよ

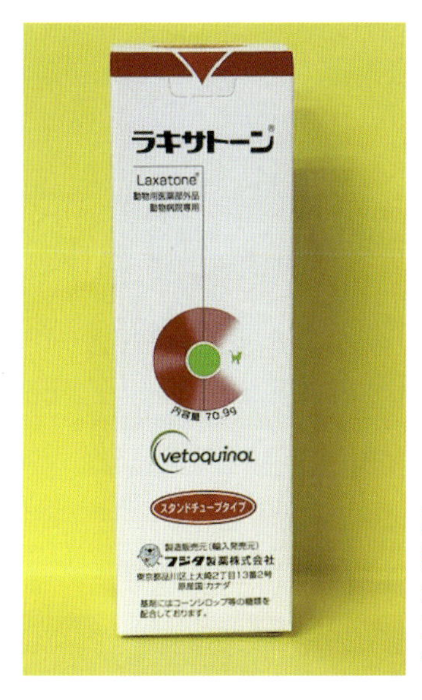

図 21-13　猫用の毛球予防剤は、ウサギにも使うことができる。ウサギ用のペーストもペットショップなどで売られている

図 21-14　乾草を一日中コンスタントに食べること、より大量に食べることが、最善の毛球症予防になると考えられる

うなら与えると良いでしょう。

つながり便が出る健康なウサギには、毛球症予防を勧めるべきですし、また毛球症を繰り返し発症するウサギにも再発予防が必要です。それでは、何を勧めるのがベストかというと、乾草（図 21-14）をよりコンスタントに、より多く食べることが最善の予防法だと思います。そのためには、ラビットフードを含む乾草以外の食物を適切に制限すること、そして1日何回も乾草を入れ替えて与えることです。

乾草はウサギが食べている間にウサギ自身の吐く息で湿ってしまいます。ウサギはカラカラに乾いた乾草を好みますから、乾草は入れっぱなしではなく、こまめに入れ替えてやる方がより多くを食べますし、常時胃の中に乾草が入っている状態をつくることができます。取り除いた乾草は天日干しすればまた与えられます。ラビットフードをあげたときに一気食いをするウサギには、乾草をまず与えて、ある程度食べてからラビットフードを与えるのが良いと思います。ただし、切歯の不正咬合などほかの疾患のために十分な乾草が食べられないウサギの場合は、乾草の多食は難しいので、次善の策が必要です。どうしても乾草が十分に食べられないウサギが毛球症を繰り返すようであれば、ラビットフードを与える回数を増やした方が良いケースもありますし、予防的に蠕動促進薬を常時与えることも必要かもしれません。

飲み込む毛を減らすことも予防につながりますから、まめにブラッシングをすることも良いと思います。特に長毛のウサギは毛玉をつくらないように、念入りなブラッシングが欠かせません。ただし、ブラッシングは大なり小なりストレスになる可能性がありますから、ブラッシング慣れするようにしつけることが重要です。

ブラシを嫌うウサギは、短毛であれば、人間の手で全身の毛をマッサージするようにこすって、毛を落としてあげるだけでも良いと思います。ただし、長毛のウサギは何としてもブラシ慣れさせる必要があります。すでに毛球症になって食欲が低下したウサギには、ブラッシングは禁物です。なぜならば、ストレスになるからで、毛球症になってしまってからムダ毛を取り除いても、胃の中の毛玉はなくなりませんし、すでに毛球症になってしまったウサギは、自分でグルーミングする元気は普通ありません。ブラッシングは食欲が安定してからするように指導してください。

◆

ウサギの飼い主は、ペットショップなどからの知識として毛球症を知っている方が多いです。しかし、誤った理解をしている場合も少なからずありますので、愛玩動物看護師には、より正しい知識を飼い主に知らせてあげていただきたいと思います。

食事指導や強制給餌指導、ブラッシング指導など、愛玩動物看護師の活躍が求められる病気ですから、よく勉強して、また経験を積み重ねて、より良い看護とより良い飼い主指導ができるように、よろしくお願いします。

【あ】

【い】

【う】

【え】

【お】

【か】

【き】

【す】

【せ】

【そ】

aS BOOKS

今さら聞けない!?
動物医療の基礎知識
疾患編

2019年 9 月25日　第1版第1刷発行
2023年 11 月14日　第1版第5刷発行
著者　東　真理子、岩井聡美、岡野顕子、笠井智子、金本英之、小林正典、斉藤久美子、佐々木亜加梨、佐藤貴紀、佐野忠士、白石　健、戸田　功、戸野倉雅美、野矢雅彦、長谷川大輔、深井有美子、古川敏紀、堀　達也、水越美奈、森　昭博、森　啓太（五十音順）
編集　aS編集部
発行者　太田宗雪
発行所　株式会社EDUWARD Press（エデュワードプレス）
〒194-0022　東京都町田市森野1-24-13
ギャランフォトビル3F
編集部　Tel.042-707-6138　Fax.042-707-6139
販売管理課（受注専用）Tel. 0120-80-1906 Fax. 0120-80-1872
E-mail　info@eduward.jp
Web Site　https://www.eduward.jp/　（コーポレートサイト）
https://eduward.online/　（オンラインショップ）

表紙・本文デザイン　秋山智子
DTP　邑上真澄
イラスト・図　松井美那枝
印刷・製本　株式会社シナノパブリッシングプレス

ISBN978-4-86671-081-5 C3047